本书受西北农林科技大学经济管理学院资助出版

草原生态补奖政策对农牧民生计影响研究

——以北方农牧交错区为例

周升强　赵　凯　著

中国农业出版社
北京

本研究得到国家重点研发计划"典型脆弱生态修复与保护研究"专项子课题专题三"不同类型关键生态技术评价"（2016YFC0503703－3）的资助。

北方农牧交错区作为农业区与牧业区之间的农牧过渡带及生态脆弱区，长期以来始终面临保护草原生态与改善农牧民生计的双重压力。为应对日益严峻的草原生态退化问题，改善农牧民生计状况，我国自2011年起在北方农牧交错区实施草原生态保护补助奖励政策（以下简称"草原生态补奖政策"）。草原生态补奖政策实施以来，北方农牧交错区草原生态环境有了明显好转，其效用与影响得到了肯定，但在政府要生态与农牧民要生计之间仍然存在严重的激励不相容问题。禁牧与草畜平衡措施实施背景下农牧民牧业成本普遍上升，生计脆弱性高，可持续性低，致使草原生态补奖政策无法有效调动农牧民保护草原生态的积极性，制约了政策目标的实现。结合当前北方农牧交错区保护草原生态与改善农牧民生计二者矛盾仍然突出的现实背景，亟须探究草原生态补奖政策实施背景下农牧民的生计状况以及草原生态补奖政策对农牧民生计的影响，以通过进一步完善草原生态补奖政策，实现草原生态保护与农牧民生计改善的有机结合。

本书在梳理国内外有关草原生态补奖政策对农牧民生计影响研究的基础上，基于外部性理论、公共产品理论、农民分化理论、可持续生计理论及生态经济人等理论构建了北方农牧交错区草原生态补奖政策对农牧民生计影响的理论分析框架，运用北方农牧交错区核心区实地调研数据，归纳总结了当前北方农牧交错区草原生态补奖政策实施背景下农牧民生计的现状与问题，分别就草原生态补奖政策对农牧民分化、生计资本、牧业生计、生计对草地资源的依赖度、收入以及收入稳定性的影响机制进行了实证分析，并从完善草原生态补奖政策与改善农牧民生计的视角提出了相应的建议，以期为实现草原生态保护和农牧民生计改善双重目标的有机结合提供一定的理论与实证支持。本书的主要研究结论如下：

（1）当前北方农牧交错区草原生态补奖政策的实施虽在宏观层面已取得良好效果，但农牧民生计仍存在诸如生计缓冲能力弱、牧业生计活动与补奖目标相悖、生计对草地资源依赖度高、收入来源单一且稳定性低等问题。北方农牧交错区草原生态补奖政策的实施对于促进草原生态的恢复、增加农牧民收入、转变牧业生产方式、调整牧业生产结构发挥了重要的作用，在宏观层面已取得了良好的生态、经济与社会效应。农牧民微观层面的调研数据表明，农牧民普遍认为草原生态补奖政策的实施引致牧业生产成本明显增加，对于家庭收入增加的作用有限，农牧民对政策的总体满意度并不高。草原生态补奖政策实施背景下农牧民内部呈现出明显的分化趋势，且农牧民生计资本存量低，生计缓冲能力弱，牧业生计活动与草原生态补奖政策目标相悖，生计对草地资源依赖度高，收入来源单一，收入稳定性处于低水平，如何实现草原生态保护与农牧民生计改善双重目标的有机结合仍是北方农牧交错区草原生态补奖政策实施过程中亟须解决的重点问题。

（2）草原生态补奖政策促进了农牧民职业维度的水平分化，但对收入维度的垂直分化影响并不显著。以非农牧就业比例衡量的农牧民职业维度的水平分化测算结果表明，草原生态补奖政策实施后越来越多的农牧民家庭选择将家庭劳动力由农牧业就业转移至非农牧就业，农牧民职业维度的水平分化日益显现，且实证回归结果表明补奖金额对农牧民职业维度的水平分化具有显著的正向促进作用。根据农牧民牧业收入、农业收入与非农牧收入（不包括草原生态补奖收入）占家庭总收入的比重以及生计活动的差异可将农牧民分为牧业为主型、农业为主型、均衡型、高兼型与深兼型五种类型。样本数据的描述性统计结果表明农牧民收入维度的垂直分化与所获补奖金额呈现出两极分化的态势，即兼业化程度越高，所获补奖金额越少，收入与生计对牧业依赖度越高，所获补奖金额越高。实证分析结果表明补奖金额对农牧民收入维度的垂直分化虽不具有显著影响，但就影响方向而言具有负向影响，草原生态补奖政策的实施强化了农牧民收入维度垂直分化的"内卷化"。

（3）当前北方农牧交错区农牧民生计资本存量低，生计缓冲能力弱，但草原生态补奖政策可通过影响自然资本与物质资本进而增强农牧民生计资本。当前北方农牧交错区农牧民生计资本总值较低，生计缓冲能力极弱，且生计资本存在属性间的分异。实证结果表明补奖金额对农牧民生计资本总值具有显著的正向影响，补奖金额越多，农牧民的生计资本总值越高，以现金补偿为主的草原生态补奖政策对增强农牧民生计资本具有正向的促进作用，通过提高补奖标准，增加农牧民的补奖收入对于增加农牧民的生计资本总量，提高其谋生能力具有现实的可行性。通过补奖金额对农牧民生计资本影响的分解回归得出草原生态补奖政策对农牧民生计资本总值的正向影响主要是通过补奖金额对自然资本与物质资本的正向促进作用实现的。

（4）草原生态补奖政策与农牧民减畜及减畜率之间存在 U 型关系，与农牧民牲畜养殖规模以及继续从事牧业生产的意愿之间存在显著的倒 U 型关系。实证回归结果表明补奖金额与农牧民是否减畜及减畜率之间均存在 U 型关系，且由于当前补奖标准偏低，农牧民补奖收入不高，对于大部分农牧民而言，补奖收入与农牧民是否减畜以及减畜率之间的关系多处于 U 型曲线的左侧，即补奖收入越多农牧民越倾向于不减畜，且减畜农牧民的减畜率越低。非农牧就业对农牧民是否减畜以及减畜农牧民的减畜率均具有显著的正向促进作用，且在草原生态补奖政策影响农牧民是否减畜中具有正向调节作用，但在政策影响农牧民减畜率中的调节作用并不明显。补奖金额与农牧民牲畜养殖规模以及继续从事牧业生产的意愿之间存在显著的倒 U 型关系，且由于当前补奖标准偏低，农牧民补奖收入不高，补奖收入与农牧民牲畜养殖规模以及继续从事牧业生产意愿之间的关系多处于倒 U 型曲线的左侧。农牧民生计分化对牲畜养殖规模的扩大具有抑制作用，且在草原生态补奖政策与牲畜养殖规模二者关系中具有调节作用。即在倒 U 型曲线的左侧，生计分化能够弱化补奖金额对牲畜养殖规模扩大的促进作用；在倒 U 型曲线的右侧，生计分化能够促使补奖金额对牲畜养殖规模的负向影响趋于放缓，有助于避免因补奖金额的增加引致牲畜养殖数量的锐减。

（5）草原生态补奖政策与以家庭生计活动和收入度量的农牧民生计对草地资源的依赖度之间均存在显著的倒 U 型关系，且生计资本在草原生态补奖政策对农牧民生计对草地资源依赖度的影响中具有中介效应。实证回归结果表明补奖金额与以家庭生计活动和收入度量的农牧民生计对草地资源的依赖度之间均存在显著的倒 U 型关系，在补奖收入未达到拐点所需的补奖收入之前，补奖收入越多农牧民生计活动与收入对草地资源依赖度越高。通过对拐点的计算结果得出，由于当前补奖标准偏低，农牧民所获补奖收入普遍低于拐点所需的补奖收入值，导致农牧民生计对草地资源的依赖度将随着补奖收入的增加而呈现上升趋势。纳入生计资本的实证回归结果表明自然资本在草原生态补奖政策对家庭生计活动对草地资源依赖度的影响中具有完全中介效应，自然资本与物质资本在草原生态补奖政策对家庭收入对草地资源依赖度的影响中具有部分中介效应。

（6）草原生态补奖政策能够重点增加贫困农牧民的收入，增强其收入稳定性。补奖金额对促进贫困农牧民增收，尤其是对促进贫困农牧民中的中等收入水平群体增收效果显著，反映出草原生态补奖政策具有显著的益贫效应，能够缓解贫困农牧民的贫困程度。补奖金额能够显著促进贫困农牧民牧业收入的增加，但对农业与非农牧业收入影响并不显著，即草原生态补奖政策的益贫效应主要通过增加贫困农牧民的牧业收入来实现，表明在实施草原生态补奖政策的同时，通过舍饲圈养或以草定畜的方式，合理地利用和发挥北方农牧交错区的资源禀赋优势，引导牧业产业的发展，寻求生态补偿与产业扶贫相结合能够更好地发挥草原生态补奖政策助力脱贫攻坚的作用。补奖金额能够显著促进贫困农牧民收入稳定性的提高，表明草原生态补奖政策能够通过提高贫困农牧民的收入稳定性，在抑制贫困农牧民返贫，巩固脱贫攻坚效果方面发挥积极的作用。

根据以上结论，本书提出北方农牧交错区草原生态补奖政策实施过程中应加强对异质性农牧民微观利益的关注；以提高补奖标准为核心，进一步完善草原生态补奖机制；着力提升农牧民非农牧就业能力以引导劳动力要素的非农牧转移；着力提升农牧民的生计资本，降低农牧民生计对草地资源的依赖度；同时，应结合当前的"精准扶贫"战略，继续推进草原生态补奖政策扶贫的实施等政策建议。

CONTENTS 目 录

第 1 章 导 论

1.1 研究背景

北方农牧交错区作为农业区与牧业区之间的农牧过渡带及生态脆弱区，长期以来始终面临着保护草原生态与改善农牧民生计的双重压力（马明德、米文宝，2015；侯向阳，2017；周升强、赵凯，2019a）。根据《2016 年全国草原监测报告》数据显示，我国拥有各类天然草原面积近 4 亿公顷，占国土面积的 40.9%（刘源，2016）。北方农牧交错区作为半干旱区向干旱区过渡的特殊地带（周立华、侯彩霞，2019），区域内草原面积占全国草原面积的 8.2%（张美艳、张立中，2016），种植业与草地畜牧业相互重叠，交错分布，具有不同于农业区与牧业区的独特经济形态（晨光等，2015）。作为我国东部地区重要的生态安全屏障，北方农牧交错区草原具有阻挡北方荒漠化南侵、涵养水源等作用。但长期以来，在自然因素与人为因素的双重作用下，尤其是农牧民过度放牧、滥垦滥伐等不合理的草原利用方式，北方农牧交错区农牧业结构渐趋失衡，草地退化、土地沙化、生态功能弱化等生态问题日益突出（米文宝等，2013；周立华、侯彩霞，2019），成为生态脆弱的典型地域。同时，长期以来，由于当地生态环境脆弱，工业基础相对薄弱等方面的原因，北方农牧交错区一直是我国贫困人口比较集中的地区之一（任强等，2018；李玉霖等，2019），区域内 80% 以上区县为国家级贫困县（周立华、侯彩霞，2019），贫困人口比重较大，贫困发生率与返贫率长期居高不下（米文宝等，2013）；农牧民收入总体偏低，且收入对草地等自然资源的依赖度高（李超等，2019；刘海燕等，2019），农牧民生计与区域生态，尤其是草原生态保护之间的矛盾尖锐，极易陷入"生态—贫困"的恶性循环陷阱（甘庭宇，2018；丁佳俊、陈思杭，2019）。因此，自北方农牧交错区概念提出以来，如何在确保区域生态，尤其是草原生态安全的前提下，实现农牧民生计的改善一直是困扰实践界与理论界的难题。

为应对日益严峻的草原生态退化问题，改善农牧民生计状况，我国出台实施了一系列的政策措施。自 2003 年起，中央及地方政府先后实施了包括退牧还草工程在内的多项草原生态建设和保护项目，项目的实施虽然取得了一定成效，但没有从根本上改变我国北方草原生态环境持续恶化的趋势（丁文强，2019）。鉴于此，2011 年农业部与财政部联合出台的《关于 2011 年草原生态保护补助奖励机制政策实施的指导意见》中提出，要在包括内蒙古与宁夏在内的 8 个主要草原牧区省（区）全面建立草原生态保护补助奖励机制，对在禁牧区内草原采取禁牧措施的农牧民按照每年 6 元/亩 * 的标准给予禁牧补助，对在草畜平衡区草原实现草畜平衡的农牧民按照每年 1.5 元/亩的标准给予草畜平衡奖励，同时给予农牧民一定的畜牧良种、牧草良种改良补贴以及牧民生产资料综合补贴。2016 年农业部与财政部共同制定的《新一轮草原生态保护补助奖励政策实施指导意见（2016—2020 年）》中提出，进一步将禁牧补助提高至每年 7.5 元/亩，草畜平衡奖励提高至每年 2.5 元/亩。对于北方农牧交错区而言，两轮草原生态保护补助奖励政策（以下简称"草原生态补奖政策"）实施的目的在于通过不断调整完善北方农牧交错区草原生态补奖政策的实施方式，逐步在北方农牧交错区建立起草原生态补奖机制，通过对开展草原禁牧或者实施草畜平衡等措施的农牧民给予一定的补助和奖励，以实现北方农牧交错区农牧民牧业生产方式的转变、牧业生产规模的调整以及农牧民生计的改善（胡远宁，2019），使区域经济社会发展回到"草—畜—人"动态调整的平衡状态（周立、董小瑜，2013；侯彩霞等，2018a；张会萍等，2018）。2015 年 11 月中央召开的扶贫工作会议和国务院发布的《中共中央 国务院关于打赢脱贫攻坚战的决定》均提出要增加重点生态功能区转移支付，通过生态补偿脱贫一批。2018 年六部委联合印发的《生态扶贫工作方案》与 2019 年中央 1 号文件中均提出要扎实推进生态补偿

---

* 亩为非法定计量单位，1 亩＝1/15 公顷。

扶贫，进一步促进生态脆弱区扶贫开发与生态保护二者相协调。上述一系列政策文件的出台表明，决策层已把生态补偿措施作为统筹解决生态脆弱区生态环境保护与脱贫攻坚双重难题的一项行之有效的手段来看待，由此也对生态补偿的实施与完善提出了新要求（吴乐等，2018）。结合北方农牧交错区维护草原生态安全与改善农牧民生计的矛盾仍然突出的现实背景，亟须探究如何通过进一步完善草原生态补奖政策，以实现草原生态保护与农牧民生计改善双重目标的有机结合。

实现草原生态保护与农牧民生计改善相结合是当前及未来一段时间内草原生态补奖政策实施及完善过程中所面临的重点与难点。自草原生态补奖政策实施以来，围绕北方农牧交错区草原生态补奖政策的实施效果学界已展开了诸多有益的研究。现有研究认为，草原生态补奖政策实施以来，北方农牧交错区草原生态环境有了明显好转（张宇等，2019），政策实施的效用与影响得到了肯定（侯彩霞等，2018b），但当前在政府要求生态保护与农牧民要维持生计之间仍然存在严重的激励不相容问题（田艳丽，2010；董丽华等，2019）。且与纯牧区相比，北方农牧交错区草原生态补奖政策的实施对农牧民生计造成了更大的影响（崔亚楠等，2017）。农牧民作为北方农牧交错区草原生态补奖政策的实施主体和直接的利益相关者，农业、牧业和林业是其主要的经济来源和生计方式（久毛措，2014）。而北方农牧交错区草原生态补奖政策的实施，尤其是部分区域全面禁牧政策的实施无意识地剥夺了农牧民继续从事牧业生产的发展机会（曹叶军等，2010），迫使禁牧区牧业生产由原来的粗放放牧转变为完全的舍饲圈养，农牧民牧业生产成本明显增加，牧业收益降低，导致家庭收入增长缓慢（杨春等，2016）。在此背景下，农牧民自身生计选择的理性得到了充分的释放，通过将家庭劳动力要素由农牧业领域向非农牧业领域的配置，农牧民内部出现了职业、家庭收入与生计方式的分化（温勇等，2014）。相关研究表明，农民群体内部的分化会导致其对政策的需求存在差异（李宪宝、高强，2013），相应地北方农牧交错区草原生态补奖政策实施背景下农牧民群体内部的分化同样会导致其对政策的需求以及政策的响应存在差异性。同时，由于北方农牧交错区多处于国家连片贫困区，农牧民贫困及生计脆弱状况较为普遍，生计资本往往仅处于维持基本生活需求阶段（王娅等，2017）。在此背景下，诸多研究认为当前现有草原生态补奖标准普遍偏低（胡振通等，2017），补偿方式过于单一（孔德帅等，2016a），弥补牧业生产成本上升的有效性不足，难以调动起农牧民采取减畜等措施以保护草原生态的积极性（靳乐山等，2013；胡振通等，2015；谢先雄等，2018），农牧民对草原生态补奖政策的满意度普遍处于较低水平（孙前路等，2018a；周升强、赵凯，2019），偷牧、夜牧、超载过牧等违规放牧现象较为普遍（路冠军、刘永功，2015），导致草原生态补奖政策的实施缺乏可持续性（李静，2015），部分区域甚至出现政策逐渐走向式微的失控境地（柴浩放等，2009）。当前草原生态补奖政策实施过程中存在的上述诸多问题，制约了政策目标的实现，而上述问题解决的关键在于补奖政策实施背景下农牧民生计的改善与否，如果生计状况得不到改善，农牧民对草原生态补奖政策的遵从度就难以提高（孙特生、胡晓慧，2018）。结合长期以来北方农牧交错区始终存在草原生态保护与农牧民生计改善双重压力的现实背景，北方农牧交错区草原生态补奖政策实施过程中在继续贯彻落实"生产生态有机结合、生态优先"发展方针的同时，如何将保护草原生态与改善农牧民生计二者目标有机结合，实现扶贫开发与生态保护并重，是当前及未来一段时间内政策实施过程中的重点与难点。

从以上分析可看出，北方农牧交错区作为兼存草原生态保护与农牧民生计改善双重压力的生态脆弱区，在国家大力推进草原生态保护与生态补偿扶贫的政策背景，农牧民内部分化问题日益突出且生计可持续性低的现实背景下，通过完善草原生态补奖政策，实现保护草原生态与改善农牧民生计双重目标的有机结合显得尤为迫切。基于上述背景，本书拟以北方农牧交错区为研究区域，重点分析草原生态补奖政策对农牧民生计的影响，以期为完善草原生态补奖政策，改善农牧民生计提供一定的政策启示。

1.2 研究目的与意义

1.2.1 研究目的

按照"提出问题→分析问题→解决问题"的脉络，本书以北方农牧交错区核心区为研究区域，基于实地调研获取的北方农牧交错区草原生态补奖政策实施以及农牧民生计现状数据，以草原生态补偿相关理论、农民分化理论、可持续生计理论以及生态经济人等理论为理论基础，构建草原生态补奖政策对农牧民生计影响的理论框架，在对农牧民分化、生计资本、牧业生计、生计对草地资源的依赖度、收入及收入稳定性等进行测度的基础上，运用定性分析与定量研究相结合的方法分析草原生态补奖政策对农牧民分化、生计资本、牧业生计、生计对草地资源的依赖度、收入及收入稳定性的影响路径，探讨实现保护草原生态与改善农牧民生计二者目标相结合的可行路径，为政府进一步完善草原生态补奖政策，改善农牧民生计提供理论与实证依据。本书的具体研究目的如下：

（1）归纳总结当前北方农牧交错区草原生态补奖政策的实践与效果以及草原生态补奖政策实施背景下农牧民生计的现状及存在的问题。通过梳理草原生态补奖政策的演变过程，结合实地调研获取的区域宏观数据与农牧民微观数据，分析北方农牧交错区草原生态补奖政策的实施现状与效果，以及草原生态补奖政策实施背景下农牧民生计现状与存在的问题，归纳总结当前北方农牧交错区草原生态保护与农牧民生计改善双重压力的现实状况。

（2）运用实证分析方法分析草原生态补奖政策对农牧民分化的影响。在对农牧民职业维度的水平分化与收入维度的垂直分化进行测度的基础上，运用实证分析方法分析草原生态补奖政策对农牧民职业维度的水平分化及收入维度的垂直分化的影响，进而得出草原生态补奖政策对农牧民分化的影响。

（3）测度北方农牧交错区农牧民生计资本现状，分析草原生态补奖政策对农牧民生计资本的影响。在基于可持续生计分析框架对农牧民生计资本进行测度的基础上，运用实证分析方法，分析草原生态补奖政策对农牧民生计资本总值以及包括自然资本、人力资本、物质资本、金融资本与社会资本在内的各项生计资本的具体影响。

（4）分析草原生态补奖政策对农牧民牧业生计活动的影响机理。基于实地调研获取的农牧民牧业生计数据，以生态经济人理论与新移民经济学理论为理论基础，从农牧民减畜行为与减畜程度、牧业生产规模，继续从事牧业生产的意愿三方面分析草原生态补奖政策对农牧民牧业生计的影响。

（5）测度农牧民生计对草地资源的依赖度，分析草原生态补奖政策对农牧民草地资源依赖度的影响。在从生计活动、劳动力就业及收入三方面测度农牧民生计对草地资源依赖度的基础上，分析草原生态补奖政策对上述农牧民草地资源依赖度的影响。

（6）分析草原生态补奖政策对农牧民家庭收入与收入稳定性的影响。在对农牧民家庭收入与收入稳定性进行测度分析的基础上，运用实证分析方法分析草原生态补奖政策对农牧民，尤其是贫困农牧民群体家庭农业收入、牧业收入、非农牧收入以及收入稳定性的影响。

（7）基于上述定性分析与定量研究所得出的结论，为政府进一步完善北方农牧交错区草原生态补奖政策，改善农牧民生计提供有针对性的政策建议，提出实现北方农牧交错区保护草原生态与改善农牧民生计二者相结合的可行路径。

1.2.2 研究意义

1.2.2.1 理论意义

（1）有助于拓展丰富农牧民可持续生计理论的研究范围。农牧民作为同时具有农民和牧民生计特点的特殊群体，在草原生态补奖政策实施背景下，其可持续生计具有特殊性。本书选取北方农牧交错区农牧民作为研究对象，基于可持续生计理论分析草原生态补奖政策实施背景下农牧民生计现状及存在的问题，有助于拓展农牧民可持续生计理论的应用范围，拓展农牧民可持续生计问题的研究范围。

（2）有助于拓展丰富草原生态补奖政策对农牧民生计影响机理的研究。本书从草原生态补奖政策对农牧民分化、生计资本、牧业生计、生计对草地资源的依赖度、收入及收入稳定性等方面分析草原生态补奖政策对北方农牧交错区农牧民生计的影响，在理论层面有助于拓展与丰富草原生态补奖政策对农牧民生计的影响机理研究，补充与完善草原生态补奖政策对农牧民生计影响的理论体系。

1.2.2.2 现实意义

（1）有助于完善北方农牧交错区草原生态补奖政策。草原生态补奖政策成败的关键在于实现农牧民生计的可持续，本书基于实地调研获取的农牧民微观层面的数据，通过分析草原生态补奖政策对农牧民生计的影响机理，总结归纳得出草原生态补奖政策对包括农牧民生计资本、牧业生计活动、生计对草地资源依赖度以及收入稳定性等方面影响的创新性结论，从改善农牧民生计视角提出相关的政策建议，有助于进一步完善草原生态补奖政策，促进草原生态补奖政策保护草原生态目标的实现。

（2）为改善北方农牧交错区农牧民生计状况，探索"生态减贫"路径提供政策参考。本书在系统分析北方农牧交错区农牧民生计现状的基础上，厘清草原生态补奖政策对农牧民生计的影响，有针对性地提出改善农牧民生计状况，实现"生态减贫"的政策建议，对改善北方农牧交错区农牧民生计状况，探索"生态减贫"政策路径的出台实施具有一定的现实参考价值。

（3）有助于破解北方农牧交错区草原生态保护与农牧民生计改善的双重难题。本书通过分析草原生态补奖政策对农牧民生计的影响，得出有关草原生态补奖政策对农牧民生计影响的创新性结论，针对实现草原生态保护和农牧民生计改善二者目标有机结合提出有针对性的政策建议，可为破解北方农牧交错区草原生态保护和农牧民生计改善的双重难题提供一定的实证支撑。

1.3　国内外研究动态及评述

1.3.1　草原生态补奖政策研究

1.3.1.1　生态保护补偿研究

围绕生态保护补偿的理论界定与实践探索国内外学界已展开了大量有益的研究，但由于不同领域专家学者研究侧重点的差异以及生态保护补偿本身较为复杂等原因，国内外学界对生态保护补偿的基本内涵、外延等尚未形成统一的认识（李碧洁等，2013；靳乐山，2016）。

国外专家学者对"生态保护补偿"的研究起步较早，但国外没有"生态保护补偿"这一说法，国外学术界对于此概念比较通用的概念界定是"生态服务付费"（Payment for Ecological Service）或"环境服务付费"（Payment for Environmental Service），统一缩写为"PES"，他们在实际应用中与国内学界语境中的"生态保护补偿"一词相近，并无实质的差别（袁伟彦、周小柯，2014；谢高地等，2015；范明明、李文军，2017；刘桂环等，2018；王璟睿等，2019）。根据理论基础的差异，可大致将国外"生态/环境服务付费"的概念界定分为三类，即：以 Wunder 为代表的基于科斯理论视角的"生态/环境服务付费"概念，以 Muradian 为代表的基于庇古理论视角的"生态/环境服务付费"概念和以 Tacconi 为代表的超越科斯与庇古理论的"生态/环境服务付费"概念（谢高地等，2015）。Wunder 最先于 2005 年提出"生态/环境服务付费"概念，并将"生态/环境服务付费"定义为特定生态系统服务的购买者与生产者之间就生态系统服务所达成的一项自由交易，而交易成功的前提是生态系统服务的产权可以被清晰地界定出来（Wunder S，2015；徐涛，2018），同时提出了"生态/环境服务付费"的四个界定标准：①围绕生态系统服务或产品所达成的交易必须是自愿的；②交易的生态系统服务或产品必须是能够明确界定、可度量的，即交易的服务或产品必须能够确保被生产和消费；③生态系统服务或产品的交易过程中必须有明确的生产者和消费者，即买卖双方是存在的；④只有当生产者按照事先的约定提供了相应的生态系统服务或产品时，购买者才进行相应的支付。Muradian 等基于庇古理论将"生态/环境服务付费"界定为自然资源管理中旨在为使个体或集体土地使用决策与社会利益一致而提供激励的社会活动参与者之间的一种资源转移（Muradian R et al.，2010），这种资源转移在实践上可通过市场或公共补贴机制来实现（袁伟彦、周小柯，2014）。Tacconi 则在比较 Wunder 和 Muradian 等的概念的基础上提出了超越科斯与庇古理论的"生态/环境服务付费"概念，将"生态/环境服务付费"界定为针对环境增益服务而对自愿提供者进行有条件支付的一种透明系统（Tacconi L，2012；袁伟彦、周小柯，2014），即"生态/环境服务付费"应该满足自愿参与的原则，并由生态系统服务的消费者以经济支付的形式有条件地从提供者那里获取额外的生态系统服务产品（徐涛，2018）。以上分析表明，国外不同领域的专家学者基于各自的专业背景就"生态/环境服务付费"给出了不同的界定，尚未形成统一的认识，但无论以上哪种界定均强调了通过采取各种激励手段以实现保护或改善生态环境的这一核心内容。以上三种概念界定中，Wunder 的"生态/环境服务付费"概念虽自提出以来争论就一直存在，但被国外学者认为是主流的"生态/环境服务付费"定义，不断被引用（Newton P et al.，2012；柳荻等，2018）。自"生态/环境服务付费"概念提出以来，国外学者围绕生态系统服务价值测算，"生态/环境服务付费"标准，生态系统服务购买者支付或参与意愿，"生态/环境服务付费"政策机制实施的绩效等方面展开了诸多研究，并在森林、流域、农业与矿产资源开发等领域展开了诸多实践（Kosoy N et al.，2007；Ambastha K et al.，2007；Alix-Garcia J et al.，2008；Thu Thuy P et al.，2009；Newton P et al.，2012）。

　　国内最早将"生态保护补偿"称为"生态补偿"，学者们基于各自的专业背景就"生态补偿"概念做出了不同的界定。张诚谦（1987）将"生态补偿"定义为"从利用资源所得到的经济收益中提取一部分资金并以物质或能量的方式归还生态系统，以维持生态系统的物质与能量，输入与输出的动态平衡。"也有学者认为"生态补偿"是指通过对损害或保护资源环境的行为进行收费或给予一定的补偿，以提高该行为发生的成本或收益，从而激励采取上述损害或保护资源环境行为的经济主体减少或者是增加因该种经济行为带来的外部经济或外部不经济，进而达到保护生态系统中各种资源的目的（毛显强等，2002）。尽管学者就"生态补偿"的概念界定存在差异，但均强调了对发生损害资源环境行为的个体予以收费，对保护资源环境的行为予以补偿。进入 21 世纪以来，随着生态补偿领域研究的不断深入，越来越多的国内学者开始用"生态保护补偿"概念替代"生态补偿"概念，并开始关注"生态保护补偿"这一方面的研究。这一时期比较有代表性，且认可度较高的"生态保护补偿"概念界定是以李文华为代表的中国生态补偿机制与政策研究课题组对"生态保护补偿"所做出的概念界定。他们认为"生态保护补偿"的主要目的是保护各类生态系统的服务功能，如草原、森林等生态系统涵养水源的功能，促进人与自然的和谐相处。基于此目的，政府作为公众利益的代表者，应当根据生态系统所提供的生态系统服务的价值，生态保护的成本以及因放弃对生态系统中资源的利用而造成的发展机会成本损失，综合运用包括财政手段、税收手段以及市场手段等在内的各类手段，调节生态系统中的保护者、受益者以及破坏者之间的经济利益关系，"生态保护补偿"实质上是调节上述利益相关者之间利益关系的一项制度安排（中国生态补偿机制与政策研究课题组，2007）。虽然国内不同的学者基于各自的研究侧重点就"生态保护补偿"给出了不同的概念界定，尚未形成统一的认识，但从本质上讲以上提到的"生态保护补偿"概念界定均是以"使用者或破坏者支付，保护者或受害者被补偿"为基本思路的（王璟睿等，2019）。最近10年以来，有关"生态保护补偿"的研究与在森林、草原以及耕地保护等各领域开展的实践在我国获得了快速的增长，基于上述研究不断完善与确立的生态保护补偿机制已成为我国生态文明建设的重要制度保障。2016年的《关于健全生态保护补偿机制的意见》中提出，到2020年我国要实现包括森林与草原等在内的重点领域和禁止开发区域、重点生态功能区等重要区域生态保护补偿全覆盖（李国平、刘生胜，2018；靳乐山，2019）。该意见的出台标志着"生态保护补偿"这一概念首次在官方层面获得了认可，"生态保护补偿"在顶层设计方面获得重大进展（徐涛，2018；柳荻等，2018）。近年来，国内学者以具体的生态系统为研究对象就森林（刘晶，2017；刘璨、张敏新，2019；聂承静、程梦林，2019；李国志，2019）、草原（靳乐山、胡振通，2014；常丽霞、沈海涛，2014；胡振通等，2016）、流域（刘桂环等，2011；包晓斌，2017；马永喜等，2017）与耕地（樊鹏飞等，2018；刘利花、杨彬如，2019）等领域的"生态保护补偿"给出了各自的概念界定，并就补偿主体与客体的界定（胡振通等，2015），补偿标准的测算（李国平、石涵予，2015）以及补偿绩效的评价（禹雪中、冯时，2011）等方面展开了诸多研究。

1.3.1.2 草原生态补偿研究

由于世界各国在草地产权、草原管理机构设置等方面存在差异，相应导致各国草原管理制度存在不同（唐海萍等，2014；杨振海等，2015；赵奕等，2019）。草原生态补奖政策作为我国一项特有的草原管理制度，围绕该项政策的研究主要集中于国内。

在草原生态补奖政策实施之前，学界围绕我国草原生态补偿制度的构建进行了大量的前期研究。陈佐忠和汪诗平（2006）认为草原生态补偿是指草原的使用人或者是受益人在合法利用草地资源的过程中，对草地资源的所有权人或为草原生态环境保护付出代价者支付相应的费用。实施草原生态补偿的目的在于支持与鼓励草原生态环境脆弱的地区更多地承担保护草原生态环境责任，而不是以损害草原生态为前提盲目地追求经济发展的速度。也有学者认为草原生态补偿是指为了保护和恢复草原生态系统的诸如涵养水源、维护生物多样性等生态功能或生态价值，针对草原生态环境所进行的各类补偿、恢复与综合治理等行为（白宏兵等，2006）。这一时期学者对草原生态补偿概念的界定虽然不同，但均强调了"谁开发谁保护，谁受损谁获偿，谁受益谁补偿"的原则。学者们同时就草原生态补偿设立的必要性（胡勇，2009；杨振海等，2009）、补偿制度设置的原则（马莉等，2009）、补偿标准的确定、补偿模式的选择与机制设计（田艳丽，2010；李笑春等，2011）等方面展开了大量的研究。这一时期的草原生态补偿研究为后来我国草原生态补奖政策的出台与机制设计做了大量的准备工作。自 2011 年农业部与财政部出台《关于 2011 年草原生态保护补助奖励机制政策实施的指导意见》之后，国内草原生态补偿研究逐渐转向围绕草原生态补奖政策展开，且近年来围绕补奖标准及政策实施效果展开了大量研究。学者普遍认为当前草原生态补奖政策最大的问题在于补奖标准过低，难以调动农牧民的草原生态保护积极性（胡振通等，2017）。补奖标准在制定的过程中存在严重的"一刀切"问题（王小鹏等，2012），补奖金额仅与草地面积挂钩，未考虑到受偿主体超载过牧程度、禁牧程度以及草地资源等层面的异质性等因素（胡振通等，2015），使得生态补奖政策在瞄准对象方面存在严重的偏差，在补奖金额与农牧民草原生态保护行为程度之间存在严重的错配问题，制约了补奖政策目标的实现（靳乐山、胡振通，2014；胡振通等，2015）。基于以上草原生态补奖政策实施过程中存在的问题，有学者提出在现有草原生态保护补助奖励机制的基础上，应制定不与草场面积挂钩的牧民收入支持政策，以减弱中小牧户超载的经济动机（靳乐山、胡振通，2013）；摒弃补偿与草场面积挂钩的做法，转为向中小牧户倾斜的收入支持政策（李金亚等，2014；孔德帅等，2016a）。

1.3.1.3 草原生态补奖政策实施绩效评价

随着草原生态补奖政策的实施，国内外学者围绕政策的实施绩效从定性和定量两方面展开了大量的研究，但得出的结论并不一致。

（1）部分学者研究认为当前草原生态补奖政策的实施绩效较差。部分研究认为，我国草原生态补奖政策的实施并不成功，没有达到预期的政策激励效果，部分区域，尤其是禁牧区政策在实施多年之后逐渐走向式微（樊胜岳等，2005；柴浩放等，2009）。具体表现为：第一，当前草原生态补奖政策缺乏灵活性，补助标准偏低，导致农牧民返牧的可能性极大（王艳艳等，

2009）；第二，草原生态补奖政策实施区，尤其是禁牧区禁牧带来的植被恢复对于草场整体状况的改善并不能起到决定性的作用，禁牧时间过长反而不利于草场的健康恢复（谷宇辰、李文军，2013）；第三，草原生态补奖机制设计过程中缺乏牧民的有效参与，导致政策对牧民的核心利益关注不够，对因政策实施导致的牧业生产成本上升弥补不足，致使政策的可持续性低（韦惠兰、宗鑫，2014）；第四，草原生态补奖政策实施过程中由于缺乏对牧民转产转业方面的政策支持，导致农牧民生计存在较大风险，生计可持续性低（路冠军、刘永功，2015；张浩，2015；张倩，2016）。第五，草原生态补奖政策实施区牧民超载过牧、偷牧与夜牧等违规放牧现象普遍存在，对政策的遵从度低，且政府缺乏有效监管（谢先雄等，2018）。

（2）也有学者认为当前草原生态补奖政策的实施取得了一定的积极效果。学者从政策实施在宏观层面所产生的政策效果为出发点，研究认为当前草原生态补奖政策的实施取得了较好的政策效果。具体表现为：第一，草原生态补奖政策的实施促进了政策实施区草原植被的恢复，有利于草原生态的保护（胡振通等，2016；姜佳昌，2017）；第二，草原生态补奖政策的实施对于牧业生产方式和生产结构的转变具有重要的促进作用，有利于政策实施区牧业生产与草原生态的协调可持续发展（田晓艳，2011）；第三，草原生态补奖政策的实施有利于促进牧民收入的增加，对于牧民生计状况的改善，生活水平的提高均具有显著的促进作用（高雷、彭新宇，2012）；第四，草原生态补奖政策的实施有利于促进民族地区的和谐稳定（路冠军、刘永功，2015）。

（3）有学者从满意度视角对草原生态补奖政策的实施效果展开评价，但得出的结论并不一致。该方面的研究主要以牧民为研究对象展开，部分学者研究认为当前牧民对草原生态补奖政策的满意度较高，如丁文强（2019）以内蒙古自治区为例，研究认为牧民对政策的满意度较高，户主年龄、草场流转情况、草畜平衡补奖收入、家畜数量变化情况和政策执行情况是牧民政策满意度的主要影响因素。韩枫和朱立志（2017）基于甘南的调研数据得出牧民对政策的总体态度较为满意，牧民对政策的理解以及草原生态保护的认知是牧民政策满意度的主要影响因素。也有学者认为牧民对草原生态补奖政策的满意度较低，影响因素呈现多样化态势。如：白爽等（2015）研究认为牧民对政策的评价并不十分满意，满意度评价主要受到有无草地管护员、管护员的作用、补贴金额、补贴领取是否方便以及补贴对收入的作用等因素影响。杨清等（2020）研究认为牧民对政策总体满意度偏低，牧民生计多样化、牧民对政策作用的认知、家庭规模以及对政策的了解是影响牧民对政策满意度的主要因素。王丽佳和刘兴元（2019）研究认为牧民对政策的满意度并不高，主要受牧民受教育水平以及获得的补奖金额、牲畜养殖数量与体重变化情况、牧民对环境与经济重要性的评估以及对社会福利满意度的主观评价的影响。孙前路等（2018a）以西藏为例，研究认为牧民对政策的满意度低，其中村干部的工作效率与程序公平是影响农牧民满意度的主要因素。而胡振通等（2016）认为牧民对政策的满意度存在区域差异，且政策满意度与牧民实际收入影响之间存在显著的相关关系，表现出草原生态补奖对牧民实际收入所产生的正向影响越大，牧民对政策的满意度越高。周升强和赵凯（2019b）研究认为禁牧区与草畜平衡区农牧民对草原生态补奖政策的满意度存在差异，禁牧区农牧民满意度高于草畜平衡区，补奖认知、收入影响和家庭特征对两区域农牧民满意度均具有显著影响。

1.3.1.4　农牧民对草原生态补奖政策的行为响应

农牧民作为草原生态补奖政策的实施主体，其对政策的行为响应是影响政策实施绩效的关键因素（唐毅、刘明宇，2018；刘明宇、唐毅，2018）。鉴于此，国内外诸多学者围绕牧民、农牧民对草原生态补奖政策的行为响应展开了诸多研究，具体有以下几个方面：

（1）农牧民的认知与参与行为。学者对该方面的研究并未就牧民与农牧民做严格的区分，在实际研究中往往统称为牧民。康晓虹（2019）认为当前牧民对草原生态补奖政策持肯定态度并愿意继续参与的牧民占比更大，但禁牧区与草畜平衡区牧民对政策的参与意愿存在差异。具体而言，由于草原生态补奖政策对禁牧型牧民的放牧行为限制较多，对其家庭收入、家庭成员就业以及社会保障带来较大消极影响，该类牧民对补奖的接受度较低；草畜平衡型牧民对草场的依赖程度与禁牧型牧民相比有所减轻，牧民对于补奖标准的公平性评价越高，牧民拥有的人均草场面积越广，家庭生计多样性指数越大，牧民越愿意继续参与草原生态补奖政策。姜冬梅等（2014）认为牧民对草原生态补奖政策的参与意愿较为强烈，其参与意愿主要受家庭收入水平、劳动力负担系数以及拥有草场面积等因素的影响。而郑玉铜与谢文宝（2016）以新疆牧民为例，研究认为生态补偿下新疆牧民自发性草地保护意愿程度较低，牧业收入等因素对牧民自发草地保护意愿产生显著正向影响，而牧业支出对牧民自发草地保护意愿影响负向显著。刘振虎与郑玉铜（2014）研究认为牧业收入、自主保护意愿和草原保护主体等因素与牧民参与补奖的意愿呈正相关关系，草场流动意愿、牧业支出、气候变化和草场状况等因素则呈负相关关系。也有学者就农牧民草原生态补奖政策的参与行为做了研究，认为农牧民参与生态补偿的意愿较高，但是政策的制定过程中农牧民的参与度不够，影响了实施效果（赵玉洁等，2012）。

（2）农牧民的违规放牧行为。学者普遍研究认为当前草原生态补奖政策下牧民、农牧民的违规放牧行为是一种普遍的行为选择。如靳乐山和胡振通（2014）与胡振通等（2016）以草畜平衡区为例，认为现有的草原生态补偿监管体系是草畜平衡框架下的数量监管体系，呈现出弱监管的特性，牧民的超载放牧行为较为普遍，极大地影响了草原生态补奖政策目标的实现（冯晓龙等，2019）。部分学者以禁牧区为重点，研究认为当前禁牧区农牧民偷牧、夜牧等违规放牧行为较为普遍（赵玉洁等，2012），部分禁牧区域甚至近乎公开化放牧，禁牧区牲畜数量往往呈现出先减少后增加的趋势（柴浩放等，2009）。究其原因在于，禁牧政策实施后农牧民往往缺乏有效的可替代生计，舍饲圈养成本高（路慧玲等，2016），政府对禁牧政策执行效果的监管力度不够以及草地产权不明晰（陈勇等，2014）等方面。

1.3.2 农牧民分化

当前国内外学界围绕农牧民分化展开的研究较为鲜见，相关研究主要以农民为研究对象，对农民分化展开分析。农民分化是以整个社会结构的分化为前提，当前国内外学界有关农民分化的研究主要以相关的社会分化理论为基础。农户分化是指农民在社会系统的结构中由原来的承担多种功能的某一社会地位发展为承担单一功能的多种不同社会地位的过程（刘洪仁，2006）。农民分化主要有两个基本方向，一是以农民职业分化为主的水平方向的分化，简称"水平分化"；二是以农民家庭经济收入分化为主的垂直方向的分化，简称"垂直分化"。农民分化主要是在农业不发达、产业间不平等

(Rodgers J. L，1994)、土地资源禀赋有限（Lewis W A，2010)、人口激增
（Chayanov A. V，1966)、农业生产效率提高、农业生产要素改善、农户受
教育水平提高（Roberts K. D，1997）以及进城务工能力增强等因素影响
下，家庭中受教育水平相对较高的劳动力（Brosig. S et al. ，2009)，通过外
出务工、非农就业的形式涉足非农生产（Stallmann J. I and Nelson J. H，
1995；Rozelle. S and Taylor J. E，1999)，逐渐促使了农村劳动力向城市、
非农就业的转移，实现了原本同质化农民群体的异质性分化（Mittenzwei. K
and Mann S，2017)。学者针对各自国家不同经济发展时期的农户分化问题
进行了不同的农户分类界定。焦源等（2015）认为当前中国已形成小规模农
户、专业种养大户、家庭农场和参与农民合作社的合作经营户等多种类型农
户并存的局面。Zhang. Q. F（2015）基于土地、劳动力、生产资料和产品
对当前中国农户的分类进行了划分，分为离农户、以非农经营为主的农户、
以农业经营为主的兼业户和纯农户。罗明忠和刘恺（2016）认为中国农户已
经分化为以兼业户为主体，包括纯务农大户、纯务农散户、农业兼业户、非
农兼业户和纯非农户等 5 类。基于以上研究基础学者从农户分化视角出发，
就农户分化对土地流转、宅基地退出等方面展开了许多有益研究。如：文长
存等（2017）认为农户水平分化程度对农户农地转入决策和转入规模均有显
著负向影响，农户垂直分化程度对农户农地转入决策及流转规模均有显著正
向影响。杨应杰（2014）认为农户职业维度的水平分化与经济维度的垂直分
化对其自身宅基地使用权流转的意愿均具有影响。钱龙等（2015）认为农户
职业分化对宅基地流转影响显著。邹伟等（2017）认为农户的职业分化程度
越高参与抵押融资意愿较强，而经济分化程度越高，农户抵押意愿越弱。罗
明忠和刘恺（2016）从农户分化视角对中国近年来实施的有关农业发展与农
地管制政策展开评价，认为农户对上述政策的评价不因农户的职业分化而出
现差异。张藕香（2016）从农户分化视角研究"非粮化"问题，认为分化农
户的特征差异影响"非粮化"，并且不同地区、不同类型的农户差异甚大。
以上分析表明，国内外学界当前虽还没有形成专门的农民分化理论，但现有
研究基于社会分化理论对于农民分化的界定、形成原因及表现形式等已做了
大量研究，政策层面等因素是农民分化的重要因素，农户分化后形成的不同
类型农户对政策的需求与针对政策的行为响应均会存在较大差异，以上研究

结论为本书的农牧民分化研究提供了有益的借鉴。

1.3.3　农牧民生计研究

随着对贫困问题属性理解的加深，20世纪80年代至90年代初期，生计概念首先在国外产生。生计概念提出后，国内外学者围绕生计理论研究、生计分析框架的构建及应用，农户生计影响因素等方面展开了诸多研究。

1.3.3.1　生计概念的提出

生计概念的厘清是一个不断持续的过程。自生计概念提出以来，国内外学者基于各自的专业背景，不同的兴趣与研究目的，对生计概念进行了不同的界定（汤青，2015）。Scoones（1998）在对农户生产生活行为多样化和实现生计可持续发展的研究过程中，认为生计是由生活所需要的各项能力、资产禀赋以及所采取的各项行动组成。在对贫困与扶贫问题研究过程中，Ellis（2000）认为，生计包含的内容极其广泛，可概括为资产、行动以及获得这些资产的途径，而上述生计的内容决定了农户生存过程中对所需要的各种资源的获取方式。但当前国内外学术界普遍接受的生计概念是："包括能力、资产以及一种生活方式所需要的活动"（Carney D，1998；苏芳等，2009）。生计概念的提出加深了学术界与实践界对贫困问题的认识，为学术界有关贫困问题的研究，实践界扶贫工作的开展提供了新的视角。随着学术界对贫困和扶贫等问题属性理解的深入，国外学者逐渐将研究重点进一步转向可持续生计的研究（何仁伟等，2013；袁梁，2018）。与以往有关生计方面的研究类似的是，可持续生计方面的研究同样关注收入贫困问题，致力于寻找引起收入贫困的原因以及可行的解决方案。但除此之外，可持续生计更加注重由于发展能力的缺乏而导致的贫困问题方面的研究，致力于通过增强贫困群体的发展能力，以从根本上解决贫困问题。也就是说可持续生计分析框架认为贫困群体致贫的一个重要原因是其缺乏选择和完成基本生计活动的能力（汤青，2015）。基于上述认识，以Sen（1981）、Chambers和Conway（1992）等学者为代表的国外学者对引起贫困的深层次原因进行了辩证思考，着重分析了贫困群体生计发展过程中存在的限制因素，如因缺乏谋生所必需的技能、必要的学历、必要的资本禀赋等在内的发展能力而引致的贫困和缺乏从事收益程度更高的外出就业机会等引致的贫困等。在上述从可持续生计视角分析有关贫困群体收入贫困以及发展能力引致的贫困产生原因的研究及实践过程中，国外学者首先对可持续生计概念及内涵进行了明确的界定，并在实践中不断发展和完善，最终形成当下国内外学术界与实践界普遍接受的可持续生计的定义。即当前国内外学术界与实践界普遍认为生计是谋生的方式，但该谋生方式不单单是某一种谋生方式，而是一个复杂的系统。这种谋生方式需要建立在一定的基础之上，通常所说的这种基础主要是指家庭用以谋生的各种生计能力、各项生计资产和开展的各项生计活动。同时，可持续生计认为这种生计不是传统意义上的生计，而应当是具有可持续性的生计，认为这种生计在各种压力和风险的冲击下应当能够依靠家庭自身的禀赋得到恢复，在恢复当前的生计状态的同时，能够在未来一段时间内基于自身的生计资本禀赋，通过合适的生计策略的选择进一步增强其自身的生计能力与资产，且在这个过程中不存在损害生态系统中的自然资源的生计活动，只有满足上述条件，这种生计才可以称作是可持续的生计（Chambers and Conway，1992；汤青，2015）。可持续生计概念自提出以来，已被广泛应用于农户贫困、脆弱性以及生态变化对农户生计的影响等领域的研究中（赵雪雁，2017）。

1.3.3.2　可持续生计分析框架的构建

可持续生计概念的提出，为学术界与实践界分析解决农户生计脆弱性问题提供了一个全新的视角。在可持续生计概念运用于解决农户生计脆弱性过程中，逐渐形成了多个成熟的可持续生计分析框架。国外现有的可持续生计分析框架主要有3个，分别是：可持续生计分析框架、农户生计安全框架以及可持续生计途径（汤青，2015）。国外现有的上述3个分析框架中，可持续生计分析框架得到了最为广泛的采纳和应用，这一框架具有显著的理论创新性，对于后来可持续生计的实证研究起到了引领性作用，成为农户生计分析的经典范式（刘艳华、徐勇，2015）。可持续生计分析框架以人为中心，旨在通过分析农户生计脆弱性的原因，在此基础上寻找确定能够增加贫困农户生计可持续性的目标或手段。可持续生计分析框架包括由自然、市场以及政策等风险造就的脆弱性背景，农户赖以维持生计的各项生计资本，政府制定的某项制度和政策，农户选择的具体生计策略以及具体生计策略所产生的生计结果等五部分内容，强调分析解决农户生计可持续性问题时上述五部分内容既是相互独立又是相互影响的（何路路等，2012；刘璐琳、余红剑，2013；赵锋，2015）。与传统的生计概念类似，可持续生计分析框架不仅研究传统意义上的收入贫困问题，还特别强调了家庭发展的能力不足，以及家庭由于缺乏选择和完成基本生计活动的能力而导致的贫困问题（苏芳等，2009）。可持续生计分析框架在具体运用时将农户看作是在自然、市场或者政策引致的脆弱性的背景下生存或谋生的对象，农户基于自身所拥有的生计资本禀赋，通常是指包括自然资本、人力资本、物质资本、金融资本与社会资本等在内的五项生计资本，通过选取适合自身的生计策略，如采取农业就业或者是非农就业等生计策略，以实现预期的生计结果。即可持续生计分析框架认为，农户生计资产运行的性质和状况决定了家庭做出的生计策略选择，并最终导致某种生计结果（周升强、赵凯，2018）。

1.3.3.3 农牧民可持续生计研究

（1）农牧民可持续生计测度。国内外学者基于可持续生计理论，围绕农牧民生计资本、生计脆弱性及可持续性展开了诸多研究。针对北方农牧交错区农牧民生计资本，研究表明当前农牧民生计过度依赖天然草地放牧，普遍缺乏发展型生计，且生计资本耦合协调度也较低（孙特生、胡晓慧，2018）。就具体的生计资本而言，农牧民生计资本存量往往仅处于维持基本生活需求阶段，且农牧民之间同质性较大，五项生计资本间属性分异明显，金融资本和社会资本储量往往较低（王娅等，2017；孙特生、胡晓慧，2018）。也有学者研究认为草场面积、信贷情况、家庭收入与牲畜数量是重要的农牧民生计资产，农牧民家庭社会资产和人力资产存量往往较低，使得丰富的自然资产和较充足的金融资产因人的能力和素质相对较低，不能形成最佳的生计策略（蒙吉军等，2013）。不同类型农牧民之间其生计存在显著差异，非禁牧户的生计资本总值稍高于禁牧户，禁牧户的自然资本和人力资本指标值明显高于非禁牧户，而非禁牧户的物质资本和金融资本指标值显著高于禁牧户（菲菲、康晓虹，2019）。也有学者以牧民为研究对象，就牧民的可持续生计展开研究，部分研究认为我国草原区牧民家庭生计脆弱性指数普遍较高，同时，高脆弱性牧民家庭的生计资本存量显著低于低脆弱性牧民家庭（丁文强，2019）。五项生计资本中，人力资本与金融资本是牧民生计的主要依靠，其次是社会资本与物质资本，自然资本对牧民生计的重要性相对较低（谢先雄等，2019）。王彦星等（2014）以青藏高原东缘牧民为例，研究认为牧民的生计资本都非常有限，且不均衡，总体上均呈现出自然资本丰富，物质资本转化难，人力资本、社会资本与金融资本偏低的特征，牧民生计活动多样化水平整体都不高，主要依赖于自然资本，生计较为脆弱。励汀郁和谭淑豪（2018）基于制度变迁背景下，研究了牧民的生计脆弱性，认为牧民定居放牧后，物质资本的增加有助于牧民生计的恢复，增强其生计资本，降低生计脆弱性，但金融资本不足仍是导致牧民生计脆弱的主要因素，部分牧民采用过牧等手段应对草地经营制度变迁带来的影响，从长远来看，反而加剧了牧民自身生计的脆弱性。

（2）农牧民生计资本与生计策略的关系。生计资本作为农牧民家庭生计的基础与核心，是农牧民生计策略选择的基础（吴孔森等，2016）。基于此，学者围绕农牧民生计资本与生计策略的关系展开了诸多研究。关于生计策略的划分方式，学界当前存在多种划分方式，有学者基于农户家庭非农业收入占比的差异将农户划分为专业农户、第一兼业户和第二兼业户（钱巨然，2016）。Zhang Q F（2015）基于土地、劳动力、生产资料和产品对当前中国农户的分类进行了划分，分为离农户、以非农经营为主的农户、以农业经营为主的兼业户和纯农户。丁文强（2019）依据牧业收入占家庭总收入比例将牧民的生计策略划分为 4 种类型，牧业收入占比在 90% 以上的为纯牧户生计策略，89%～50% 为牧兼户，49%～11% 为兼牧户，10% 及以下为非牧户。而乌云花等（2017）根据牧民收入的来源和家庭现有生计活动划分牧民的生计策略，将家庭收入来源主要为畜牧业收入，无其他附加收入的生计策略界定为纯牧型生计，将家庭收入除了畜牧业收入外，拥有其他工资性收入及副业类收入的归为多样型生计。蒙吉军等（2013）则以家庭农业活动、非农活动及其组合所导致的收入差异将农牧民的生计活动分为纯农型、半农半牧型、多样型、非农型四种类型的生计策略。在农牧民生计策略划分的基础上，路慧玲等（2016）研究认为农牧民生计资本水平对其适应策略具有重要影响，农牧民生计多样性变化的主要影响因素有人力资本、金融资本和社会资本，养殖规模变化的主要因素有自然资本、物质资本、金融资本和社会资本，而影响养殖模式选择的主要因素是物质资本和金融资本。人力资产、金融资产和社会资产丰富的农牧民往往倾向于非农活动，而物质和自然资产丰富的农牧民往往更愿意从事农业活动（蒙吉军等，2013）。宋连久等（2015）以藏北牧民为例，研究认为拥有较多自然资本和经济资本的牧民习惯于以单纯依靠牧业收入作为其生计策略，而拥有较多人力资本、物质资本和社会资本的牧民更愿意选择多种经营方式来获取更多收入，五项生计资本中物质资本对牧民的生计策略影响最为显著。同时，生计资本在影响牧民生计策略的同时，还会对家庭人均转移性收入与人均经营性收入、收入来源的种类、家庭人均支出，尤其是家庭人均生活性支出、其他支出产生影响（张敏，2018）。也有学者研究认为社会资本与人力资本对牧民的生计策略选择有显著的影响，但牧民赖以生存的自然资本却对其生计策略选择没有影响（乌云花等，2017）。

1.3.4　草原生态补奖政策对农牧民生计影响研究

　　草原生态补奖政策的实施在追求生态效益的同时，也希望通过政策的实施不断拓宽农牧民增收渠道，稳步提高农牧民收入水平，改善农牧民生计状况（Gao L et al.，2016；Hou C X et al.，2018；Hu Y et al.，2019）。因此，有关草原生态补奖政策对农牧民生计的影响研究向来是一个研究热点，国内外该方面的研究主要围绕草原生态补奖政策的实施对农牧民生计资本、收入及贫困的影响展开。

　　（1）草原生态补奖政策对农牧民生计资本的影响。农牧民作为草原生态补奖政策实施的客观主体，政策的实施必然对其生计造成一定的影响。当前针对草原生态补奖政策对农牧民生计的研究虽然较少，但总体而言学界普遍认为政策的实施对农牧民生计具有负向影响（Xu G C et al.，2012）。部分学者以北方农牧交错区为例，研究认为北方农牧交错区禁牧政策实施对农牧民的生产和生活造成一定的负向影响，主要原因在于部分农牧民无法顺利完成生计方式的转型，加之补奖标准低和补偿有失公平等问题无法弥补禁牧造成的经济损失，导致农牧民生活水平有所下降，加深了生态环境与农牧民生计之间的矛盾（周立华、侯彩霞，2019）。禁牧政策的实施导致农牧民生计模式具有初步非农化倾向，生计多样性增加，大部分农牧民养殖规模减小或不变，农牧民粮食作物种植面积增加，而经济作物种植面积减小，单只羊的养殖成本增加（路慧玲等，2016）。也有学者以牧民为研究对象，同样认为由于政策实施过程中政府所采取的诸如"一刀切"式禁牧措施对牧民生计具有负向影响，导致政策短期性与生计持续性之间存在矛盾（路冠军、刘永功，2015），减弱了政策的实践效果（伊丽娜，2015）。当前草原生态补奖政策对牧民而言是一种"输血式"政策，牧民容易对"输血式"补奖机制形成路径依赖，致使补奖政策无法帮助牧民走出生计困境，需从提高牧民的科学文化水平、科学发展现代畜牧业以及旅游业、改善牧区生存环境等方面努力，以打破牧民生计的路径依赖（葛燕林，2016；王晓毅，2016）。就具体的生计资本而言，禁牧补助政策的实施在一定程度上降低了牧民的生计资本总指数，尤其是物质资本与金融资本呈下降趋势。原因在于，禁牧后影响牧民生计的不确定性因素增多，加之当前禁牧补助标准偏低，补偿收入无法弥补牧民由限制性放牧所带来的牲畜饲养量减少而遭受的损失（康晓虹等，2018）。赵雪雁等（2013）认为草原生态补奖政策实施后农户家庭生计资本总值得到显著增加，就具体的五项生计资本而言，除自然资本下降外，其余包括人力资本等在内的四项生计资本均得到增加，但农户具体的生计资本变化幅度存在差异；草原生态补奖政策实施后农户的生计方式发生了显著变化，具体表现为从事非农活动的农户比例显著增加，农户家庭生计多样化指数得到增加，农户非农化程度与生计多样化指数的变化也呈现出区域差异，具体表现为农区农户的非农化程度与生计多样化指数的增长幅度均高于纯牧区与半农半牧区，提出应建立多样化、差别化的补偿方式，提高项目区农户的生计能力，确保生计安全。韩枫与朱立志（2017）认为总体来看政策实施后牧民的生活方式确实受到较大影响，但是放牧依然是牧民生计的主要手段，生态保护的意愿若要上升为主观行动仍有较大差距。综上所述，总体而言学术界当前针对草原生态补奖政策实施背景下农牧民生计方面的研究仍显不足，草原生态补奖政策实施背景下，农牧民的生计状况如何，受哪些因素的影响仍需探索。

（2）草原生态补奖政策对农牧民收入的影响。草原生态补奖政策旨在通过给予农牧民禁牧补助或草畜平衡奖励的方式以引导农牧民采取禁牧或草畜平衡措施，以实现草原生态的保护，政策实施过程中不可避免地会对农牧民家庭收入造成影响。针对北方农牧交错区草原生态补奖政策的实施对农牧民收入的影响，学术界基于实地调研获取的数据已展开诸多有益的研究。有学者基于政策实施前后农牧民家庭收入的变化研究认为，草原生态补奖政策的实施对农牧民家庭经济和农牧产业结构产生了一定的正面影响（杨波等，2015），但对农牧民家庭收入的影响具有阶段性，总体呈现出先降后升的特点（陈洁、苏永玲，2008），农牧民家庭人均纯收入、牧业收入以及牧业收入比重呈持续增加态势（杨春等，2016），非农收入中的打工收入在持续提高。也有研究认为草原生态补奖政策与农牧民收入之间存在激励不相容问题，人工饲草地项目对农牧民的种植业收入和总收入有负向影响，舍饲棚圈项目对农牧民收入未起到促进作用，政策的实施对农牧民外出务工收入的影响并不显著（张会萍等，2018）。综上所述，当前有关草原生态补奖政策对农牧民家庭收入具有怎样的影响学术界尚未形成统一的认识。以牧民为研究对象的研究成果表明，通过对牧民家庭人均收入的多年数据进行分析得出，牧民家庭人均纯收入在政策实施的不同阶段呈现出不同的变化趋势。具体而言，在政策实施的中前期呈现出上升的态势，但在政策实施的中后期则呈现出相反的态势，总体而言，牧民家庭人均纯收入的下降幅度要小于上升幅度，牧民人均纯收入仍得到了增加。就具体收入影响而言，生态补偿政策实施后牧民家庭总收入中的生产性收入占比缩小，转移性收入占比反而得到提升，以生态保护补偿收入为主的转移性收入成为牧民家庭重要的收入来源之一（祁晓慧等，2018）。政策的实施对不超载牧民的总收入和非畜牧业收入有显著提升作用，但对畜牧业收入的提升作用并不显著（刘宇晨、张心灵，2019）。虽然草原生态补奖政策对多数牧民的非农就业和收入起促进作用，但没有显著改变牧民以畜牧生产为主的生计方式，且补奖与牧民非农就业和收入呈现倒 U 型的关系，补贴达到一定程度后会产生收入增长而导致休闲需求增长的效应（王丹、黄季焜，2018）。补奖对牧民的收入影响存在区域差异，对草畜平衡户更多的是正向影响，对禁牧户具有负向影响。也有学者就草原生态补奖政策的扶贫效果进行了研究，如：王曙光和王丹莉（2015）认为，草原生态补偿实施过程中应将保护草原生态与解决贫困问题二者目标有机结合，通过合理的草原生态补偿机制的设计，发挥草原生态补偿缓解贫困的作用，构建起草原生态保护和区域经济发展的长效机制。张浩（2015）认为草原生态补奖政策虽然导致大量牧民收入下降，但政策的实施对促进低收入水平牧民收入的增加具有积极的影响，草原生态补奖政策的实施对于缓解贫困，缩小贫困差距，促进贫困问题的解决具有积极的作用。崔亚楠等（2017）认为草原生态补奖政策有利于缩小牧区和农区贫富差距，但对于半农半牧区影响效果不明显。也有学者研究认为，总的来说，草原生态补奖政策的实施更有利于相对富裕牧民生计水平的提高，有利于其未来的发展；但对贫困牧民而言，草原生态补奖收入仅够维持基本生活，对贫困牧民未来发展的促进作用是有限的（王晓毅等，2016）。

1.3.5　国内外研究评述

综观国内外现有研究成果，在国外"生态/环境服务付费"概念、国内"生态保护补偿"概念提出并不断完善过程中，国内外学术界与实践界在森林、草原、流域以及耕地等领域的生态保护补偿方面展开了诸多理论与实践方面的研究，围绕农牧民生计及生态保护补偿对农牧民生计的影响亦开展了大量的研究，为本研究的开展提供了诸多有益的借鉴。但本研究认为围绕草原生态补奖政策、农牧民生计及草原生态补奖政策对农牧民生计影响，国内外现有研究仍存在以下几点不足之处，需要开展进一步的研究：

（1）以北方农牧交错区农牧民为微观研究对象的草原生态补奖政策研究尚显不足。现有基于微观视角开展的草原生态补奖政策研究多以牧民为研究主体，而农牧民作为北方农牧交错区草原生态补奖政策实施的微观主体，政策的实施对其生计往往造成更大的影响，亟须以北方农牧交错区农牧民为研究对象，分析草原生态补奖政策的实施对农牧民生计所造成的影响，以对草原生态补奖政策研究做有益的补充。

（2）缺乏从农牧民分化视角对草原生态补奖政策实施所产生的影响进行分析。现有研究多以农牧民内部同质化为基础，忽略了北方农牧交错区农牧民内部分化日渐加剧的现实背景，缺乏从农牧民分化视角分析草原生态补奖政策对农牧民生计产生的影响，有关农牧民分化背景下不同生计类型农牧民对草原生态补奖政策的政策需求及行为响应差异性方面的研究亟待补充。

（3）现有研究普遍从生计资本或生计策略视角对农牧民生计进行研究，

缺乏从可持续生计框架整体出发对农牧民生计进行系统探究。可持续生计分析框架认为农牧民生计应包括生计资本、生计策略及由此产生的生计结果，但现有研究仅从生计资本或生计策略两方面就农牧民生计进行分析，缺乏基于可持续生计整体框架就农牧民生计进行系统完整的研究。

（4）草原生态补奖政策对农牧民生计影响研究尚显不足，研究内容亟待扩展。当前有关草原生态补奖政策对农牧民生计影响这一方面的研究主要围绕政策对农牧民生计资本的影响展开，也有研究就草原生态补奖政策对农牧民收入影响进行分析，但得出的结论尚不一致。根据可持续生计分析框架及实际调研的结果，草原生态补奖政策对农牧民生计影响研究不应仅局限于生计资本与收入两方面，政策对农牧民分化、生计对草地资源的依赖度、各项牧业生计活动及收入稳定性等方面同样具有重要的影响，亟须在理论框架构建的基础上就该方面内容进行实证补充研究，为实现保护草原生态与改善农牧民生计二者目标的有机结合提供实证支撑。

1.4 研究思路与研究内容

1.4.1 研究思路

本书认为草原生态补奖政策对农牧民生计的影响存在："草原生态补奖政策的实施→影响农牧民分化与生计资本→农牧民对牧业生计进行调整→进而产生相应的生计结果"的影响路径。基于以上影响路径，本书的实践起点是北方农牧交错区面临草原生态保护与农牧民生计改善的双重压力，最后落脚到规范分析中的政策研究。首先，在梳理国内外现有研究成果的基础上，结合相关理论成果，对本书所涉及的草原生态补奖政策、农牧民、农牧民分化及农牧民生计等概念及内涵进行界定，构建草原生态补奖政策对农牧民生计影响的理论分析框架；其次，基于宏观层面及实地调研获取的农牧民微观层面数据，分析北方农牧交错区草原生态补奖政策的实践状况及效果以及草原生态补奖政策实施背景下农牧民生计的现状及存在的问题；再次，按照"草原生态补奖政策的实施→影响农牧民分化与生计资本→农牧民对牧业生计进行调整→进而产生相应的生计结果"的分析路径，分别从草原生态补奖政策对农牧民分化（水平分化与垂直分化）、生计资本、牧业生计（减畜、牲畜养殖规模与继续从事牧业生产意愿）、生计对草地资源的依赖度（生计活动、劳动力就业与收入三方面）、收入及收入稳定性等方面分析草原生态补奖政策对农牧民生计的影响；最后，在以上分析的基础上，从完善草原生态补奖政策与改善农牧民生计两方面提出政策建议。

1.4.2 研究内容

围绕本书的研究思路，具体的研究内容共分为9章，具体安排如下：

第1章，导论。首先，通过广泛搜集阅读国内外相关研究成果，详细阐述本研究所基于的理论与现实背景，针对本研究所发掘的现实问题明确本书具体的研究目的与研究意义；其次，通过系统梳理与评述国内外有关草原生态补奖政策对农牧民生计影响的研究成果，发现已有成果的可借鉴之处；再次，在明确研究思路以及研究内容的基础上，陈述本书所采用的具体的研究方法以及研究所遵循的技术路线；最后，基于得出的研究结论，总结提炼出本研究可能的创新之处。

第2章，概念界定、理论基础与研究框架。首先，对本书涉及的草原生态补奖政策、农牧民、农牧民分化与农牧民生计等核心概念进行界定与说明；其次，对本研究基于的外部性理论、公共产品理论、农民分化理论、可持续生计理论与生态经济人理论等核心的理论进行梳理与总结；最后，在明确本研究所涉及的核心概念与核心理论的基础上，构建草原生态补奖政策对农牧民生计影响的理论分析框架，为本书后续研究提供理论框架。

第3章，北方农牧交错区草原生态补奖政策与农牧民生计现状及问题。首先，梳理北方农牧交错区草原生态补奖相关政策，从宏观视角阐释北方农牧交错区草原生态补奖政策的演变历程；其次，基于宏观层面以及实地调研获取的农牧民微观层面的数据，分别从宏观层面及农牧民微观层面分析北方农牧交错区草原生态补奖政策的实践状况以及所取得的实践效果；最后，基于实地调研获取的农牧民微观数据，分析草原生态补奖政策实施背景下北方农牧交错区农牧民的生计现状及存在的具体问题。

第4章，草原生态补奖政策对农牧民分化的影响。选取非农牧劳动力的就业占比对农牧民职业维度的水平分化进行测度，选取家庭非农牧收入占比对农牧民收入维度的垂直分化进行测度。在此基础上，运用实证分析方法分别从职业维度的水平分化与收入维度的垂直分化两方面分析草原生态补奖政策对农牧民分化的影响。

第 5 章，草原生态补奖政策对农牧民生计资本的影响。参考现有研究成果，并结合北方农牧交错区农牧民的生计状况，选取合适的代理变量，构建北方农牧交错区农牧民生计资本的测算指标体系，对农牧民生计资本进行测度。在此基础上，运用实证分析方法首先分析草原生态补奖政策对农牧民生计资本总值的影响，然后就草原生态补奖政策对农牧民生计资本的影响进行分解，阐释草原生态补奖政策对农牧民自然资本、人力资本、金融资本、物质资本与社会资本等五项生计资本分别具有怎样的影响。

第 6 章，草原生态补奖政策对农牧民牧业生计的影响。本章按照"草原生态补奖实施→农牧民减畜→当前牲畜养殖规模→未来继续从事牧业生产意愿"的逻辑顺序展开，分析草原生态补奖政策对农牧民牧业生计的影响。具体而言，首先，分别从农牧民是否减畜与减畜程度两方面分析草原生态补奖政策对农牧民减畜的影响，并纳入农牧民非农牧就业变量，阐释非农牧就业对农牧民减畜的影响以及其在草原生态补奖政策与农牧民减畜二者关系中所扮演的角色；其次，分析草原生态补奖政策对农牧民牲畜养殖规模的影响，并将农牧民分化变量纳入分析框架中，分析农牧民分化对牲畜养殖规模的影响以及其在草原生态补奖政策与农牧民牲畜养殖规模二者关系中所扮演的角色；最后，分析草原生态补奖政策对农牧民继续从事牧业生产意愿的影响。

第 7 章，草原生态补奖政策对农牧民草地资源依赖度的影响。将农牧民生计对草地资源依赖度作为农牧民生计结果的一个考察维度，在从生计活动、劳动力就业与收入三方面测度农牧民生计对草地资源依赖度的基础上，分别从上述三方面分析草原生态补奖政策对农牧民草地资源依赖度的影响，并将生计资本纳入草原生态补奖政策对农牧民草地资源依赖度影响的分析框架中，阐释生计资本在草原生态补奖政策影响农牧民生计对草地资源依赖度中所扮演的角色。

第 8 章，草原生态补奖政策对农牧民收入及其稳定性的影响。将农牧民在草原生态补奖政策实施背景下所取得的收入及对应的收入稳定性作为农牧民生计结果的一个考察维度。首先，分别从草原生态补奖政策对农牧民，尤其是贫困农牧民农业收入、牧业收入以及非农牧收入三方面的影响，分析草原生态补奖政策对农牧民收入的影响，阐释草原生态补奖实施所存在的益贫效应；其次，在测度农牧民收入稳定性的基础上，分析草原生态补奖政策对农牧民，尤其是贫困农牧民收入稳定性的影响，阐释草原生态补奖政策的实施对于抑制返贫的作用。

　　第 9 章，结论、建议与展望。首先，对本书各章节所得出的研究结论进行进一步的提炼、归纳与总结；其次，提出北方农牧交错区草原生态补奖政策实施过程中应加强对异质性农牧民微观利益的关注；以提高补奖标准为核心，进一步完善草原生态补奖的政策机制；着力提升农牧民非农牧就业能力以引导劳动力要素的非农牧转移；着力提升农牧民的生计资本，降低农牧民生计对草地资源的依赖度；同时，应结合当前的"精准扶贫"战略，继续推进草原生态补奖政策扶贫的实施等政策建议；最后，指出本研究的局限性、未来研究的努力方向以及需要改善之处。

1.5　研究方法与技术路线

　　本书运用规范分析与实证分析、定性分析与定量分析相结合的研究方法，首先运用规范分析与定性分析方法从理论上就草原生态补奖政策对农牧民生计的影响进行分析，构建本书的理论分析框架，进而运用实证分析与定量分析方法具体分析草原生态补奖政策对农牧民生计的影响。具体研究方法如下：

1.5.1　研究方法

1.5.1.1　规范分析法

　　在规范分析的过程中，通过查阅国内外有关生态保护补偿、草原生态补奖政策、农牧民以及农牧民生计等方面的研究资料，运用文献阅读法对草原生态补奖政策、农牧民、农牧民分化以及农牧民生计概念进行界定。结合实地调研及现有研究成果归纳北方农牧交错区草原生态补奖政策的演变过程、实施现状以及存在的问题，分析草原生态补奖政策实施背景下北方农牧交错区农牧民生计现状及存在的问题。在北方农牧交错区草原生态补奖政策及农牧民生计现状及问题分析的基础上，结合可持续生计等理论从草原生态补奖政策对农牧民分化、生计资本、牧业生计、生计对草地资源的依赖度、收入及收入稳定性的影响等方面构建草原生态补奖政策对农牧民生计影响的理论分析框架。

1.5.1.2 实证分析法

在运用规范分析法明确本书研究概念，构建本书的理论分析框架后，结合实地调研获取的数据，运用实证分析法分析草原生态补奖政策对农牧民生计的影响。具体实证研究方法的运用如下：

（1）主客观赋权法。在对农牧民生计资本进行测算时，为避免主观的层次分析法所确定的权重过于主观化而客观的熵权法确定的权重过于客观化的弊端，本书采用主观的层次分析法与客观的熵权法相结合的主客观赋权法确定各项生计资本指标权重，以尽量使各项生计资本的指标权重与现实相符。

（2）Tobit 模型与多元线性回归模型。在分析草原生态补奖政策对农牧民职业维度的水平分化、生计资本以及生计对草地资源依赖度的影响时，由于农牧民职业维度的水平分化、各项生计资本值以及生计对草地资源依赖度均集中在 0～1 范围内，适合采用 Tobit 模型进行回归，同时，为了检验回归结果的稳健性，采用多元线性回归模型做稳健性检验。

（3）Oprobit 模型与 Ologit 模型。在分析草原生态补奖政策对农牧民收入维度垂直分化的影响以及牧业生计中的继续从事牧业生产意愿的影响中，由于因变量农牧民收入维度的垂直分化与继续从事牧业生产的意愿均为五项有序变量，数值越大表示垂直分化程度越深，继续从事牧业生产的意愿越强烈，故需要建立多元有序选择模型。而处理多分类离散数据的 Oprobit 模型是理想的估计方法，故本书采用 Oprobit 模型就草原生态补奖政策对农牧民收入维度的垂直分化以及继续从事牧业生产的意愿进行回归分析。同时，为检验 Oprobit 模型回归结果的稳健性，本书采用 Ologit 模型、Tobit 模型以及多元线性回归模型对回归结果进行稳健性检验。

（4）似不相关回归模型。在对草原生态补奖政策对农牧民生计资本的影响进行分解回归时，由于农牧民生计资本包括自然资本、人力资本、物质资本、金融资本与社会资本五项内容，需要建立五个方程来分析草原生态补奖政策对农牧民各项生计资本的影响。考虑到农牧民各项生计资本间可能存在相互影响，本书选取似不相关回归模型将农牧民五项生计资本影响因素的五个方程进行联合估计。

（5）Probit 模型与 Logit 模型。在分析草原生态补奖政策对农牧民牧业生计影响中的是否发生减畜行为时，由于农牧民是否发生减畜行为为 0～1 赋值变量，适合选用 Probit 模型进行回归分析。同时，为检验回归结果的稳健性，本书同时选用 Logit 模型对 Probit 模型的回归结果进行稳健性检验。

（6）多元线性回归模型与分位数回归模型。在分析草原生态补奖政策对农牧民牧业生计影响中的牲畜养殖规模，以及草原生态补奖政策对农牧民收入及收入稳定性的影响时，由于农牧民家庭牲畜养殖规模、各项收入以及收入稳定性均为连续变量，且服从标准正态分布，故适合采用多元线性回归模型。此外，为更加精确地描述解释变量对于被解释变量的变化范围以及条件分布形状的影响。在运用多元线性回归的同时，本书采用分位数回归模型进一步分析不同分位数点上草原生态补奖政策对农牧民牲畜养殖规模、各项收入以及收入稳定性的影响。

（7）调节效应检验法。在分析草原生态补奖政策对农牧民牧业生计影响中，为考察农牧民分化及非农牧就业在草原生态补奖政策与农牧民牲畜养殖规模、是否采取减畜行为以及减畜强度之间关系中所存在的调节效应，参考温忠麟等（2005）有关调节效应的界定及检验方法，本书采用调节效应检验法检验农牧民分化与非农牧就业的调节效应。

（8）中介效应检验法。在分析草原生态补奖政策对农牧民生计对草地资源依赖度的影响时，为考察生计资本在草原生态补奖政策对农牧民生计对草地资源依赖度影响中所扮演的角色，参考温忠麟等（2005）有关中介效应的界定及检验方法，本书采用中介效应检验法检验生计资本的中介效应。

1.5.2　技术路线

基于以上研究思路，本书的技术路线如图 1-1 所示。

总体设计

现实背景 → 现实问题

文献阅读 → 理论问题

现实问题、理论问题 → 科学问题 → 草原生态补奖对农牧民生计影响 ◁-- 文献阅读法

理论分析

概念界定：
草原生态补奖
农牧民
农牧民分化
农牧民生计

理论基础：
外部性理论
公共产品理论
农民分化理论
可持续生计理论
生态经济人理论

补奖对农牧民分化的影响

补奖对农牧民生计资本的影响

补奖对农牧民牧业生计的影响

补奖对农牧民生计对草地资源依赖度的影响

补奖对农牧民收入及收入稳定性的影响

◁-- 归纳演绎法

◁-- 规范分析法

数据获取

实地考察
文献阅读 → 问卷设计 → 赴宁夏盐池县与内蒙古鄂托克旗开展实地调研 → 形成数据库 ◁-- 问卷调查法

实证分析

草原生态补奖

农牧民分化

农牧民生计资本

农牧民牧业生计

农牧民生计对草地资源依赖度

农牧民收入及收入稳定性

◁-- 实证分析法

结论建议

主要研究结论 → 政策建议

完善草原生态补奖政策

改善农牧民生计状况

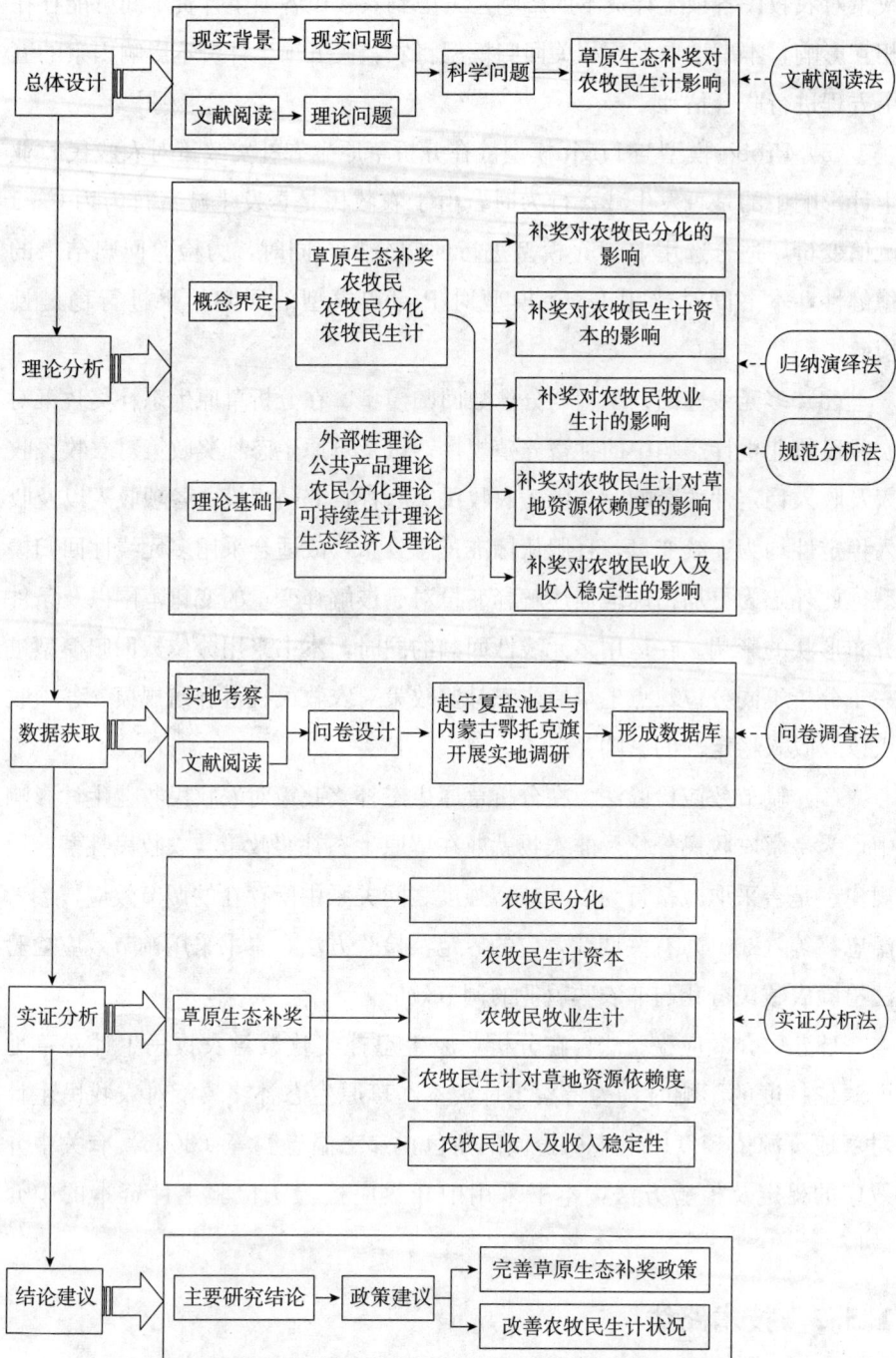

图 1-1　技术路线图

1.6　研究区域概况及数据来源

1.6.1　研究区域概况

自北方农牧交错区概念提出以来，学术界围绕北方农牧交错区的区域范围始终未形成统一的认识。且随着全球气候变化及区域内生产、生活活动的变化，北方农牧交错区的区域范围始终处于动态的变化过程中。在综合多位学者（赵哈林等，2002；殷小菡等，2018；周立华、侯彩霞，2019）有关北方农牧交错区范围界定的基础上，本书认为北方农牧交错区范围大致北起大兴安岭西麓的呼伦贝尔，向西南延伸经过内蒙古东南、河北北部、山西北部、陕西北部以及鄂尔多斯高原，直至宁夏南部和甘肃南部（周立华、侯彩霞，2019）。参考上述北方农牧交错区的范围界定，本书选取北方农牧交错区核心区域中的宁夏回族自治区盐池县与内蒙古自治区鄂托克旗两区域为研究区域（杜婷，2019）。

盐池县位于宁夏回族自治区吴忠市东部，地处北纬 $37°4'\sim38°10'$，东经 $106°30'\sim107°47'$，属陕、甘、宁、内蒙古四省（自治区）交界地带，西与宁夏灵武市（县级市）、红寺堡区和同心县连接，北与内蒙古鄂托克前旗相邻，东与陕西省定边县接壤，南与甘肃省环县毗邻。县域地势南高北低，北接毛乌素沙漠，南靠黄土高原，属典型的地貌过渡地带。

鄂托克旗位于内蒙古自治区鄂尔多斯市的西部，地处北纬 $38°18'\sim40°11'$，东经 $106°41'\sim108°54'$。西部隔甘德尔山与乌海市相邻，隔黄河和阿拉善盟与宁夏回族自治区相望，北与杭锦旗相邻，东与乌审旗接壤，南与鄂托克前旗相邻。县域内气候属于典型的温带大陆性季风气候，四季分明，日照丰富，降水少且时空分布极为不均，蒸发量大。

综合生态和社会经济发展状况等方面因素，选取宁夏回族自治区盐池县与内蒙古自治区鄂托克旗作为调研区域主要基于以下 4 点考虑：①从地理位置上看，两区域均属北方农牧交错区的典型地域，在自然地理特征、气候等方面能够较为全面地反映我国北方农牧交错区的自然地理特征。②从生态重要性上看，两区域均属生态脆弱区，同时又是我国东部地区重要的生态屏障，具有重要的生态安全地位；且长期以来两区域始终存在草原超载过牧问题，"草—畜—人"矛盾突出，均具有保护草原生态与改善农牧民生计状况的现实压力。③从草原生态补奖政策上看，两区域执行的草原生态补奖政策存在差异，宁夏盐池县执行的是禁牧补助政策，内蒙古鄂托克旗执行的是草畜平衡和季节性休牧相结合的政策，两区域执行的补奖政策能够较为全面地反映当前草原生态补奖政策的主要内容。④从经济社会发展上看，两区域农牧民收入均以农牧和非农牧收入为主，农牧产业在当地经济社会发展中均占有较高比重，且调研区域牧业生产均以养羊为主，在经济社会发展方面相似度较高。

1.6.2　数据来源

本书所用数据来自笔者 2017 年 7 月赴宁夏回族自治区盐池县和内蒙古自治区鄂托克旗开展的实地调研。受自然地理条件、生产生活习惯以及经济发展水平等因素的影响，宁夏回族自治区盐池县与内蒙古自治区鄂托克旗村落规模普遍较小，分布较为分散，而本研究需要调研一定比例的从事牧业生产的农牧民，进一步加大了调研难度。根据宁夏回族自治区盐池县和内蒙古自治区鄂托克旗各乡镇（苏木）牧业生产情况、草原生态补奖政策实施情况、村落分布及农牧民分布状况，在实际调研中采取随机抽样调查的方式进行。选取盐池县所辖的花马池镇、高沙窝镇、大水坑镇、惠安堡镇、青山乡、麻黄山乡及冯记沟乡等 7 个乡镇，鄂托克旗所辖的乌兰镇、阿尔巴斯苏木、木凯淖尔镇、包乐浩晓镇、苏米图苏木及棋盘井镇等 6 个乡镇（苏木）为调研乡镇，根据各乡镇的实际情况，选取 1～12 个不等的自然村落或行政村落为调研村落，每个自然村落或行政村落选取 2～45 户农牧民进行随机问卷调查及深度访谈。本次调研共发放并收回有效问卷 388 份，其中盐池县244 份，鄂托克旗 144 份。样本覆盖宁夏回族自治区盐池县与内蒙古自治区鄂托克旗的 13 个乡镇（苏木）57 个村（嘎查）。调研村落的具体分布如表 1-1 所示。

本次调研问卷内容主要包括：农牧民家庭成员基本情况、家庭收入与支出状况、家庭生计资本状况、家庭牧业生产状况、草原生态补奖政策内容、农牧民对草原生态补奖政策的认知、参与意愿与行为响应、草原生态补奖政策对农牧民生产生活影响等内容。

表 1-1 调研村落的分布

样本县 （旗）	样本乡镇 （苏木）	样本村 （嘎查）	样本量 （户）
盐池县	花马池镇	八岔梁村、夏季墩村	19
	高沙窝镇	大疙瘩村、二步坑村、顾家圈村、黄记场村、李庄子村、南梁村、泉胜村、长流墩村、施记圈村	56
	大水坑镇	毛儿庄村、圈湾子村、向阳村、新泉井村	24
	惠安堡镇	惠安堡村、苦水井村、南梁村、隰宁堡村、杨庄村	25
	青山乡	龚记场村、黄水湾村、旺四滩村	25
	麻黄山乡	冯崾岘村、高家梁村、高崾岘村、何新庄村、贺渠村、黄羊岭村、黄崾岘村、胶泥湾村、李记湾村、史记湾村、松记水村、赵纪湾村	55
	冯记沟乡	龚儿庄村、惠新村、犁明村、马儿庄村、张记圈村	40
鄂托克旗	乌兰镇	敖伦淖尔嘎查、包日呼舒嘎查、哈马日格太嘎查、蔬菜一队、乌兰图克嘎查、乌兰新村	61
	苏米图苏木	查汗敖包嘎查	4
	棋盘井镇	草籽场二队	5
	木凯淖尔镇	达楞图如嘎查、伊克乌素嘎查、召稍村	38
	包乐浩晓镇	包日塔拉嘎查、德日系嘎查	24
	阿尔巴斯苏木	巴音陶勒盖嘎查、红井村、赛音乌素嘎查、沙井村	12

1.7 本书可能的创新之处

本书以外部性理论、公共产品理论、农民分化理论、可持续生计理论及生态经济人理论等为理论基础，结合北方农牧交错区草原生态补奖政策与农牧民生计的实际状况，构建了草原生态补奖政策对农牧民生计影响的理论框架，分别从草原生态补奖政策对农牧民分化、生计资本、牧业生计、生计对草地资源依赖度以及收入与收入稳定性等方面的影响分析草原生态补奖政策对农牧民生计的影响，试图厘清草原生态补奖政策对农牧民生计影响的内在机理，以回答如何实现草原生态保护与农牧民生计改善二者目标的有机结合。具体的创新之处表现为：

（1）从农牧民职业维度的水平分化与收入维度的垂直分化分析了草原生态补奖政策对农牧民分化的影响，在测算农牧民生计资本的基础上，分析了以现金补偿为主的草原生态补奖政策对农牧民生计资本的影响。实证分析结果表明，补奖金额对农牧民职业维度的水平分化具有显著的正向促进作用，对农牧民收入维度的垂直分化虽不具有显著影响，但就影响方向而言具有负向影响，政策的实施强化了农牧民收入维度垂直分化的"内卷化"。当前北方农牧交错区农牧民生计资本存量低，缓冲能力弱，表现出自然资本与社会资本相对较为匮乏，人力资本、金融资本与物质资本相对较为丰富。以现金补偿为主的草原生态补奖政策对农牧民生计资本总量的增加具有正向的促进作用。且草原生态补奖政策对农牧民生计资本总值的正向促进作用主要是通过对自然资本与物质资本的正向促进作用实现的。

（2）从农牧民减畜、牲畜养殖规模与继续从事牧业生产意愿三方面分析草原生态补奖政策对农牧民牧业生计的影响，并检验了农牧民收入维度的垂直分化在草原生态补奖政策对农牧民牧业生计影响中的调节效应。草原生态补奖政策与农牧民是否减畜及减畜率之间存在显著的 U 型关系，与农牧民牲畜养殖规模以及继续从事牧业生产的意愿之间存在显著的倒 U 型关系，在补奖收入未达到拐点所需的补奖收入之前，补奖收入对农牧民牲畜养殖规模的扩大以及继续从事牧业生产的意愿均具有显著的促进作用，当补奖收入达到拐点所需的补奖收入后，补奖将有利于促进农牧民选择较小规模的牲畜养殖数量，农牧民继续从事牧业生产的意愿将显著降低。且由于当前补奖标准偏低，农牧民补奖收入不高，导致对于大部分农牧民而言，上述拐点远未来临。非农牧就业对农牧民是否减畜以及减畜农牧民的减畜率均具有显著的正向促进作用，且在草原生态补奖政策影响农牧民是否减畜中具有正向调节作用，但在政策影响农牧民减畜率中的调节作用并不明显。农牧民生计分化对牲畜养殖规模的扩大具有抑制作用，且在草原生态补奖政策与牲畜养殖规模二者关系中具有调节作用。

（3）从生计活动、劳动力就业以及收入三方面衡量农牧民生计对草地资源的依赖度，并分析草原生态补奖政策对农牧民草地资源依赖度的影响。以家庭生计活动、劳动力就业与收入三方面分别衡量的农牧民生计对草地资源依赖度的测算结果均表明，当前北方农牧交错区农牧民生计对草地资源具有较高水平的依赖度。草原生态补奖政策与农牧民家庭生计活动以及收入对草地资源的依赖度之间均存在显著的倒 U 型关系，在补奖金额未达到拐点所需的补奖收入之前，补奖收入越多农牧民生计活动与收入对草地资源依赖度越高。在补奖收入达到拐点后，农牧民生计活动与收入对草地资源的依赖度将趋于下降。草原生态补奖政策与劳动力就业对草地资源依赖度之间虽不存在倒 U 型关系，但补奖金额对劳动力就业对草地资源依赖度具有正向的促进作用。

（4）从收入及收入稳定性两个方面分析了草原生态补奖政策助力脱贫攻坚的有效性。通过分析草原生态补奖政策对农牧民，尤其是贫困农牧民收入及收入稳定性的影响发现，补奖收入对促进贫困农牧民增收，尤其是对促进贫困农牧民中的中等收入水平群体增收效果显著，表明草原生态补奖政策具有显著的益贫效应，且益贫效应主要是通过增加贫困农牧民的牧业收入来实现的。此外，补奖收入能够显著促进贫困农牧民收入稳定性的提高，表明草原生态补奖政策能够通过提高贫困农牧民的收入稳定性，在抑制贫困农牧民返贫，巩固脱贫攻坚效果方面发挥积极的作用。

第 2 章　概念界定、理论基础
与研究框架

本章首先将结合本书的研究内容，在参考现有研究及实际调研结果的基础上对本书研究所涉及的草原生态补奖政策、农牧民、农牧民分化以及农牧民生计等概念进行界定；其次，通过阅读相关文献资料，对本书研究内容所涉及的外部性理论、公共产品理论、农民分化理论、可持续生计理论以及生态经济人理论等理论进行简要的梳理与分析，为草原生态补奖政策对农牧民生计影响研究提供可靠的理论基础；再次，基于上述相关理论与实际调研发现的现实问题，构建草原生态补奖政策对农牧民生计影响的理论分析框架，为后文的实证研究提供理论分析框架。

2.1　基本概念

2.1.1　草原生态补奖政策

草原生态补奖政策是我国自 2011 年起在包括内蒙古与宁夏等 8 个主要草原牧区省（自治区）及新疆生产建设兵团逐步建立并完善的一项草原生态保护补助奖励机制。2011 年农业部与财政部联合出台的《关于 2011 年草原生态保护补助奖励机制政策实施的指导意见》标志着草原生态保护补助奖励机制在我国初步建立，机制设立之初主要基于"生产生态有机结合、生态优先"的理念，通过禁牧补助、草畜平衡奖励、畜牧品种改良补贴、牧草良种补贴以及牧民生产资料综合补贴等形式鼓励农牧民、牧民采取草原生态保护的措施，以实现保护草原生态和促进牧民增收双重目标的有机结合（胡振通等，2016）。2016 年农业部与财政部联合出台的《新一轮草原生态保护补助奖励政策实施指导意见（2016—2020年）》标志着草原生态补奖政策进入新一轮政策实施期。新一轮草原生态补奖政策的内容中取消原牧民生产资料综合补贴和牧草良种补贴，保留禁牧补助和草畜平衡奖励两项政策内容，并进一步提高了禁牧补助与草畜平衡奖励的补助与奖励标准。本书中的草原生态补奖政策主要指2016年新一轮草原生态补奖政策实施后针对禁牧及草畜平衡区域实施的禁牧补助与草畜平衡奖励两项政策内容。其中，禁牧补助的实施区域主要是针对生存环境恶劣，草原生态退化严重，且不宜放牧的位于大江、大河或水源涵养区的草原。作为草原生态补奖政策的重要组成部分，上述划为禁牧补助政策实施区内禁牧政策的实施形式主要是禁牧封育措施，中央财政对禁牧封育区内履行禁牧义务的农牧民按照禁牧的草原面积给予相应的禁牧补助，禁牧区禁牧补助严格与草原面积挂钩，补助标准为每年7.5元/亩。草畜平衡奖励的实施区域主要是针对禁牧区域以外的草原，同样，作为草原生态补奖政策的重要组成部分，草畜平衡奖励政策的实施形式主要是根据草原的承载能力测算得出草原的合理载畜量，中央财政对草畜平衡区内履行草畜平衡义务的农牧民按照实现草畜平衡的草原面积给予相应的草畜平衡奖励。当前草畜平衡区草畜平衡奖励也严格与草原面积挂钩，奖励标准是每年2.5元/亩。在给予草畜平衡奖励的同时，政府引导并鼓励农牧民实施季节性休牧与划区轮牧的措施，并相应地给予一定的季节性休牧补助，以进一步促进草原生态的恢复。

2.1.2　农牧民

农牧民是指在农牧交错区或林牧交错区，以家庭为基本组织单位，以农业、林业或牧业经营为主要经济来源和生计方式，独立进行生产和消费的一种经济组织（久毛措，2014；刘有安、张俊明，2018；张星等，2019）。相较于农民或牧民，传统的农牧民最显著的特点是生计方式的多样化，农牧民通常以农业、林业或牧业三种经营活动中的两种或两种以上经营活动为主要生计方式和经济来源。随着区域经济社会的发展，农牧民生计方式与经济来源也渐趋多样化，在从事传统的农业、牧业及林业生产的同时，越来越多的农牧民将外出务工等形式的非农牧就业作为重要的生计方式和经济来源，农牧民内部分化趋势日益显现，逐渐分化出牧业为主型、农业为主型、均衡型、高兼户与深兼户等多种生计类型的农牧民。

2.1.3　农牧民分化

　　农牧民分化是指受工业化、城镇化、草原生态补奖政策及农牧业转型发展等因素影响，北方农牧交错区农牧民由同质性的经营农业、牧业的农牧民分化为经营农业、牧业、非农牧业的异质性的农牧民。具体表现为农牧民由经营农牧业的纯农牧民逐渐分化出亦工亦农牧的兼业农牧民或非农牧民，从而形成牧业为主型、农业为主型、均衡型、高兼户与深兼户等多种类型农牧民并存且不断演化的局面（李宪宝、高强，2013）。农牧民分化的形式表现为职业维度的水平分化（通常以家庭非农牧劳动力就业比例衡量）和收入维度的垂直分化（通常以家庭非农牧收入占比衡量），即只要有家庭劳动力涉足非农牧产业并获得非农牧收入就可以断定农牧民同传统的农牧民发生了分化（钱龙等，2015）。不论是农牧民的水平分化抑或垂直分化，其本质均是农牧业收入在农牧民家庭收入中的占比下降，非农牧收入在家庭收入中的占比提高（张琛等，2019）。

2.1.4　农牧民生计

　　生计是指"包括能力、资产以及一种生活方式所需要的活动"（Carney D，1998；苏芳等，2009）。本书主要参考可持续生计分析框架中有关生计的定义，并结合北方农牧民交错区草原生态补奖政策实施背景下农牧民的生计状况对农牧民生计概念进行界定，并在此基础上对农牧民生计问题进行分析。可持续生计分析框架认为农户的可持续生计是一种能够应对、并从包括自然或者社会等方面所产生的各种压力以及打击甚至是突变中得到恢复，或者是能够在当前以及未来一段时间内保持乃至加强其自身应对各种压力以及打击甚至是突变的能力以及资本禀赋，同时又不以损坏自然资源为基础的生计（时红艳，2011；汤青，2015；赵锋，2015）。参考上述定义，结合实地调研中获取的北方农牧交错区农牧民生计状况，本书将农牧民生计定义为：农牧民是在一个草原生态脆弱背景下生存或谋生的对象，农牧民基于获取的草原生态补奖收入以及所拥有的各项生计资本禀赋，通过对自身牧业生计在内的生计策略的调整，以实现有利于草原生态保护和家庭生计可持续的生计结果。基于此，本书拟从农牧民生计资本、牧业生计、生计对草地资源依赖度、收入及收入稳定性等方面对农牧民生计展开分析。

2.1.4.1　生计资本

生计资本是指农牧民维持生存或求得发展所需各类资本的总称（王凯等，2016；钟涨宝、贺亮，2016），是农牧民应对脆弱性生存环境，选取生计策略的基础，生计资本通常由自然资本、人力资本、物质资本、金融资本与社会资本等在内的五项资本构成（苏芳等，2009；时红艳，2011；孙特生、胡晓慧，2018）。本书依据可持续生计分析框架就农牧民上述五项生计资本做如下界定：

（1）自然资本。自然资本是指北方农牧交错区农牧民家庭用以实现家庭生计可持续的各种形式的自然资源流以及相关服务，包括自然资源存量以及生态系统服务等内容（李雪萍、王蒙，2014）。对于北方农牧交错区农牧民而言，自然资本往往与脆弱的草原生态环境密切相关。本书所界定的北方农牧交错区农牧民家庭自然资本主要体现在农牧民家庭实际经营的草地面积与耕地面积等方面。

（2）人力资本。人力资本是指北方农牧交错区农牧民家庭用以实现生计可持续的各项谋生的知识、技能以及家庭成员健康状况等内容（李聪等，2014）。对于北方农牧交错区农牧民而言，人力资本是农牧民家庭最为基础性的生计资本，原因在于家庭的人力资本是发挥其他四项生计资本的基础，丰厚的人力资本能助使农牧民家庭更好地利用其他四项生计资本，选取适合自身的生计策略，进而取得积极的生计结果（苏芳等，2009）。本书所界定的北方农牧交错区农牧民家庭人力资本主要体现在以家庭劳动力的绝对数量衡量的人力资本数量，以及以包括受教育水平以及家庭成员的健康状况等衡量的人力资本的质量等方面。

（3）物质资本。物质资本是指北方农牧交错区农牧民家庭用以实现生计可持续的基本生产资料和基础设施，主要涵盖房屋、耐用消费品及农用机械等（张大维，2011）。对于北方农牧交错区农牧民而言，物质资本是家庭从事农牧业生产，尤其是牧业生产的基础性条件，同时家庭牲畜数量往往又是家庭物质资本的重要组成部分。本书所界定的北方农牧交错区农牧民家庭物质资本主要体现在家庭牲畜数量、住房类型和面积、生产性和生活性财产数量等方面。

（4）金融资本。金融资本是指北方农牧交错区农牧民家庭用以实现生计可持续所需的积累和流动等的金融资源，主要包括现金与存款数量和所能获得信贷的机会等（贺爱琳等，2014；王凯等，2016）。对于身处草原生态环境脆弱的北方农牧交错区农牧民而言，尤其是从事较大规模牧业生产的农牧民，家庭金融资本对于应对自然灾害对家庭农牧业生产所造成的冲击具有重要的缓冲作用。本书所界定的北方农牧交错区农牧民家庭金融资本主要体现在家庭可支配收入、借贷能力以及商业保险购买比例等方面。

（5）社会资本。社会资本是指北方农牧交错区农牧民家庭用以实现生计可持续所能够调动的各种类型的社会资源（杨云彦、赵锋，2009；伍艳，2015），主要包括社会关系网和社会组织，垂直的和水平的社会联系（苏芳等，2009）。作为以亲缘以及血缘等关系为起点形成的社会网络，北方农牧交错区同样是一个熟人社会，社会资本通过亲戚朋友之间的互帮互助，获取外界资源等在家庭生产生活过程中同样扮演着重要的角色。本书所界定的北方农牧交错区农牧民家庭社会资本主要体现在亲戚朋友网络规模、是否有村干部以及集体事务参与度等方面。

2.1.4.2 牧业生计

牧业生计是指在草原生态补奖政策实施背景下，农牧民家庭所从事的与牧业生产密切相关的各项生计活动。草原生态补奖政策的实施要求禁牧区农牧民采取完全的舍饲圈养，草畜平衡区农牧民需根据草场的载畜量确定牲畜数量。但在当前草原牲畜超载率普遍较高的现实背景下，通过直接减畜这一"短平快"的方式减少牲畜数量以解决草原超载过牧的现实问题显得尤为迫切。且对于实施禁牧的区域而言，由于"偷牧""夜牧"等违规放牧行为几近公开化，舍饲减畜效果式微，同样亟须通过直接减畜的方式控制牲畜数量（刘明宇、唐毅，2018）。同时，如何实现减畜农牧民牧业生计的有效转换成为巩固减畜成果的关键。2011年国务院颁布的《关于促进牧区又好又快发展的若干意见》中提出，要通过促进牧民转业转产以减轻草原生态保护的压力（孔德帅等，2016b）。牧业生产作为农牧民主要的经济来源和生计方式，继续从事牧业生产的意愿势必会对其牧业生计转换具有重要影响。在此情境下，本书主要从以下三方面对农牧民牧业生计进行分析：首先，在亟须通过直接减畜的方式以缓解草原超载过牧的背景下，家庭牲畜数量较草原生态补奖政策实施之前是否减少，若减少，减少程度是怎样的；其次，在草原生态补奖政策要求农牧民减畜的背景下，从事牧业生产的农牧民家庭牲畜养殖规模是怎样的；最后，草原生态补奖政策实施背景下，从事牧业生产的农牧民继续从事牧业生产的意愿是怎样的。即本书按照"草原生态补奖政策→农牧民减畜→牲畜养殖规模→继续从事牧业生产意愿"的逻辑分析草原生态补奖政策对农牧民牧业生计的影响。

2.1.4.3　生计对草地资源依赖度

农牧民生计对草地资源的依赖度是指农牧民家庭在关乎生计基本面的生计活动、劳动力就业与收入方面的草地资源依赖程度的量化比重，以反映草地对农牧民家庭生存需求方面贡献程度的大小。参考国际林业研究中心（Center for International Forestry Research）组织编写的《贫困环境网络技术指南》（Poverty Environment Network Technical Guidelines）以及相关研究成果（Uberhuaga P et al.，2012；José Pablo Prado Córdova et al.，2013），本书着重从农牧民生计活动、劳动力就业和收入三方面衡量农牧民生计对草地资源的依赖度。具体而言：一是农牧民家庭生计活动对草地资源的依赖度，本书通过与草地资源利用密切相关的生计活动，如牧业生计活动，在家庭所有生计活动中的地位来衡量；二是家庭劳动力就业对草地资源的依赖度，本书通过从事与草地资源利用密切相关行业的家庭劳动力占家庭总体劳动力的比重来衡量；三是家庭收入对草地资源的依赖（王会等，2017；李诗瑶、蔡银莺，2018），该部分收入主要包括通过利用草地资源或者依靠草地资源获取的牧业收入以及包括草原生态补奖收入在内的各项转移性收入，本书通过牧业收入与包括草原生态补奖收入在内的各项转移性收入占家庭总收入的比重来衡量。

2.1.4.4　收入及收入稳定性

农户收入是指农户家庭当年从各个渠道所获取的各项收入的总和，包括农业收入和非农收入。其中，农业收入是指农户家庭从事农业生产所获得的各项收入的总和，非农收入是指农户通过从事工业、服务业或外出务工等形式所获取的各项非农收入的总和。通过实地调研发现，对于北方农牧交错区农牧民而言，农牧民家庭收入除包括农业收入和非农收入外，通过牲畜养殖所获取的牧业收入在家庭收入中往往也占有相当的比重。鉴于此,结合北方农牧交错区农牧民家庭收入实际状况,本书将农牧民收入界定为农业收入、牧业收入与非农牧收入,其中非农牧收入包括工资性收入、转移性收入与经营性收入。

当前学术界关于收入稳定性的界定不一,有学者认为收入稳定性是指所获收入的固定性以及持久性特征(柏正杰,2012),主要通过所获得的总收入中可算作稳定性收入的比重来衡量;也有研究将收入稳定性界定为个人所获得的收入数量在可以未来预见的时期内不会发生较大的变化(陈新辉等,2006)或一定时期内一定收入流量的持续性(韦璞,2012)。即现有研究主要从收入在将来一段时间内在量上是否发生变化以及变化的程度对收入稳定性加以界定,仅注重某一项或某几项收入来源渠道的稳定性。而北方农牧交错区农牧民作为在脆弱的草原生态环境下谋生的个体,其生计活动与收入极易受草原生态环境变化的影响,在此情境下,单一的收入来源渠道显然不利于其收入与生计的稳定性,实现收入来源渠道的多元化与均衡性显然更有利于其生计与收入的稳定性。鉴于此,本研究在借鉴现有研究(蒋维等,2014;吴孔森等,2016)的基础上,将农牧民家庭收入稳定性界定为农牧民家庭收入来源渠道的多样性与均衡程度,并通过收入来源渠道的多少与收入在各项收入中分布的均衡程度来表征农牧民家庭收入稳定性的高低(徐爽、胡业翠,2018)。

2.2　理论基础

2.2.1　外部性理论

一般认为"外部性"(Externality)概念首先是由弗雷德·马歇尔(Alfred Marshall)在其经典著作《经济学原理》中提出的。"外部性"也可被称作是外部经济或者是外部效应,"外部性"是指某一经济主体的行为活动对其他经济主体的福利产生了影响,但这种影响未能通过市场机制反映出来(张学刚,2009)。根据弗雷德·马歇尔的界定,"外部性"有好与坏之分,"外部性"可以具体划分为"正外部性"(Positive externality)与"负外部性"(Negative externality)。具体而言,"正外部性"是指某一经济主体的行为活动使他人受益，但是受益者无须为享受到这一益处而花费代价，而"负外部性"是指某一经济主体的某种行为活动使得他人的利益受到损失，但是使得他人利益受到某种损失的这一经济主体却没有为他的这种经济行为承担相应的赔偿或补偿。根据外部性理论，"外部性"是生态环境问题形成的根本原因（胡仪元，2010）。鉴于此，生态环境问题解决的关键在于如何实现"外部性"的内部化。针对如何实现"外部性"的"内部化"，庇古首次从福利经济学的角度对"外部性"问题进行了研究。庇古认为"外部性"之所以存在的原因在于私人边际成本或者是收益与社会的边际成本或者收益之间存在某种形式的悖离，解决"外部性"问题的关键在于消除上述存在的悖离。而消除上述悖离所产生的"外部性"的关键在于政府应当采取适当的经济政策，具体做法是政府通过对经济当事人予以征税或给予奖励与津贴的方式以消除上述悖离。综上所述，庇古解决"外部性"问题的核心思想是希望通过政府采取征税与补贴的形式实现"外部性"的"内部化"，这种核心思想经过后来的总结发展被学术界称为"庇古税"（张学刚，2009）。而罗纳德·哈里·科斯（Ronald Harry Coase）则认为"外部性"问题之所以存在是由于无法就产权进行清晰的界定，产权不能清晰的界定意味着产权不能够自由地在市场上进行交易，若能够对产权给出清晰的界定并将之放在市场上进行自由地交易，那么"外部性"问题可以由市场自身进行解决（张学刚、王玉婧，2010）。基于上述科斯对于"外部性"问题产生原因的界定，约翰·戴尔斯（John Dales）提出了排污权交易理论。该理论认为环境可以被看作是一种特殊形式的商品，政府作为众多公众利益的代表，理应是环境这一特殊商品的所有者，政府可以通过出售"排污权"的形式实现"外部性"的"内部化"（张学刚，2009）。而德姆塞茨（Harold Demsetz）和张五常（Steven N. S. Cheung）等则认为"外部性"问题之所以产生实质上是由于背后存在交易费用过高的问题，交易费用过高的问题导致无法对产权进行清晰的界定，最终导致"外部性"问题无法得到有效解决。基于此，解决"外部性"问题的关键在于降低交易费用，据此提出了以交易费用为基础的外部性理论与自愿参与制度，试图通过降低制定和执行环境产权的交易成本，使"外部性""内部化"。

根据外部性理论，本书研究中所涉及的农牧民减畜、牲畜养殖规模以及继续从事牧业生产的意愿等牧业生计活动属于典型的正外部性活动。农牧民在牧业生计过程中，若出于保护草原生态的目的采取诸如减畜、合理控制牲畜数量，甚至退出牧业生产的措施以保护草原生态，其自身获取的边际收益显然与社会边际收益之间存在悖离，此时显然需要作为公众利益代表的政府采取补贴或者补偿的方式实现农牧民牧业生计活动所产生的"外部性""内部化"。而本书研究中所涉及的草原生态补奖政策中的禁牧补助与草畜平衡奖励显然属于政府为实现农牧民上述牧业生计活动"外部性""内部化"的制度安排，即外部性理论为草原生态补奖政策提供了理论基础。

2.2.2 公共产品理论

学术界对公共产品的研究始于对公共性问题的讨论，直到 19 世纪 80 年代公共产品理论才成为一种系统的理论。最早就公共产品这一概念给予比较严格与清晰界定的是保罗·萨缪尔森（Paul A. Samuelson）的经典著作《公共支出的纯理论》一文（朱小艳，2019）。公共产品（Public Goods）也可称为公共物品或公用产品，是相对于私人产品而言的（Private Goods）。根据保罗·萨缪尔森的界定，公共产品是指当每个人对某种产品或劳务的消费不会导致别人对该种产品或劳务的消费减少时，这种产品即为纯粹的公共产品（Samuelson P. A，1938），而私人产品则相反，一般而言，私人产品主要是指那些可以被自由地分割，进而供不同的人进行消费，并且对他人而言没有外部性的收益或者成本的物品（刘颖，2002；刘燕，2010）。除此之外，诸如曼瑟尔·奥尔森（Mancur Lloyd Olson，Jr）、詹姆斯·布坎南（James M. Buchanan，Jr）等也就公共产品给出了各自的界定，但当前学术界普遍接受的是经过经济学界不断完善发展的萨缪尔森有关公共产品的界定。公共经济学进一步将萨缪尔森的定义加以引申，提出公共产品与私人产品相比具有显著不同的 3 个特征。首先，公共产品具有效用的不可分割性（Nondivisibility）。公共产品作为向全社会提供的产品，全体社会成员均具有同等的权利消费或享用公共产品的效用，而不能根据谁付款谁消费的原则限定某一部分为之付款的单位或个人对其进行垄断性的消费或享用。其次，公共产品具有消费的非竞争性（Non-rivalness）。公共产品作为向整个社会提供的产品，任一个人或单位对某种公共产品的消费并不排斥或者妨碍其他个人或单位对该种公共产品的消费，也不会减少或影响其他个人或单位消费或享用该种公共产品的数量或质量。最后，公共产品具有受益的非排他性（Non-excludability）。公共产品作为向整个社会提供的产品，无法通过采取诸如谁付费谁消费的方式将任何个人或单位限定在该种物品的消费或享用范围之内。以上3个特性可作为某种产品是否是公共产品的判断标准。也正是由于以上所述3个特性的存在，公共产品在被使用过程中往往容易产生"搭便车"的问题。公共产品的消费者或享用者在消费或享用公共产品过程中，当其意识到公共产品存在上述提到的消费的非竞争性和受益的非排他性时，往往不愿意为某种公共产品的消费而付费，而是等候别人为公共产品的消费付费时顺便消费或享用，这时往往容易导致对公共产品的过度消费而引发市场失灵，最终造成"公地悲剧"这一结果的产生。

本书研究中所涉及的北方农牧交错区草原生态退化问题可以用公共产品理论进行很好的解释。根据公共产品理论的界定，草原存在明显的消费的非竞争性和受益的非排他性，属于典型的公共产品或准公共产品，市场无法按照帕累托最优的方式对草地资源进行分配，从而出现市场失灵。农牧民在草地资源的利用过程中往往存在重利用而轻保护，甚至不保护的现象，长期的超载过牧等违规放牧行为，使得草地资源始终处于高负荷利用状态，草地生态系统的组织结构和自我提升能力下降，草地生态系统内部的能量流动与物质循环受到损失，导致草地生态系统的生态服务功能减弱（刘兴元，2012），最终形成草地退化、沙化的"公地悲剧"状态（路慧玲等，2015）。

2.2.3 农民分化理论

当前理论界尚无专门的农民分化理论，现有针对农民分化的研究多是以相关的社会分化理论为理论基础展开研究。社会分化理论中产生比较早、最有影响力和代表性的是卡尔·马克思（Karl Heinrich Marx）的阶级理论和马克斯·韦伯（Max Weber）的三位一体分层理论。其中，马克思的阶级理论认为社会制度的更替可以通过采取阶级斗争的方式实现，就更替的形式而言更倾向于采取激进的方式。而马克斯·韦伯的三位一体分层理论则注重强调社会协调，认为可通过不同社会阶层的利益整合达到社会合作与改良（包艳，2007；张洪伟、金卓，2011）。现有研究基于上述社会分化理论，逐渐总结归纳出农民分化的概念及产生的原因。刘洪仁（2006）认为农民分化作为常态的社会现象，是指农民在自然的、社会的、经济的、文化的、政治制度或者是农民自身的因素等单一因素或者是多重因素的影响下，由在一定的社会结构中承担多种功能的某一单纯社会地位的群体逐渐发展为承担单一功能的多种不同社会地位的群体的过程，在农民分化过程中存在社会功能越来越专一性与社会地位越来越多样性两种显著的特点。农民分化过程中的上述两个特点造成农民分化后产生两个结果，一是农民的水平分化，即职业维度的分化，使农民群体内部的异质性增加，具体表现为各种类型结构要素的出现，如群体、阶层以及组织的出现；二是农民的垂直分化，即收入维度的分化，使农民群体内部的不平等程度加剧，各种结构要素之间的差距拉大。但总体而言，分化后的农牧民仍存在三个共性特点：户籍仍然在农村，仍然是户籍所在地的集体经济的所有者，自身的权利与义务在很大程度上仍然与农村相联系（刘洪仁，2006）。就我国农民分化的原因而言，家庭承包制改革促使了农户理性的充分释放，为农户分化创造了基础，农村要素市场建设带动的劳动力流动以及土地流转为农户分化创造了条件，城镇化与工业化吸纳农村劳动力则为农户分化提供了途径（李宪宝、高强，2013），制度政策放活和农业转型发展驱动两大变异因素是我国农民分化产生的重要因素（张琛等，2019）。

北方农牧交错区农牧民分化与我国广大农区农民分化大致经历了相同的历程，影响因素也极为相似。但与农区农民分化不同的是，2011年起在北方农牧交错区实施的草原生态补奖政策成为一个重要的政策变量，纳入农牧民生计活动中，成为影响农牧民生产生活的重要制度性因素。草原生态补奖政策中的禁牧补助政策希望通过给予农牧民禁牧补助的形式，引导农牧民由放牧改为舍饲圈养，实际上是一种牧业生产方式的彻底转变；草畜平衡奖励政策希望通过给予农牧民草畜平衡奖励的方式，引导农牧民根据草场载畜能力合理确定牲畜数量，调整家庭牲畜规模。而牧业生计作为农牧民重要的生计方式，上述两项政策的实施迫使农牧民不得不重新定位牧业生计在家庭生计中的地位，做出诸如减畜、转变牧业生产方式，甚至是放弃牧业生产等决策，在此情境下势必将从水平的职业维度和垂直的收入维度对家庭成员的职业选择以及家庭收入来源造成影响，进而进一步加剧农牧民分化。

2.2.4　可持续生计理论

可持续生计理论认为，生计是包括能力、资产以及一种生活方式所需要的活动（Carney D，1998；苏芳等，2009）。农户的可持续生计是一种能够应对、并从包括自然或者社会等方面所产生的各种压力以及打击甚至是突变中得到恢复，或者是能够在当前以及未来一段时间内保持乃至加强其自身应对各种压力以及打击甚至是突变的能力以及资本禀赋，同时又不以损坏自然资源为基础的生计（时红艳，2011；汤青，2015；赵锋，2015）。自可持续生计概念提出以来，逐渐被学术界与实践界当作是一种有效分析造成农户生计脆弱性的原因，在明晰原因的基础上提供多种解决方案的集成性分析框架与建设性分析工具，随着学术界与实践界对贫困问题的关注，已被广泛应用于农户贫困、脆弱性以及生态变化对农户的影响等领域的研究与实践中（赵雪雁，2017）。国外诸多组织围绕可持续生计构建了多个生计分析框架。在众多工具性的可持续生计分析框架中，英国国际发展署构建的可持续生计分析框架得到了最为广泛的采纳和应用，已经成为农户生计分析的经典范式（刘艳华、徐勇，2015）。可持续生计分析框架包括农户所处的脆弱性背景、包括五项生计资本在内的生计资本禀赋、政府制定的各项制度与政策、农户的生计策略选择以及由此产生的生计结果等五部分内容，并且强调五部分内容是相互独立又是相互影响的。具体而言，可持续生计分析框架认为农户在脆弱的背景下基于自身所拥有的包括自然资本、人力资本、物质资本、金融资本与社会资本在内的五项生计资本，通过选取适合自身的生计策略，以实现预期的生计结果（周升强、赵凯，2018）。

北方农牧交错区草原生态补奖政策成败的关键在于如何实现农牧民生计的可持续性，可持续生计理论为本书分析草原生态补奖政策对农牧民生计的影响提供了可行的分析框架。参考可持续生计分析框架，本书同样将农牧民看作是在北方农牧交错区脆弱性草原生态背景下谋生的个体，草原生态补奖政策作为一项强制性的行政命令性政策，政策的实施不可避免地对农牧民生计造成影响。基于可持续生计分析框架，本书着重分析草原生态补奖政策对农牧民牧业生计的影响，在此基础上分析农牧民在牧业生计调整的基础上，实现了怎样的生计结果，以探索如何实现草原生态保护和农牧民生计可持续的有机结合。

2.2.5　生态经济人理论

传统经济学中的假设认为经济活动的参与者都是"理性经济人"，总是设法使自身的经济利益得到最大化的满足，或追求自身效用的最大化。有学者认为，传统经济学中的"理性经济人"假设把人的行为的自利性绝对化、一般化和永恒化，人为地割裂了个人利益与社会利益的统一，使得传统经济学在根本上存在着理论局限性，受传统经济学的影响形成了人类中心主义价值观，由此引发并面临日益严重的生态环境危机（李中元、杨茂林，2010）。生态经济学家在反思传统经济学中的"理性经济人"假设的基础上，提出了"生态经济人"假设。"生态经济人"假设认为，处在生态经济系统中的"生态经济人"既有关注"成本—收益"的经济理性，同时又有追求生态价值的生态理性，其生产生活受经济理性与生态理性二者博弈的影响。"生态经济人"在生态经济系统中做出某项决策或者某种选择时，会权衡所处的生态经济系统中各项子系统的收益与损失，力求实现整个生态经济系统长期效益或者是总体效益的最大化（罗丽艳，2003）。但当经济利益与生态利益发生冲突时，人们更倾向于当前的经济利益，而不愿意为生态利益牺牲经济利益。"生态经济人"假设的提出，旨在克服"理性经济人"假设本身无法弥补的缺陷（雍会等，2015）。但从本质上来看，"生态经济人"假设仍然包含"理性经济人"假设中所认为的经济行为主体在经济活动中的终极目的是追求自身利益最大化，但二者仍然存在明显的不同之处。不同之处在于，"生态经济人"假设中，经济行为主体获取利益最大化是受到一定约束的，是有条件的，经济行为主体追求利益最大化的行为应当满足社会可持续发展这一要求。同时，这种行为还会受到外部规制与自我约束，经济行为主体在做出某项决策时也有一定的硬约束，即必须满足生态与环境变量的硬约束。在满足上述条件的基础上"生态经济人"才可以实现自身利益最大化。也就是说，"理性经济人"假设中的"理性经济人"的经济行为的终极目标是追求自身效用最大化或者是自身利润的最大化，而"生态经济人"假设中的"生态经济人"的经济行为的终极目标追求的却是经济效益和生态效益双赢的生态效益（刘家顺、王广凤，2007）。

本书的研究区域北方农牧交错区多处于生态脆弱区，长期以来在资源禀赋和环境保护政策的双重约束下，区域内贫困发生率与返贫率居高不下。加之当前草原生态补奖标准过低，弥补牧业成本上升的有效性不足，农牧民多面临牧业收益下降，家庭收入减少的窘境，在政府要生态与农牧民求生计之间存在严重的激励不相容问题。而北方农牧交错区草原生态补奖政策成败的关键在于如何实现农牧民生计的有效转换，降低其生计对牧业生产的依赖，有效缓解草原生态环境与农牧民生计之间的矛盾。在此背景下，有必要基于"生态经济人"假设，分析草原生态补奖政策对农牧民牧业生产具有怎样的影响，在农牧民牧业生计活动过程中是"经济理性"还是"生态理性"占主导地位，在何时能够实现两种理性的转换。

2.3 草原生态补奖政策对农牧民生计影响的理论框架

基于前文的概念界定与理论基础，本书认为草原生态补奖政策对农牧民生计的影响存在："草原生态补奖政策的实施→影响农牧民分化与生计资本→农牧民对牧业生计进行调整→进而产生相应的生计结果"的影响路径，相应地可构建如图 2-1 所示的草原生态补奖政策对农牧民生计影响的逻辑框架图。即，草原生态补奖政策作为强制性的行政命令性政策，首先会通过禁牧补助与草畜平衡奖励等措施的实施对农牧民分化与生计资本造成影响，具体而言会迫使农牧民家庭在职业与收入来源渠道选择方面做出相应的决策选择，上述决策选择在加剧农牧民内部分化的同时，也会对农牧民家庭包括自然资本、人力资本、物质资本、金融资本与社会资本在内的五项生计资本造成影响。农牧民在做出上述职业与收入来源渠道选择的基础上，会基于自身所拥有的上述五项生计资本禀赋对牧业生计进行调整，进而产生相应的生计结果。就农牧民牧业生计而言，根据草原生态补奖政策的要求与当前草原生态保护的现实需求，减畜仍是农牧民牧业生计调整的首要任务，在减畜的基础上进而确定合理的牲畜养殖规模，引导农牧民对未来的牧业生产发展决策做出选择。而就农牧民生计结果而言，在脆弱的草原生态背景下，降低农牧民生计对草地资源的依赖度，拓宽农牧民的收入来源渠道，提高农牧民收入的稳定性对于增强农牧民生计的可持续性，降低草原生态保护的压力显得尤为迫切。基于上述分析，本书着重从草原生态补奖政策对农牧民分化、生计资本、牧业生计、生计对草地资源的依赖度、收入及收入稳定性等方面的影响入手，构建相应的理论分析框架，分析草原生态补奖政策对农牧民生计的影响，以实现草原生态保护与农牧民生计改善双重目标的有机结合。

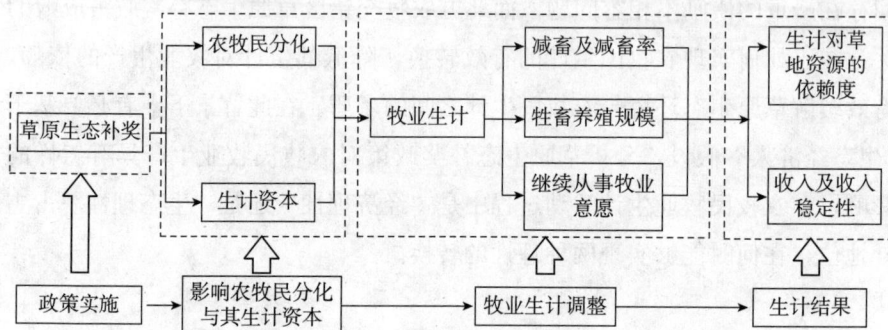

图 2-1　草原生态补奖政策对农牧民生计影响的逻辑框架图

（1）草原生态补奖政策对农牧民分化的影响。根据社会分化理论及现有研究，农户分化是指农户由同质性的从事农业生产的农户分化为从事农业和非农就业的异质性农户。而就北方农牧交错区农牧民而言，农牧民分化是指农牧民由从事农业和牧业生产的同质性农牧民分化为从事农业、牧业和非农牧就业的异质性农牧民。农牧民分化包含职业维度的水平分化和收入维度的垂直分化两个方向（钱龙等，2015），其中职业维度的水平分化是指农牧民家庭劳动力由以农业、牧业就业为主分化为劳动力在从事农业、牧业的同时也兼业从事非农牧就业，或者渐趋以非农牧就业为主的态势；收入维度的垂直分化是指农牧民家庭收入来源由主要以农业和牧业为主分化为农业、牧业与非农牧收入兼有，抑或是以非农牧收入为主的态势。草原生态补奖政策作为强制性的行政命令性政策，其主要是通过给予采取禁牧或草畜平衡措施的农牧民以禁牧补助或草畜平衡奖励，以实现对草地资源的有效管控。无论是禁牧补助抑或是草畜平衡奖励，均涉及农牧民对草地资源的利用将受到限制，家庭牧业生产活动将不得不根据政策的要求而做出适当的调整。农牧民作为以农业和牧业为主要生计活动的群体，在草地资源利用受限，耕地资源有限的情境下，牧业生产活动的调整势必意味着家庭劳动力就业行业和收入来源将受到影响，部分农牧民在生存理性的驱使下势必会转而从事非农牧就业，由此将引发农牧民群体职业维度的水平分化，进而引起收入维度的垂直分化。基于此，本部分将从农牧民职业维度的水平分化和收入维度的垂直分化两方面分析草原生态补奖政策对农牧民分化的影响。

（2）草原生态补奖政策对农牧民生计资本的影响。生计资本作为农牧民家庭生计的核心与基础，同时也是农牧民应对各项风险与冲击，选择适合的生计策略以实现自身生计目标的前提。草原生态补奖政策作为带有强制性的行政命令性政策，强制性的禁牧封育和草畜平衡管理措施势必会通过限制农牧民对草地资源的利用这一核心途径对农牧民家庭生产生活方式产生影响。草地资源作为农牧民家庭基础性的生计资源，草原生态补奖政策可通过影响农牧民家庭对草地资源的利用方式与数量进而对其家庭牧业生产等经济活动产生影响，相应地会对家庭就业、收入等方面产生影响，以至于影响农牧民家庭总体的生计资本状况。而生计资本作为农牧民生计的核心与基础，是农牧民进行各种类型的生计策略选择的基础，农牧民基于自身所拥有的生计资本，通过选择适合自身的生计策略以产生有利于草原生态保护与生计可持续的生计结果。基于此，有必要首先就草原生态补奖政策对农牧民生计资本的影响进行分析，以为后续草原生态补奖政策对农牧民生计策略选择以及生计结果影响分析做好铺垫。基于以上思路，本部分在测度农牧民各项生计资本的基础上，分析总结草原生态补奖政策实施背景下农牧民的生计资本状况，在此基础上运用实证分析方法分析草原生态补奖政策对农牧民自然资本、人力资本、物质资本、金融资本与社会资本具有怎样的影响，以揭示草原生态补奖政策与农牧民生计资本之间的关系。

（3）草原生态补奖对农牧民牧业生计的影响。草原生态补奖政策作为强制性的行政命令性政策，其对农牧民生计最直接的影响是牧业生计。根据本书对农牧民牧业生计的界定，本部分将按照"草原生态补奖政策→农牧民减畜→牲畜养殖规模→继续从事牧业生产意愿"的逻辑框架，着重从草原生态补奖政策对农牧民减畜行为、牲畜养殖规模和继续从事牧业生产意愿三方面分析草原生态补奖政策对农牧民牧业生计的影响。

草原生态补奖政策对农牧民减畜行为的影响。当前北方农牧交错区最紧迫的任务仍然是引导农牧民通过直接减畜的方式减少牲畜数量，相应地作为当前我国草原生态保护的主要措施，草原生态补奖政策的主要着眼点也在于促进农牧民减畜（胡振通、靳乐山，2015）。自政策实施以来，围绕减畜问题学术界已展开了诸多有益的研究。减畜的主要目的在于缓解严峻的超载过牧问题，但现有研究普遍认为自草原生态补奖政策实施以来，牧区半牧区超载过牧的现状仍没有得到根本性的转变，且因超载情况存在空间异质性，实际的超载率较统计的超载率被低估了（谢先雄等，2018），即草原生态补奖政策希望通过减畜来缓解超载过牧的目标并未很好地实现。鉴于此，学者就草原生态补奖政策与农牧户减畜之间的关系进行了探究，但现有研究就草原生态补奖政策与农牧户减畜行为之间的关系尚未形成统一的认识（胡振通等，2015；马梅等，2016；韦惠兰、祁应军，2017；孙前路等，2018b）。由于北方农牧交错区农牧民收入水平相对较低，基础公共服务尚未完善，伴随着城镇化进程的推进和非农牧就业机会的增多，大量牧业劳动力逐渐脱离草原牧业生产而去往城镇就业，农牧民家庭非农牧劳动力就业与收入占比均呈现增高趋势（孔德帅等，2016b）。而牧业生产往往需要大量的劳动力与资金投入（王丹等，2018），牧业劳动力外流造成的劳动力缺失以及非农牧收入增加势必会对农牧民减畜造成影响。同时，减畜意味着牧业生产对劳动力消化吸收能力的降低以及家庭农牧业收入的减少，能否有效实现家庭富余劳动力的非农牧就业转移以及非农牧生计的转换显然也会对农牧户减畜产生影响。鉴于此，本部分将非农牧就业引入草原生态补奖政策与农牧民减畜行为关系的研究框架中，以揭示非农牧就业在草原生态补奖政策影响农牧民减畜行为中可能存在的调解效应。

草原生态补奖政策对农牧民牲畜养殖规模的影响。草原生态补奖政策旨在通过对农牧民开展草原禁牧、实施草畜平衡等措施给予一定的补助和奖励，以实现牲畜养殖方式的转变和养殖规模的调整，使区域经济社会发展回到"草—畜—人"动态调整的平衡状态（周立、董小瑜，2013；张会萍等，2018）。2016年农业部颁布的《关于北方农牧交错带农业结构调整的指导意见》中提出，要力争通过5～10年时间实现农牧民家庭经营性收入来自畜牧业和饲草产业的比重超过50%。一系列政策文件的出台表明，北方农牧交错区牲畜养殖业在受草原生态补奖政策影响的同时，还承担着保护草原生态和促进农牧民增收的双重使命，如何实现双重使命的有机结合成为迫切需要解决的现实问题。鉴于此，学术界围绕草原生态补奖政策与牲畜养殖规模之间的关系展开了诸多有益的研究（胡振通、靳乐山，2015；马梅等，2016；黎翠梅、柯炼，2018；谢先雄等，2018）。现有研究普遍基于"理性经济人"假设，认为农牧民总是从"成本—收益"视角，对因政策实施引起的收入损失与补奖金额进行核算，以此做出牲畜养殖规模的决策，但就草原生态补奖政策对牲畜养殖规模的正向促进抑或负向抑制作用尚未形成统一的认识。生态经济学中的"生态经济人"假设认为，处在生态经济系统中的农牧民既有关注"成本—收益"的经济理性，同时又有追求生态价值的生态理性，其生产决策受经济理性与生态理性二者博弈的影响（Key N and Roberts M J，2009；周耀治，2014；张炜等，2018）。牲畜养殖规模作为农牧民对草原生态补奖政策做出的生计决策响应，二者关系势必会受农牧民自身经济理性与生态理性博弈转换的影响。鉴于此，有必要基于"生态经济人"假设，就草原生态补奖政策与牲畜养殖规模二者之间的关系进行新的探究。同时，"生态经济人"假设认为，经济基础决定着经济理性，只有在农牧民生计转换能力得到提升的情况下，由经济理性向生态理性的转换才具有现实的可能性（雍会等，2015）。而农牧民作为以农业和牧业等生产活动为主要经济来源和生计方式的农民，种植与牲畜养殖兼营一直是其主要的生计策略（道日娜，2014）。牲畜养殖规模实际上是农牧民生计对牧业生产依赖程度的体现，牲畜养殖规模显然会受其生计策略转换的影响。且诸多研究表明，随着北方农牧交错区经济社会的发展和非农牧就业机会的增加，农牧民非农牧就业与非农牧收入占比日益增高（孔德帅等，2016b），逐渐分化出亦工亦农牧的具有多重生计的农牧民（温勇等，2014）。农牧民生计分化必然伴随着农牧业劳动力的流失与农牧民生计对牧业生产依赖程度的降低，这势必会对牧业生产劳动力的有效供给与牧业收入在家庭生计中的地位造成影响，进而影响牲畜养殖规模。同时，诸多研究表明，农户生计分化会导致其对政策的需求与响应存在差异（李宪宝、高强，2013）。基于此，不同生计类型的农牧民在草原生态补奖政策要求控制牲畜养殖规模的背景下，其牲畜养殖规模的决策响应也应存在差异，相应地农牧民生计分化在草原生态补奖政策与牲畜养殖规模二者关系中可能存在调节效应。鉴于此，本部分着重分析草原生态补奖政策与农牧民生计分化对牲畜养殖规模的影响，并探讨农牧民生计分化在政策与牲畜养殖规模二者关系中所扮演的角色。

草原生态补奖政策对农牧民继续从事牧业生产意愿的影响。自草原生态补奖政策实施以来，北方农牧交错区草原生态环境虽得到了一定的改善，但禁牧与草畜平衡效果并不十分理想，农牧民"偷牧""夜牧"等违规放牧现象一直是"公开的秘密"，在部分区域禁牧与草畜平衡政策逐渐走向式微（杨瑞玲等，2014）。而造成这一问题的根源在于草原生态补奖政策的实施导致农牧民普遍面临牧业生产成本上升，收入降低的窘境（靳乐山、胡振通，2013；胡振通等，2017），在农牧民求生存与政府要生态之间存在严重的激励不相容问题（田艳丽，2010）。鉴于此，如何实现农牧民生计的有效转换成为问题解决的关键。根据 2011 年国务院颁布的《关于促进牧区又好又快发展的若干意见》，牧区要通过提升牧民素质和提高转业转产能力，减轻草原人口承载压力，进而减轻草原生态保护的压力（孔德帅等，2016b）。而农牧民继续从事牧业生产的意愿对北方农牧交错区农牧民的转业转产具有重要影响。在禁牧与草畜平衡政策逐渐走向式微，亟须引导农牧民转业转产的现实背景下，有必要探求农牧民继续从事牧业生产的意愿及影响因素，以更好地实现农牧民生计转换与草原生态保护的有机结合。本书所关注的农牧民继续从事牧业生产意愿是指北方农牧交错区农牧民在草原生态补奖政策实施背景下，继续从事以舍饲圈养或半舍饲圈养为主的牧业生产的意愿决策。草原作为人类生存栖息地之一，不仅具有价值和正外部性，还具有"非排他性"和"非竞争性"，属于公共产品。因此，草原生态环境在其供给和消费过程中产生的外部性，需要通过一定的政策手段使其"外部性""内部化"（王海春等，2017）。草原生态补奖政策旨在通过将农牧民的牧业生产方式由传统的粗放放牧转变为舍饲圈养或半舍饲圈养，即以"舍饲减畜"的方式减轻人与牲畜对草原生态的扰动，以此实现草原生态保护。而牧业生产方式的转变往往意味着牧业生产成本的上升和收益的下降，作为草原生态保护全体受益者代表的政府应给予农牧民适当的补助或奖励，以弥补其因执行禁牧或草畜平衡政策而带来的收入损失。因此，农牧民继续从事牧业生产的意愿必然受到草原生态补奖政策的影响。鉴于此，本部分着重分析草原生态补奖政策对农牧民继续从事牧业生产意愿的影响。

（4）草原生态补奖政策对农牧民草地资源依赖度的影响。北方农牧交错区草原生态恶化的一个重要因素是人为因素。受资源禀赋和地区经济发展水平的影响，北方农牧交错区农牧民生计方式往往过于单一，生计对草地资源的依赖度高，为追求自身利益的最大化，部分农牧民倾向于选择超载过牧等不合理的草原利用方式，导致草原生态不断恶化。因此，北方农牧交错区草原生态保护过程中，一个重要途径是探索降低农牧民生计对草地资源的依赖度，以从源头上解决草地资源的过度利用问题。鉴于此，自 2011 年起实施的草原生态补奖政策旨在通过给予农牧民禁牧补助与草畜平衡奖励，以鼓励农牧民采取禁牧抑或减畜措施，以减少农牧民牧业生计活动对草原生态的扰动，促进草原生态的恢复。减少农牧民牧业生计活动对草原生态扰动的政策目标背后实际上也隐含着通过草原生态补奖政策的实施以降低农牧民生计对草地资源的依赖程度。生计对草地资源依赖度的降低，一方面意味着农牧民生计活动对草地资源的直接扰动或潜在扰动的减少，有利于草地生态的恢复；另一方面意味着农牧民生计不会因为草地生态资源的脆弱性而受到较大冲击，有利于农牧民生计的稳定性。鉴于此，本书将草原生态补奖政策对降低农牧民生计草地资源依赖度的有效性作为考察政策对农牧民生计影响的一个方面。根据本书对农牧民生计对草地资源依赖度的定义，本部分着重从农牧民生计活动、劳动力就业与收入三方面对草地资源的依赖度分析草原生态补奖政策是否有助于降低农牧民生计对草地资源的依赖度。同时，生计资本作为农牧民生计的核心与基础，是农牧民生计策略选择与生计结果产生的基础性因素，而作为农牧民生计结果的衡量指标，农牧民生计对草地资源依赖度势必会受到家庭生计资本的影响。同时，如前文所述，生计资本作为农牧民生计的核心与基础，同样会受到草原生态补奖政策的影响。基于以上分析，根据温忠麟等（2005）有关中介效应的界定，本书在分析草原生态补奖政策对农牧民生计草地资源的依赖度时，将生计资本纳入分析框架中，考察生计资本的中介效应。

　　（5）草原生态补奖政策对农牧民收入及收入稳定性的影响。根据实地调研的结果，北方农牧交错区农牧民收入主要包括农业收入、牧业收入以及非农牧收入（经营性收入与工资性收入）三方面，本书着重从以上三方面分析草原生态补奖政策对农牧民收入的影响。同时，结合当前我国扶贫开发已进入到攻坚克难的关键时期，北方农牧交错区作为我国扶贫开发工作中最难啃的硬骨头之一，长期处于农牧民收入总体偏低，贫困发生率与返贫率长期居高不下，且极易陷入"生态—贫困"恶性循环陷阱的现实背景（甘庭宇，2018；丁佳俊、陈思杭，2019），以及决策层已把生态补偿作为统筹解决生态脆弱区环境保护与脱贫攻坚难题的一项行之有效的手段来看待，对生态补偿的实施与完善提出了新要求的现实需求（吴乐等，2018）。本书在分析草原生态补奖政策对农牧民收入影响时，根据实地调研中获取的农牧民是否为政府认定的建档立卡贫困户，将样本农牧民分为贫困农牧民与非贫困农牧民，分析草原生态补奖政策在影响农牧民收入过程中是否具有显著的益贫效应。

北方农牧交错区作为生态脆弱区，确保农牧民收入在脆弱的生态环境下保持稳定，对于防止农牧民因收入波动而对草地生态资源进行不合理的开发利用具有重要的现实意义。鉴于此，本部分在分析草原生态补奖政策对农牧民收入影响的同时，引入收入稳定性概念，即农牧民家庭收入来源渠道的多少以及收入在各项收入中分布的均衡程度（徐爽、胡业翠，2018），分析草原生态补奖政策是否有助于增强农牧民收入的稳定性。同时，在以往诸多扶贫实践中，如何确保贫困农户脱贫后不返贫，实现收入的稳定可持续是一个特别突出且必须高度重视的问题（刘俊文，2017）。在通过生态补偿助力扶贫过程中，如何确保脱贫农户不返贫，实现脱贫后"稳得住"，避免脱贫农户因收入的不稳定性重新陷入"生态—贫困"的陷阱中显得尤为重要。鉴于此，本部分在分析草原生态补奖政策对农牧民收入稳定性影响时，根据实地调研中获取的农牧民是否为政府认定的建档立卡贫困户，将样本农牧民分为贫困农牧民与非贫困农牧民，从增加农牧民收入多样性，提高收入稳定性视角出发，就贫困农户收入"质"的提高来验证草原生态补奖政策能否在抑制返贫方面发挥作用。

2.4 本章小结

明确研究对象、相关概念，厘清研究的理论依据，并在此基础上构建合理的分析框架是研究顺利开展的前提。首先，本章分别从本研究所涉及的基本概念，所基于的理论基础以及本书的总体分析框架三方面进行阐述，明确了草原生态补奖政策、农牧民、农牧民分化以及农牧民生计概念，根据本书的研究需要，对上述概念做了界定；其次，本章厘清了草原生态补奖政策对农牧民生计影响分析所涉及的外部性理论、公共产品理论、农牧民分化理论、可持续生计理论与生态经济人理论；最后，本章在上述概念界定及理论分析的基础上从草原生态补奖政策对农牧民分化的影响、草原生态补奖政策对农牧民生计资本、牧业生计、生计对草地资源依赖度以及草原生态补奖政策对农牧民收入及收入稳定性影响等方面构建了草原生态补奖政策对农牧民生计影响的理论框架，为后文的实证分析奠定了基础。

第3章 北方农牧交错区草原生态补奖政策与农牧民生计现状及问题

本章在通过政策梳理总结我国草原生态补奖政策演变历程的基础上，分别从宏观和农牧民微观视角就草原生态补奖政策的实践与实施效果进行初步的评价。然后利用实地调研获取的农牧民微观数据，分别从农牧民分化、生计资本、牧业生计、生计对草地资源的依赖度、农牧民收入以及收入稳定性等方面就草原生态补奖政策实施背景下农牧民生计现状进行分析，并在此基础上就农牧民生计所存的问题进行探讨，以为后文的实证研究提供依据。

3.1 北方农牧交错区草原生态补奖政策的实践与效果

北方农牧交错区草原生态保护政策主要有两项，分别是退牧还草工程和草原生态保护补助奖励机制。根据政策的实施时间、政策的主要内容以及政策实施目的的演变历程，本书将北方农牧交错区草原生态补奖的实践分为三个阶段，即：草原生态补奖政策的探索期，第一轮草原生态补奖政策实施期与第二轮草原生态补奖政策实施期。

3.1.1 北方农牧交错区草原生态补奖政策的演变

3.1.1.1 草原生态补奖政策的探索期

本书所界定的草原生态补奖政策的探索期主要指自 2003 年起实施的退牧还草工程。将该阶段界定为草原生态补奖政策的探索期的原因在于，退牧还草工程作为我国草原生态保护史上投入规模最大、涉及面最广、受益群众最多、对草地生态环境影响最为长远的政策措施，为后来草原生态补奖政策的实施积累了前期的政策经验。在草原生态补奖政策实施后,退牧还草工程的部分措施虽继续实施,但实施的目的主要是为了更好地配合草原生态补奖政策的实施。退牧还草工程的实施阶段主要为 2003 年至 2010 年,2010 年后主要起到辅助草原生态补奖政策实施的作用。2003 年国务院五部门联合下发的《关于下达 2003 年退牧还草任务的通知》标志着以恢复和保护草原生态为主要目的的退牧还草工程在我国正式启动实施,工程先期实施范围中的部分区域,包括内蒙古、甘肃及宁夏等省、自治区范围内的西部荒漠草原以及内蒙古东部地区的退化的草原区域均属于我国北方农牧交错区。该阶段的草原生态保护措施主要包括:通过落实草原的使用权、将草场分包到户、实行草原家庭承包责任制;根据草场的草地资源状况,通过科学合理的方式测算草场的牲畜承载力,根据草场的牲畜承载能力对草地资源进行管理,确定草原的放牧数量或者是牲畜养殖数量,以合理地利用草地资源;国家对退牧还草工程区域内已经实施草原围栏措施,进行禁牧封育管理的区域给予一定的建设资金补助和饲料粮补助,以弥补牧业生产的机会成本损失,调动保护草原生态的积极性。单就中央财政而言,截至 2010 年中央财政在退牧还草工程建设以及补助发放等方面累计投入的资金达 136 亿元,退牧还草工程区域内草原围栏建设任务覆盖面积达 7.78 亿亩,工程惠及 174 个县(旗、团场)。总体而言,退牧还草工程的实施在促进北方农牧交错区草原生态恢复方面取得了显著的成效。

随着草原生态补奖政策的实施,退牧还草工程的政策内容相应地做出了进一步的调整。2011 年《关于完善退牧还草政策的意见》中提出,为更好地配合草原生态补奖政策的实施,对退牧还草工程实施区域内已经实行草原围栏建设,采取禁牧封育措施的草原,今后原则上不再进行草原围栏建设;在退牧还草工程区域内,实施舍饲棚圈建设和人工饲草地建设项目;在配套资金方面,调整中央与地方在补助资金投入方面的比例和标准,总体而言,提高中央财政的投入比例与补助标准,降低地方财政的投入比例与补助标准,以减轻地方政府在草原生态保护方面的财政压力;同时,在退牧还草工程区内全面实施草原生态补奖政策,对划为禁牧区域内采取包括舍饲或半舍饲圈养禁牧措施的牧民、划为草畜平衡区域内采取以草定畜等方式实现草畜平衡的牧民分别给予禁牧补助与草畜平衡奖励。

自 2002 年以来，国家相关部门出台了一系列的政策措施以促进退牧还草工程措施的实施，具体的政策措施梳理如表 3-1 所示。

表 3-1 2002—2011 年国务院相关部门颁布的有关退牧还草的政策与法规汇总

政策与法规	颁布机关	颁布时间	政策与法规主要内容
国务院关于加强草原保护与建设的若干意见	国务院	2002 年	提出加强草原保护与建设的政策与意见
关于启动退牧还草工程建设的请示	国务院西部开发办、国家计委、农业部、财政部、国家粮食局	2002 年	请示启动退牧还草工程建设
关于下达 2003 年退牧还草任务的通知	国务院西部开发办、国家计委、农业部、财政部、国家粮食局	2003 年	对退牧还草工作进行全面部署
关于进一步做好退牧还草工程实施工作的通知	中华人民共和国农业部	2003 年	提出完善实施方案，落实工程项目；推进家庭承包，明确权利与义务
关于进一步完善退牧还草政策措施若干意见的通知	国务院西部开发办、国家发改委、农业部、财政部、国家粮食局	2005 年	着力解决围栏建设补助标准偏低，饲草料基地、舍饲圈养等配套建设滞后等一些新问题
关于完善退牧还草政策的意见	国家发改委、农业部、财政部	2011 年	提出适当调整建设内容，强化配套措施合理布局草原围栏，完善补助政策等措施

3.1.1.2 第一轮草原生态补奖政策实施期

第一轮草原生态补奖政策实施期是 2011 年至 2015 年。2011 年《关于 2011 年草原生态保护补助奖励机制政策实施的指导意见》中指出，自 2011 年起国家将逐步在包括内蒙古与宁夏在内的 8 个主要草原牧区省（自治区）全面建立草原生态补奖机制。至 2012 年，草原生态补奖政策的实施范围扩大到包括黑龙江、吉林、辽宁、河北、山西等在内的 13 个省（自治区），标志着北方农牧交错区已完全纳入草原生态补奖政策的实施范围内。第一轮草原生态补奖政策的措施主要包括禁牧补助政策、草畜平衡奖励政策与农牧民生产性补贴。具体而言，禁牧补助的实施区域主要是针对草原生态已经出现严重的退化问题，区域内的生存环境恶劣，已经不适宜进行牧业生产的草原。上述划为禁牧补助政策实施区内禁牧补助的实施形式主要是禁牧封育措施，中央财政对禁牧封育区内履行禁牧义务的农牧民按照禁牧的草原面积给予相应的禁牧补助，禁牧区禁牧补助严格与草原面积挂钩，补助标准是每年6元/亩。草畜平衡奖励的实施区域主要是针对禁牧区域以外的草原，草畜平衡奖励政策的实施形式主要是在测算草原牲畜承载能力的基础上，合理控制草原的载畜量，以防止人与牲畜对草地资源的过度利用，中央财政对已经划归为草畜平衡区的区域内履行草畜平衡义务的农牧民按实现草畜平衡的草原面积给予相应的草畜平衡奖励，草畜平衡奖励也严格与草原面积挂钩，奖励标准是每年1.5元/亩。在给予草畜平衡奖励的同时，政府引导并鼓励农牧民在实现草畜平衡的同时，通过实施季节性休牧与划区轮牧的措施，以进一步促进草原生态的恢复，对采取上述措施的牧民政府会相应地给予一定的季节性休牧补助。农牧民生产性补贴主要包括三种形式，分别是畜牧品种改良补贴，牧草良种补贴以及农牧民生产资料综合补贴。

此后，为进一步完善草原生态补奖政策，国务院相关主管部门出台了一系列的政策措施，如表3-2所示。

表3-2　2011—2014年国务院相关部门颁布的有关草原生态补奖的政策与法规汇总

政策与法规	颁布机关	颁布时间	政策与法规主要内容
中央财政草原生态保护补助奖励资金管理暂行办法	财政部与农业部	2011年	明确草原生态补奖政策资金的概念等内容
关于进一步推进草原生态保护补助奖励机制落实工作的通知	农业部与财政部	2012年	着重解决管理制度不完善，基础数据不全面，监管不到位，资金兑现不及时等问题
中央财政草原生态保护补助奖励资金绩效评价办法	财政部与农业部	2012年	中央财政按照各地草原生态保护效果等因素进行绩效考核，对工作突出的省份给予资金奖励
关于做好2013年草原生态保护补助奖励机制政策实施工作的通知	农业部与财政部	2013年	要求各地要继续做好落实超载减畜任务、推进草原承包到户、严格保护基本草原、转变生产经营方式等
关于深入推进草原生态保护补助奖励机制政策落实工作的通知	农业部与财政部	2014年	加快补奖任务资金落实、及时准确填报补奖信息。开展政策实施效果评估、划定和保护基本草原、扶持草原畜牧业转型发展

（续）

政策与法规	颁布机关	颁布时间	政策与法规主要内容
中央财政农工业资源及生态保护补助资金管理办法	财政部与农业部	2014 年	对草原生态补奖资金的用途、区域范围、支出内容、补偿标准、资金发放时间、方式及绩效评价作了规定

资料来源：靳乐山：《中国生态补偿：全领域探索与进展》。

3.1.1.3 第二轮草原生态补奖政策实施期

第二轮草原生态补奖政策实施期是 2016 年至 2020 年。2016 年《新一轮草原生态保护补助奖励政策实施指导意见（2016—2020 年）》中指出，"十三五"期间国家在包括内蒙古与宁夏等在内的 8 个主要牧区省（自治区），以及河北、山西、辽宁、吉林、黑龙江等 5 个省和黑龙江省农垦总局，启动实施新一轮草原生态补奖政策。就具体内容而言，第二轮草原生态补奖政策的内容相较于第一轮在草原生态补奖的政策实施范围、补助与奖励的形式、发放时间等方面未发生显著的变化，但补助与奖励的标准得到了显著的提高。第二轮草原生态补奖政策的措施中取消了第一轮草原生态补奖中的农牧民生产性补贴的政策内容，继续实施禁牧补助与草畜平衡奖励措施。其中，禁牧补助的标准由第一轮的每年 6 元/亩提高到每年 7.5 元/亩，草畜平衡奖励的标准由第一轮的每年 1.5 元/亩提高到每年 2.5 元/亩，禁牧补助与草畜平衡奖励在资金发放方面仍然主要与农牧民家庭所拥有的草原面积挂钩。

近年来，为进一步促进第二轮草原生态补奖政策的贯彻实施，国务院相关主管部门出台了一系列的政策措施，如表 3-3 所示。

表 3-3　2016—2019 年国务院相关部门颁布的有关草原生态补奖的政策与法规汇总

政策与法规	颁布机关	颁布时间	政策与法规主要内容
全国草原保护建设利用"十三五"规划	农业部办公厅	2016 年	在内蒙古等 8 省（自治区）实施禁牧补助、草畜平衡奖励和绩效评价奖励；扩大补奖实施范围
关于切实做好 2017 年草原保护建设重点工作的通知	农业部办公厅	2017 年	深入实施新一轮草原补奖政策，要强化资金管理与利用，推动畜牧业转型升级

（续）

政策与法规	颁布机关	颁布时间	政策与法规主要内容
关于进一步做好农牧民补助奖励政策落实工作的通知	农业农村部办公厅	2019 年	提出严格规范补奖资金核发，确保资金发放对象、发放金额零误差，按时准确填报项目信息等措施要求

3.1.2　基于宏观视角的草原生态补奖政策实践效果

3.1.2.1　基于宏观视角的草原生态补奖政策实施状况

随着第一轮草原生态补奖政策的实施，尤其是 2012 年北方农牧交错区完全纳入草原生态补奖政策的实施范围后，北方农牧交错区各省份结合各地实际情况出台实施了相应的草原生态补奖政策措施。第一轮草原生态补奖政策期，北方农牧交错区各省份累计投入草原生态补奖资金 361.3 亿元，其中禁牧补贴资金 182.45 亿元，占总投入的 50.50%，草畜平衡奖励资金 56.71亿元，占总投入的 15.70%；累计完成禁牧面积 60 817 万亩，草畜平衡面积75 614 万亩（表 3 - 4）。

表 3 - 4　2011—2015 年北方农牧交错区各省份第一轮草原生态补奖政策实施情况

省（自治区）	禁牧面积（万亩）	禁牧补贴（亿元）	草畜平衡面积（万亩）	草畜平衡奖励（亿元）	生产资料补贴（亿元）	种草补贴（亿元）	畜牧良种补贴（亿元）
内蒙古	40 490	121.47	61 507	46.13	12.03	22.61	0.57
宁　夏	3 557	10.67	0	0.00	4.44	2.85	0.08
甘　肃	10 000	30.00	14 107	10.58	5.53	11.06	0.11
河　北	1 860	5.58	0	0.00	5.19	0.22	0.00
山　西	40	0.12	0	0.00	0.12	0.17	0.00
辽　宁	937	2.81	0	0.00	1.67	1.33	0.00
吉　林	1 773	5.32	0	0.00	2.56	1.52	0.00
黑龙江	2 160	6.48	0	0.00	3.13	1.75	0.00
合　计	60 817	182.45	75 614	56.71	34.67	41.51	0.76

数据来源：国家林业与草原局。

第二轮草原生态补奖政策实施期，截至 2017 年年底，北方农牧交错区各省份累计投入草原生态补奖资金 1 089.03 亿元，其中禁牧补贴资金 1 024.17 亿元，占总投入的 94.04%，草畜平衡奖励资金 64.86 亿元，占总投入的 5.96%；累计完成禁牧面积 69 850 万亩，草畜平衡面积 129 700 万亩（表 3-5）。

表 3-5　2016—2017 年北方农牧交错区各省份新一轮草原生态补奖政策实施情况

省 （自治区）	禁牧面积 （万亩）	禁牧补助 （亿元）	草畜平衡面积 （万亩）	草畜平衡奖励 （亿元）	资金总计 （亿元）
内蒙古	40 490	607.35	61 510	30.76	638.11
宁　夏	15 000	225.00	54 090	27.05	252.05
甘　肃	10 000	150.00	14 100	7.05	157.05
河　北	1 747	2.62	0	0.00	2.62
山　西	78	1.17	0	0.00	1.17
辽　宁	507	7.61	0	0.00	7.61
吉　林	771	11.57	0	0.00	11.57
黑龙江	1 257	18.85	0	0.00	18.85
合　计	69 850	1 024.17	129 700	64.86	1 089.03

数据来源：国家林业与草原局。

3.1.2.2　基于宏观视角的草原生态补奖政策实施效果

草原生态补奖政策自实施以来，对于促进北方农牧交错区草原生态的恢复，增加农牧民收入，促进牧业生产方式的转变均发挥了重要的作用。总体而言，北方农牧交错区草原生态补奖政策的实施取得了良好的生态、经济和社会效应。

（1）草原生态补奖政策的生态效应。草原生态补奖政策的实施在总体上实现了明显的生态效应。以禁牧补助政策为例，北方农牧交错区禁牧补助政策实施以来，通过严格的禁牧管理，减少了人与牲畜对草地生态系统的人为扰动，为草原生态提供了调整与恢复的机会，使得草场植被盖度、鲜草产量和草群高度相较于补奖实施之前均得到了一定程度的提高；禁牧补助政策的实施在促进草原生态植被恢复的同时，也使得草原的草种结构不断得到改善，杂草与有毒植物逐年减少，部分地区草原沙漠化得到极大的逆转，草原的防风固沙、净化空气等生态功能不断增强，北方农牧交错区的草原生态环境得到了极大程度的改善（Ren Y et al.，2016；周立华、侯彩霞，2019）。

（2）草原生态补奖政策的经济效应。草原生态补奖政策的实施在总体上实现了较好的经济效应。草原生态补奖政策在促进草原生态恢复的同时，还肩负着增加农牧民收入的重任。自北方农牧交错区草原生态补奖政策实施以来，草原生态补奖收入，尤其是以现金补偿为主的生态补偿方式已成为促进农牧民增收和促进区域经济社会发展的重要措施。以禁牧补助政策为例，禁牧补助政策的实施通过给予采取禁牧措施的农牧民以直接的现金补偿，使得区域内农牧民的收入与地区的经济发展均得到增加与促进；农牧民通过转业转产的方式转而从事其他生计活动，使得农牧民的收入结构得到优化，地区经济的稳定增长得到了一定程度的保证（董丽华等，2019）。

（3）草原生态补奖政策的社会效应。草原生态补奖政策的实施在总体上实现了较好的社会效应。草原生态补奖政策在促进草原生态恢复，增加农牧民收入的同时，还致力于促进牧业生产方式的转变。北方农牧交错区草原生态补奖政策的社会效应主要体现在促进牧业生产方式的转变、降低农牧民生计风险、维护少数民族边疆地区的和谐稳定等方面（路冠军、刘永功，2015）。草原生态补奖政策的实施，尤其是禁牧补助政策的实施，通过给予农牧民直接的现金补助，促进了农牧民牧业生产方式的转变，使得北方农牧交错区禁牧区域的牧业生产方式已基本实现由粗放放牧向舍饲圈养或半舍饲圈养的牧业生产方式的转变。农牧民通过转业转产的方式转而寻求牧业生产以外的生计方式，在增加农牧民收入的同时，有利于分散农牧民的生计风险，尤其是降低畜牧业经营风险（周立华、侯彩霞，2019）。同时，农牧民以自由放牧为主的传统生活方式也随之发生改变，越来越多的农牧民选择将牧业生产方式由传统的自由放牧转变为完全或者半完全的舍饲圈养，牧民逐渐通过外出务工或者是经商的方式离开传统的草原，逐渐融入现代城镇生活，转变为城镇居民（赵玉洁等，2012；周立华、侯彩霞，2019）。

3.1.3　基于农牧民微观视角的草原生态补奖政策实践效果

3.1.3.1　基于农牧民微观视角的草原生态补奖政策实施状况

根据《新一轮草原生态保护补助奖励政策实施指导意见（2016—2020年）》，北方农牧交错区草原生态补奖政策实施区域划分为禁牧补助政策区与草畜平衡奖励政策区。本书分别选取禁牧补助政策实施的典型区域宁夏回族自治区盐池县与草畜平衡奖励政策实施的典型区域内蒙古自治区鄂托克旗为样本区域，基于实地调研获取的农牧民微观数据，从农牧民微观视角就北方农牧交错区草原生态补奖政策的实施情况做了描述性统计。

如表 3-6 所示，北方农牧交错区草原生态补奖政策包括禁牧补助与草畜平衡奖励两种形式，禁牧补助政策区农牧民获取的草原生态补奖主要是指禁牧补助，草畜平衡奖励政策区农牧民获取的草原生态补奖包括草畜平衡奖励和季节性休牧补助。总体而言，北方农牧交错区户均纳入草原生态补奖范围的草原面积为 796.18 亩，其中，禁牧补助政策区户均面积为 167.53 亩，草畜平衡奖励政策区户均面积为 1 723.89 亩；北方农牧交错区户均所获补奖金额为 2 593.80 元，其中，禁牧补助政策区为 1 371.08 元，草畜平衡奖励政策区为 4 398.20 元。以上数据表明，草畜平衡奖励政策区户均纳入草原生态补奖政策范围的草原面积与所获补奖金额均高于禁牧补助政策区。

表 3-6 北方农牧交错区 2016 年农牧民所获草原生态补奖情况

样本分类	补奖类型	标准（元/亩·年）	户均草原面积（亩）	户均补奖金额（元）
禁牧区	禁牧补助	7.5	167.53	1 371.08
草畜平衡区	草畜平衡奖励与季节性休牧补助	2.5	1 723.89	4 398.20
总样本	—	—	796.18	2 593.80

自 2016 年新一轮草原生态补奖政策实施以来，禁牧补助政策区按照 7.5 元/（亩·年）的标准给予纳入禁牧区域的草原所有者以禁牧补助，草畜平衡奖励政策区按照 2.5 元/（亩·年）的标准给予纳入草畜平衡区域，且实现草畜平衡，遵守季节性休牧政策的草原所有者以草畜平衡奖励与季节性休牧补助。对于以上补助奖励标准，53.35％的农牧民表示补奖标准过低，46.65％的农牧民表示补奖标准合理，即总体而言，新一轮草原生态补奖的标准虽较上一轮有所提高，但多数农牧民仍认为当前草原生态补奖的标准仍然过低。实地调研获取的数据表明，86.34％的农牧民认为当前草原生态补奖无法有效，或者仅能部分弥补因采取禁牧或草畜平衡措施而导致的机会成本损失，亟须通过补奖标准的进一步提高来弥补因采取禁牧或草畜平衡措施而引致的机会成本损失。

政府作为草原生态补奖政策的实施者与监管者，其对草原生态补奖政策的贯彻执行力度是影响政策实施效果的重要因素。实地调研中，71.39%的农牧民认为当地政府贯彻执行草原生态补奖政策的力度较大或者很大，77.58%的农牧民认为当地设有专门的草地管护员。即总体而言，北方农牧交错区政府贯彻执行补奖政策的力度较大。

3.1.3.2　基于农牧民微观视角的草原生态补奖政策实施效果

农牧民作为草原生态补奖政策最直接的参与者与利益主体，其对草原生态补奖政策实施效应的感知与评价是政策实施效应评价的重要方面。基于此，本书基于实地调研获取的数据，通过农牧民对草原生态补奖政策实施以来当地生态环境状况、家庭经济状况、牧业生产方式与生产生活环境变化的感知对北方农牧交错区草原生态补奖政策的实施效果进行评价。

（1）农牧民对草原生态补奖政策生态效应的评价。草原生态补奖政策的首要目标是促进草原生态恢复。本书在实际调研中通过询问农牧民对当地生态环境总体改善情况的感知、补奖实施前后草地退化程度的感知、沙尘天气减少程度的感知来反映草原生态补奖政策所产生的生态效应（表 3-7、表 3-8、表 3-9、表 3-10）。

表 3-7　农牧民对当地生态环境总体改善情况的感知

样本分类	无改善（%）	程度较小（%）	一般（%）	程度较大（%）	程度很大（%）
禁牧区	5.74	3.69	7.79	47.13	35.66
草畜平衡区	9.03	3.47	16.67	45.14	25.69
总样本	6.96	3.61	11.08	46.39	31.96

表 3-8　农牧民对政策实施前草地退化程度的感知

样本分类	不存在退化（%）	存在，但不严重（%）	有点严重（%）	很严重（%）
禁牧区	2.87	11.89	22.95	62.30
草畜平衡区	12.50	20.14	31.25	36.11
总样本	6.44	14.95	26.03	52.58

表 3-9　农牧民对政策实施后草地退化程度的感知

样本分类	不存在退化（%）	存在，但不严重（%）	有点严重（%）	很严重（%）
禁牧区	25.41	54.92	13.93	5.74
草畜平衡区	38.89	54.17	5.56	1.39
总样本	30.41	54.64	10.82	4.12

表 3 - 10　农牧民对当地沙尘天气减少程度的感知

样本分类	未减少（%）	程度较小（%）	一般（%）	程度较大（%）	程度很大（%）
禁牧区	6.56	4.10	6.97	39.34	43.03
草畜平衡区	6.25	7.64	6.94	47.92	31.25
总样本	6.44	5.41	6.96	42.53	38.66

如表 3 - 7 所示，北方农牧交错区 90% 以上的农牧民认为草原生态补奖政策实施以来当地生态环境在总体上得到了改善。具体而言，补奖实施前，北方农牧交错区 52.58% 的农牧民认为当地存在严重的草地退化问题，禁牧区这一比例甚至高达 62.30%；而补奖实施后，就总样本而言，仅有 4.12% 的农牧民认为当地存在严重的草地退化问题，草畜平衡区这一比例下降到 1.39%，表明草原生态补奖政策实施后北方农牧交错区草地退化问题得到了明显的改善；就沙尘天气减少程度而言，北方农牧交错区 90% 以上的农牧民认为当地沙尘天气得到了明显的减少。以上数据表明，就农牧民对草原生态补奖政策的生态效应感知而言，草原生态补奖政策实施后，北方农牧交错区草原生态环境得到了明显的改善，草地退化问题得到了遏制，沙尘天气明显减少，政策的实施取得了良好的生态效应。

（2）农牧民对草原生态补奖政策经济效应的评价。草原生态补奖政策在促进草原生态恢复的同时，也肩负着增加农牧民收入的政策目标。本书在实际调研中，通过询问农牧民草原生态补奖政策实施后家庭收入的变化、政策对改善家庭经济状况的作用以及家庭牧业生产成本增加情况来反映草原生态补奖政策的经济效应（表 3 - 11、表 3 - 12）。

表 3 - 11　政策实施后农牧民家庭收入的变化

样本分类	下降很多（%）	下降一些（%）	无变化（%）	提高一些（%）	提高很多（%）
禁牧区	7.79	14.75	27.05	39.75	10.66
草畜平衡区	7.64	12.50	40.97	34.03	4.86
总样本	7.73	13.92	32.22	37.63	8.51

表 3 - 12　政策对改善家庭经济状况的作用

样本分类	没有作用（%）	作用较小（%）	作用一般（%）	作用较大（%）	作用很大（%）
禁牧区	13.52	29.10	22.54	23.36	11.48
草畜平衡区	27.08	22.92	20.83	19.44	9.72
总样本	18.56	26.80	21.91	21.91	10.82

如表 3-11 所示，就总样本而言，北方农牧交错区 40％以上的农牧民认为草原生态补奖政策实施后家庭收入得到了提高，但不可忽视的是，超过 20％的农牧民认为家庭收入并未得到提高，反而出现了收入下降的问题。且禁牧区 27.05％、草畜平衡区 40.97％的农牧民认为家庭收入并没有发生明显的变化。进一步通过农牧民对草原生态补奖政策改善家庭经济状况作用的评价来反映草原生态补奖的经济效应。就总样本而言，仅有 32.73％的农牧民认为政策对改善家庭经济状况的作用很大或作用较大；禁牧区 42.62％的农牧民认为作用较小或者没有作用，草畜平衡区高达 50％的农牧民认为作用较小或者没有作用。诸多研究表明，草原生态补奖政策对农牧民最直接的影响是牧业生产成本的提高（杨春等，2016），基于实地调研获取的数据，得到如图 3-1 所示的结果。

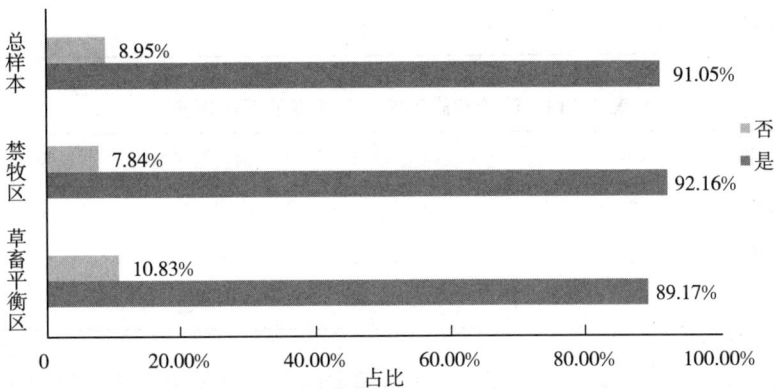

图 3-1　补奖实施后家庭牧业生产成本增加情况

如图 3-1 所示，就总样本而言，北方农牧交错区 91.05％的农牧民认为草原生态补奖政策实施后家庭牧业生产成本增加。而就增加程度而言，禁牧区牧业生产成本由禁牧前的平均每头 121.31 元，上升到禁牧后的平均每头 328.92 元，平均增幅达 384.62％。草畜平衡区牧业生产成本由补奖实施前的平均每头 131.92 元，上升到政策实施后的平均每头 325.25 元，平均增幅达 289.11％。

以上数据表明，北方农牧交错区草原生态补奖政策实施后农牧民家庭收入并未得到明显的提高，农牧民对草原生态补奖政策改善家庭经济状况作用的评价较低，且牧业生产成本明显增加，草原生态补奖政策的实施并未实现良好的经济效应。

（3）农牧民对草原生态补奖政策社会效应的评价。草原生态补奖政策在促进草原生态恢复，增加农牧民收入的同时，也兼顾促进北方农牧交错区牧业生产方式的转变，拓宽农牧民收入来源的政策目标。本书主要通过草原生态补奖政策实施后农牧民牧业生产方式的转变、家庭采取的适应性策略、生活及生产环境的改善程度来反映草原生态补奖政策的社会效应。

表 3 - 13　政策实施前后农牧民牧业生产方式

样本分类	实施前			实施后		
	放牧（%）	半舍饲（%）	舍饲（%）	放牧（%）	半舍饲（%）	舍饲（%）
禁牧区	84.43	11.48	4.10	2.05	67.21	30.74
草畜平衡区	81.94	9.72	8.33	6.94	65.28	27.78
总样本	83.51	10.82	5.67	3.87	66.49	29.64

表 3 - 14　政策实施后农牧民采取的适应性策略

样本类型	不变（%）	收缩型（%）	调整型（%）	扩张型（%）
禁牧区	27.87	46.72	22.54	27.87
草畜平衡区	22.92	38.19	12.50	26.39
总样本	10.31	43.56	18.81	27.32

如表 3 - 13 和表 3 - 14 所示，就总样本而言，草原生态补奖政策实施前北方农牧交错区 80% 以上的农牧民牧业生产方式为粗放放牧的经营方式，草原生态补奖政策实施后 90% 以上的农牧民牧业生产方式转变为以半舍饲或完全舍饲为主，牧业生产方式实现了根本性的转变。就草原生态补奖政策实施后农牧民采取的适应性策略而言，收缩型适应性策略是北方农牧交错区农牧民采取的主要适应性策略，禁牧区 46.72% 的农牧民，草畜平衡区 38.19% 的农牧民选择收缩型适应性策略，即通过减少牲畜数量，增加其他收入来源，实现收入的多元化。但不可忽视的是，禁牧区仍有 27.87% 的农牧民选择扩张型适应性策略，即增加牲畜数量，扩大牧业生产规模，草畜平衡区这一比例为 26.39%，这可能是当前北方农牧交错区超载过牧问题未得到根本解决的重要因素。

表 3 – 15　政策实施后农牧民生活环境改善程度

样本分类	没有改善（%）	程度较小（%）	一般（%）	程度较大（%）	程度很大（%）
禁牧区	3.69	5.74	9.43	48.77	32.38
草畜平衡区	5.56	2.78	12.50	53.47	25.69
总样本	4.38	4.64	10.57	50.52	29.90

表 3 – 16　政策实施后农牧民生产环境改善程度

样本分类	没有改善（%）	程度较小（%）	一般（%）	程度较大（%）	程度很大（%）
禁牧区	8.61	6.97	15.98	43.44	25.00
草畜平衡区	8.33	4.17	14.58	46.53	26.39
总样本	8.51	5.93	15.46	44.59	25.52

　　本书同时通过农牧民对草原生态补奖政策实施后生活与生产环境的改善程度反映草原生态补奖政策的社会效应。如表 3 - 15 和表 3 - 16 所示，就总样本而言，北方农牧交错区超过 95% 的农牧民认为草原生态补奖政策实施后生活环境得到了改善，80% 以上的农牧民认为生活环境得到了较大或者很大程度的改善；90% 以上的农牧民认为政策实施后生产环境得到了改善，70% 以上的农牧民认为生产环境得到了较大或者很大程度的改善。

　　以上数据表明，草原生态补奖政策的实施在北方农牧交错区实现了较好的社会效应。具体而言，草原生态补奖政策实施后，北方农牧交错区农牧民牧业生产方式实现了根本的转变，已基本实现由粗放放牧向舍饲或半舍饲的牧业生产方式转变；政策实施后农牧民虽以减少牲畜数量，增加其他收入来源的收缩型策略为主要的措施，但不可忽视的是仍有部分农牧民通过增加牲畜数量，以扩大牧业生产规模，当前北方农牧交错区的减畜压力仍然较大；草原生态补奖政策实施后农牧民的生活环境与生产环境得到了明显的改善。

　　（4）农牧民对草原生态补奖政策的满意度评价。满意度作为心理感知与评判的重要方式，能够直接和综合地反映参与者的主观福利感知和获取资源效用价值的质量。以往的诸多从农户福利视角对公共政策实施效果进行评价的研究普遍认为，农户作为公共政策的主要参与者，其对公共政策实施效果的满意度评价可作为政策实施效果评价的重要维度。原因在于，只有某项公共政策得到政策主要参与者的认同，政策参与者对公共政策的满意度高，该项政策实施的绩效水平才是高的（张雷等，2017；牛海鹏、肖东洋，2019）。农牧民作为草原生态补奖政策实施的直接利益主体，自身的利益需求与政策的利益供给之间的差异表现为对政策的满意度。农牧民对政策的满意度评价能够客观反映草原生态补奖政策的实施对其生产生活等各方面所产生的总体影响，同时农牧民的满意度将直接影响其政策执行行为，进而影响政策实施的绩效。鉴于此，本书进一步通过农牧民对草原生态补奖政策的满意度对政策的实施绩效做总体评价。

表 3-17　农牧民对草原生态补奖政策的满意度

样本分类	非常不满意（%）	比较不满意（%）	一般（%）	比较满意（%）	非常满意（%）
禁牧区	8.20	12.30	19.26	40.16	20.08
草畜平衡区	5.56	15.97	22.22	39.58	16.67
总样本	7.22	13.66	20.36	39.95	18.81

本书将"比较满意"与"非常满意"统称为满意度，将"非常不满意"与"比较不满意"统称为不满意度。如表 3-17 所示，就总样本而言，北方农牧交错区农牧民对草原生态补奖政策的不满意度为 20.88%，满意度为58.76%，满意度并不高；而就不同政策区域而言，禁牧区农牧民对草原生态补奖政策的不满意度为 20.50%，满意度为 60.24%，一般满意度为19.26%，草畜平衡区农牧民对草原生态补奖的不满意度为 21.53%，满意度为 56.25%，一般满意度为 22.22%。以上数据表明，就农牧民满意度而言，北方农牧交错区农牧民对草原生态补奖政策的满意度并不高，且禁牧区与草畜平衡区农牧民草原生态补奖政策满意度存在差异，禁牧区农牧民满意度与不满意度均高于草畜平衡区。

3.2　北方农牧交错区农牧民生计现状

基于上一章构建的理论分析框架，本节着重从农牧民生计分化现状，包括水平与垂直分化两方面，农牧民生计资本现状，农牧民牧业生计现状，包括草原生态补奖政策实施以来的减畜行为、牲畜养殖规模以及继续从事牧业生产的意愿，农牧民生计对草地资源的依赖度现状，农牧民，尤其是贫困农牧民收入及收入稳定性现状入手，对草原生态补奖政策实施背景下农牧民生计现状予以分析。

3.2.1 农牧民分化现状

农牧民分化包括职业维度的水平分化和收入维度的垂直分化，农牧民职业维度的水平分化通常通过非农牧劳动力的就业比例进行衡量，收入维度的垂直分化通常以家庭非农牧收入占比衡量。基于实地调研获取的数据，本书分别以非农牧劳动力就业比例和非农牧收入占比对农牧民的水平和垂直方向的分化现状予以分析。

（1）农牧民职业维度的水平分化。基于实地调研获取的数据，根据家庭从事非农牧就业的劳动力占家庭总体劳动力的比例测算得出草原生态补奖政策实施前后农牧民家庭职业维度的水平分化状况，测算结果如表3-18所示。

表3-18 农牧民职业维度的水平分化

实施前			实施后		
水平分化程度	频数（户）	占比（%）	水平分化程度	频数（户）	占比（%）
0	241	62.11	0	194	50
0.25	5	1.29	0.2	1	0.26
0.33	6	1.55	0.25	8	2.06
0.5	82	21.13	0.33	35	9.02
0.67	3	0.77	0.5	74	19.07
1	51	13.14	0.67	22	5.67
—	—	—	0.75	5	1.29
—	—	—	1	49	12.63

如表3-18所示，草原生态补奖政策实施前，家庭劳动力从事非农牧就业的为241户，占样本总数的62.11%，政策实施后，家庭劳动力从事非农牧就业的为194户，占样本总数的50%，下降了12.11%，表明草原生态补奖政策实施后，越来越多的农牧民家庭选择将家庭劳动力由农牧业就业转移至非农牧就业，农牧民职业维度的水平分化日益显现。就具体的水平分化程度而言，政策实施前，水平分化程度在0.25至0.5的农牧户为11户，占样

本总数的 2.84％，政策实施后，水平分化程度在 0.2 至 0.5 的农牧户为 44 户，占样本总数的 11.34％；政策实施前，水平分化程度在 0.5 及以上的农牧户为 136 户，占样本总数的 35.04％；政策实施后，水平分化程度在 0.5 及以上的农牧户为 150 户，占样本总数的 38.66％，表明草原生态补奖政策实施后，处在低分化水平与高分化水平的农牧户占比均得到了显著提高，有必要基于实地调研获取的数据分析草原生态补奖政策的实施对农牧民职业维度的水平分化是否具有显著的促进作用。

（2）农牧民收入维度的垂直分化。农牧民职业维度的水平分化势必会因劳动力的非农牧就业引致非农牧收入在家庭总收入中的比重提升。草原生态补奖政策实施后，农牧民职业维度的水平分化显著加深，相应地会加深收入维度的垂直分化。为从收入和生计活动两方面反映农牧民收入维度的垂直分化，结合北方农牧交错区农牧民生计活动的实际情况，本书根据牧业收入、农业收入与非农牧收入（不包括草原生态补奖收入）占家庭总收入的比重以及生计活动的差异将农牧民分为牧业为主型、农业为主型、均衡型与非农牧为主型四种类型农牧民。根据非农牧收入占家庭总收入的比重，进一步将非农牧为主型农牧民分为高兼户与深兼户，最终形成五种类型的农牧民。五种类型农牧民的划分标准如表 3-19 所示。五种类型农牧民中，牧业为主型农牧民无论是收入还是生计对牧业生产的依赖程度均很高，深兼型农牧民依赖程度则较低。

表 3-19　农牧民收入维度的垂直分化划分标准

垂直分化类型	划分标准	生计活动
牧业为主型	牧业收入占家庭总收入比重≥50％	牧业为主
农业为主型	农业收入占家庭总收入比重≥50％	农业、牧业、少量的外出务工
均衡型	牧业、农业和非农牧收入占家庭收入的比重均<50％	牧业、农业与外出务工兼有
高兼型	50％≤非农牧收入占家庭总收入的比重<75％	外出务工为主，少量的牧业与农业
深兼型	75％≤非农牧收入占家庭收入的比重≤100％	外出务工为主

表3-20　农牧民收入维度的垂直分化

垂直分化类型	总样本			禁牧区			草畜平衡区		
	频数（户）	户均补奖（元）	占比（%）	频数（户）	户均补奖（元）	占比（%）	频数（户）	户均补奖（元）	占比（%）
牧业为主型	75	2 184.13	19.33	57	1 118.62	23.36	18	5 558.22	12.5
农业为主型	57	1 511.79	14.69	25	651.32	10.25	32	2 184.03	22.22
均衡型	74	1 803.76	19.07	46	690.17	18.85	28	3 633.21	19.44
高兼型	100	1 783.37	25.77	65	833.52	26.64	35	3 547.37	24.31
深兼型	82	1 214.92	21.13	51	832.02	20.90	31	1 844.84	21.53

如表3-20所示，就总样本而言，北方农牧交错区农牧民收入维度的垂直分化可划分为牧业为主型、农业为主型、均衡型、高兼型与深兼型五种类型，但总体上呈现出牧业为主型和农业为主型农牧民所占比重相对较低，均衡型、高兼型和深兼型三种类型农牧民所占比重较高的特点，即当前兼业为主的生计类型已成为农牧民主要的生计策略选择，农牧民兼业化程度趋于提高的态势。而就草原生态补奖政策与农牧民收入维度垂直分化的关系而言，总样本呈现出北方农牧交错区农牧民收入维度的垂直分化与所获补奖金额呈现负向关系的特点，户均所获补奖金额由牧业为主型的2 184.13元下降到深兼型的1 214.92元，即随着农牧民收入维度垂直分化的加深，其所获补奖金额总体上呈现出明显的减少态势。分区域数据同样呈现出上述态势，禁牧区户均所获补奖金额由牧业为主型的1 118.62元下降到深兼型的832.02元，草畜平衡区户均所获补奖金额由牧业为主型的5 558.22元下降到深兼型的1 844.84元。以上数据表明，草原生态补奖政策实施背景下，农牧民收入维度的垂直分化与所获补奖金额呈现出两极分化的态势，兼业化程度越高，所获补奖金额越少，牧业收入在家庭总收入中所占比重越高的农牧民所获补奖金额越高，有必要基于实地调研获取的农牧民微观数据，实证分析草原生态补奖政策是否强化了农牧民收入维度的垂直分化的"内卷化"。

3.2.2　农牧民生计资本现状

结合北方农牧交错区农牧民生计状况，本书构建了北方农牧交错区农牧民生计资本的测算指标体系，指标体系的具体内容如表3-21所示。由于各项指标的量纲、数量级与变化幅度存在差异，本书采用极差标准化的处理方式对各指标进行标准化处理。采用主观的层次分析法（AHP）和客观的熵权法相结合的方法确定各项生计资本权重。首先，利用 Yaahp10.5 软件根据受访农牧民与生计资本领域专家对各项资本指标的重视程度，获取各项指标的主观权重；其次，利用熵权法测算得出各项指标的客观权重；最后，取主观和客观权重的均值作为各项生计资本指标的组合权重，权重的测算结果如表 3-21 所示。

表 3-21 农牧民生计资本指标体系及权重

生计资本	测量指标	指标解释与赋值	主观权重	客观权重	组合权重
人力资本	总体劳动能力	非劳动力为 0（16 岁以下儿童，16 岁以上学生，70 岁以上老人，残疾人）；半劳动力为 0.5（65～70 岁能够从事简单劳动的老人）；全劳动力为 1（16～64 岁能够从事全部劳动的成人）	0.158	0.012	0.085
	平均受教育程度	劳动力平均实际受教育年限（年）	0.042	0.029	0.036
	人均医疗支出	2016 年家庭人均医疗费用支出（元）	0.066	0.002	0.034
自然资本	旱地面积	人均实际经营的旱地面积（亩）	0.010	0.103	0.057
	水浇地面积	人均实际经营的水浇地面积（亩）	0.024	0.097	0.061
	草地面积	人均实际经营的草地面积（亩）	0.038	0.116	0.077
物质资本	生产性财产	家庭拥有生产性资产的数量占问卷中 12 项选项（包括播种机、旋耕机、粉草机等在内的农牧业生产机械）的比例	0.035	0.022	0.028
	生活性财产	家庭拥有生活性资产的数量占问卷中 9 项选项（包括电视机、冰箱、洗衣机等在内的生活性财产）的比例	0.022	0.007	0.015
	牲畜数量	2016 年年末牲畜存栏量（头）；1 羊羔＝0.5 成羊	0.050	0.070	0.060
	住房禀赋	住房禀赋＝房屋类型×0.5＋房间数量×0.5；房屋类型：1＝土木结构＝0.3，2＝砖瓦结构＝0.6，3＝混凝土结构＝1；房间数量：2 间＝0.2，3 间＝0.4，4 间＝0.6，5 间＝0.8，6 间及以上＝1；	0.077	0.010	0.043

（续）

生计资本	测量指标	指标解释与赋值	主观权重	客观权重	组合权重
金融资本	人均可支配收入	2016 年家庭人均可支配收入，包括种植、养殖、工资、转移、经营和财产收入（元）	0.219	0.040	0.129
	贷款难易程度	获取贷款的难易程度（1～5 打分，分值越高越难），银行借贷、亲友借贷与民间借贷三种借贷难易程度的均值	0.092	0.021	0.057
	商业保险比例	调查户拥有的保险种类占所有保险种类的比例，包括财产保险、人寿保险和健康保险	0.058	0.098	0.078
社会资本	亲戚数量	遇到困难时能够提供帮助的亲戚户数（户）	0.065	0.062	0.064
	是否有村干部	是否有家庭成员或亲戚担任村级干部，0＝否；1＝是	0.027	0.245	0.136
	集体事物参与度	1＝不参与；2＝几乎不参与；3＝一般；4＝比较频繁；5＝非常频繁	0.017	0.066	0.042

　　基于上述权重，为更加清晰地展示北方农牧交错区农牧民生计资本状况，本书在测算各项生计资本的同时，测算得出各项生计资本的结构占比。农牧民各项生计资本值及结构占比如表 3－22 所示。

表 3－22　农牧民生计资本测算结果

样本分类	人力资本	自然资本	物质资本	金融资本	社会资本	资本总值
禁牧区	0.082 (36.11%)	0.011 (4.71%)	0.044 (19.41%)	0.056 (24.82%)	0.034 (14.95%)	0.227
草畜平衡区	0.080 (33.31%)	0.018 (7.37%)	0.049 (20.66%)	0.057 (23.79%)	0.036 (14.87%)	0.239
总样本	0.081 (35.02%)	0.013 (5.75%)	0.046 (19.90%)	0.057 (24.41%)	0.035 (14.92%)	0.232

　　注：括号内数字为各项生计资本结构占比。

　　生计资本作为农牧民赖以谋生的基础，代表农牧民生计应对外来扰动所具有的缓冲能力（吴孔森等，2016）。如表 3－22 显示，北方农牧交错区农牧民生计资本总值普遍不高，介于 0.22～0.24 之间，表明农牧民的生计缓冲能力极弱。农牧民生计资本存在属性间的分异，表现出自然资本与社会资本相对较为匮乏，人力资本、金融资本与物质资本相对较为丰富。具体而言，农牧民的人力资本与金融资本远高于自然资本、社会资本和物质资本。草原生态补奖政策作为强制性的行政命令性政策，政策的实施不可避免地会对农牧民的生计活动产生影响，进而对农牧民的生计资本产生影响。同时，生计资本作为农牧民生计的基础与核心，通过政策的实施以提升农牧民的生计资本，增强其谋生的能力，是政策实施成败的关键。在北方农牧交错区农牧民生计资本总值普遍不高，生计缓冲能力极弱的情况下，有必要分析当前草原生态补奖政策对农牧民各项生计资本具有怎样的影响，以有针对性地采取增强农牧民生计资本的政策措施。

3.2.3 农牧民牧业生计现状

（1）北方农牧交错区农牧民减畜行为。本书以北方农牧交错区自 2010 年以来持续从事牧业生产的 281 份农牧民为样本数据，分析草原生态补奖政策实施以来农牧民的减畜行为、减畜行为与草原生态补奖收入以及非农牧收入之间的关系。

基于调研数据获取的 2010 年、2012 年与 2016 年农牧户养羊数据，对农牧民户均养羊数量、减畜农牧民占比及减畜户户均减畜率进行了描述性统计。由于所调研区域农牧民牧业生产均以养羊为主，本书参考宁夏盐池县与内蒙古鄂托克旗有关禁牧与草畜平衡政策实施方案的规定，定义 1 只羊羔等于 0.5 只成羊。本部分及下文提到的养羊数量或牲畜数量均以标准成羊存栏量表示。描述性统计的结果如表 3-23 所示。

表 3-23　农牧民养羊数量与减畜的描述性统计

样本分类	户均养羊数量（头）			减畜户占比（%）			减畜户户均减畜率（%）	
	2010 年	2012 年	2016 年	2012 年	2016 年	持续减畜	2012 年	2016 年
禁牧区	81	64	120	41.72	42.33	13.50	42.65	49.57
草畜平衡区	135	116	155	35.59	44.92	14.41	36.53	41.06
总样本	103	86	135	38.14	43.41	13.88	39.87	45.88

注：持续减畜是指根据 2010 年、2012 年和 2016 年 3 年的养羊数据均发生减畜行为的农牧户；减畜户户均减畜率是根据 122 户减畜农牧户的减畜率计算得出。

如表 3-23 所示，从户均养羊数来看，总样本以及禁牧区与草畜平衡区样本数据均呈现出 2012 年明显下降而 2016 年大幅反弹的趋势，且 2016 年户均养羊数明显高于政策实施前的 2010 年。表明在第一轮草原生态补奖政策实施初期，农牧民户均养羊数量曾出现短暂但明显的减少趋势，但随着政策进入新一轮实施期，户均养羊数量不降反而呈现大幅反弹的趋势，政策促进减畜的作用并未很好地实现。进一步从减畜农牧户占比来看，总样本以及禁牧区与草畜平衡区样本数据虽均呈现出减畜户占比逐渐增高的趋势，但始终均低于 45%，尤其是禁牧区 2012 年减畜户占比与 2016 年仅相差 0.61%，且禁牧区与草畜平衡区持续减畜的农牧户仅占总样本的 13.88%，表明自第一轮草原生态补奖政策实施以来实际减畜发生率并不高。从减畜户户均减畜率来看，总样本以及禁牧区与草畜平衡区两区域户均减畜率也呈现出虽比率逐渐增高，但实际减畜率始终不高的趋势。以上数据表明，自第一轮草原生态补奖政策实施以来，样本农牧民户均养羊数量不降反升，减畜发生率与减畜率始终不高，减畜形势依然严峻。

本书同时对 2016 年农牧民所获取的补奖金额与非农牧收入占家庭总收入的比重进行了对比分析，结果如表 3-24 与表 3-25 所示。

表 3-24 农牧民所获补奖金额的描述性统计

样本分类	总样本户 (万元)	减畜户 (万元)	未减畜户 (万元)	高于户均减畜率户 (万元)	低于户均减畜率户 (万元)
禁牧区	0.11	0.10	0.12	0.07	0.13
草畜平衡区	0.33	0.29	0.37	0.21	0.34
总样本	0.20	0.18	0.22	0.12	0.23

表 3-25 农牧民家庭非农牧收入比重的描述性统计

样本分类	总样本户	减畜户	未减畜户	高于户均减畜率户	低于户均减畜率户
禁牧区	0.41	0.50	0.35	0.53	0.46
草畜平衡区	0.46	0.54	0.39	0.62	0.48
总样本	0.43	0.52	0.37	0.58	0.47

由表 3-24 与表 3-25 数据可知，从户均补奖金额来看，总样本以及禁牧区与草畜平衡区两区域样本数据均呈现出未减畜户高于减畜户的态势，且

减畜率越高的农牧民所获补奖金额越少。这初步表明由于补奖金额与草地面积挂钩，补奖金额更多的是给予了未发生减畜行为的农牧民，补奖金额与农牧民减畜之间存在错配问题，且农牧民在获取补奖资金后更多的是表现出经济理性大于生态理性，将补奖资金用于牲畜养殖规模的扩大，而不是在获取补奖资金后采取减畜等行为以减少对草原生态的扰动。对样本农牧民的违规放牧行为统计发现，禁牧区71.22%的受访农牧民表示自身存在"偷牧"等违规放牧行为，46.3%的"偷牧"户表示虽存在"偷牧"行为但仍可获得禁牧补助；草畜平衡区80.64%的受访农牧民表示自身存在"超载"过牧行为，63.21%的"超载"过牧户表示虽"超载"但仍可获得草畜平衡奖励。这与政府希望通过草原生态补奖政策的实施以促进农牧民减畜的初衷是背道而驰的，在一定程度上表明了草原生态补奖政策的失效。从户均非农牧收入占比来看，总样本以及禁牧区与草畜平衡区两区域样本数据均呈现出减畜户高于未减畜户的态势，且减畜率越高的农牧民家庭非农牧收入占比往往越高，这初步表明，非农就业与农牧民是否减畜以及减畜率之间呈现正向关系。

（2）农牧民牲畜养殖规模。基于实地调研获取的317份北方农牧交错区从事牧业生产的农牧民微观数据，就农牧民牧业生产规模与草原生态补奖政策以及生计分化之间的关系做了描述性统计，描述性统计的结果如表3-26所示。

表3-26　牲畜数量、补奖金额与生计分化的描述性统计

生计类型	总样本		禁牧区		草畜平衡区	
	牲畜数量（只）	补奖金额（万元）	牲畜数量（只）	补奖金额（万元）	牲畜数量（只）	补奖金额（万元）
牧业为主型	147	0.21	120	0.11	234	0.55
农业为主型	58	0.16	41	0.07	69	0.22
均衡型	99	0.18	77	0.07	136	0.35
高兼型	72	0.16	52	0.09	100	0.26
深兼型	43	0.24	34	0.14	52	0.36

如表3-26所示，就总样本而言，随着农牧民生计分化的加深，北方农

牧交错区农牧民户均牲畜数量与补奖金额之间大致呈现正向关系，即所获补奖金额越多，农牧民家庭牲畜数量越多。对样本的统计结果也显示，补奖金额在0.1万元以下、0.1万~0.2万元、0.2万元以上的农牧民中，牲畜数量均值分别为69只、75只、149只。可见，随着补奖金额的增加，牲畜数量随之增加，补奖金额与牲畜数量之间存在一定程度的错配关系。而就牲畜数量与农牧民生计分化之间的关系而言，北方农牧交错区农牧民户均牲畜数量与生计分化之间呈现负向关系，即随着农牧民生计分化的加深，户均牲畜数量呈现出减少趋势。对样本的统计结果显示，户均牲畜数量由牧业为主型的147只下降到深兼型的43只，降幅达70.7%。可见，随着农牧民家庭生计对牧业生产依赖程度的降低，非农牧化程度的提高，牲畜数量将逐渐减少。对样本的进一步统计分析也发现，以总样本为例，牧业为主型的农牧民户均牲畜数量为147只，户均补奖金额为2 100元，牲畜数量与补奖金额比为1:14，而深兼型户均牲畜数量为43只，户均补奖金额为2 400元，牲畜数量与补奖金额之比为1:56。即随着生计分化的加深，补奖金额与牲畜数量之间的错配关系逐渐得到了缓解，生计分化弱化了草原生态补奖政策对牲畜数量增加的正向促进作用，一定程度上缓解了政策失效问题。

（3）农牧民继续从事牧业生产的意愿。本节同时就农牧民继续从事牧业生产的意愿与补奖金额之间的关系做了描述性统计，描述性统计结果如表3-27所示。

表3-27　农牧民继续从事牧业生产的意愿

生计类型	总样本		禁牧区		草畜平衡区	
	占比（%）	补奖金额（元）	占比（%）	补奖金额（元）	占比（%）	补奖金额（元）
非常不愿意	17.53	1 305.40	22.13	846.09	9.72	3 077
比较不愿意	15.46	1 680.15	17.21	593.31	12.50	4 216.11
一般	18.56	939.19	19.26	472.60	17.36	1 816.4
比较愿意	34.02	1 797.44	29.92	1 225.76	40.97	2 504.76
非常愿意	14.43	2 981.43	11.48	932.29	19.44	5 030.57

就总样本而言，北方农牧交错区32.99%的农牧民表示非常不愿意或比较不愿意继续从事牧业生产，48.45%的农牧民表示比较愿意或非常愿意继

续从事牧业生产；禁牧区39.34％的农牧民表示非常不愿意或比较不愿意继续从事牧业生产，41.40％的农牧民表示比较愿意或非常愿意继续从事牧业生产；草畜平衡区22.22％的农牧民表示非常不愿意或比较不愿意继续从事牧业生产，60.41％的农牧民表示比较愿意或非常愿意继续从事牧业生产。以上数据表明，北方农牧交错区农牧民继续从事牧业生产的意愿总体而言并不高，且农牧民继续从事牧业生产的意愿存在区域差异，草畜平衡区农牧民继续从事牧业生产的意愿显著高于禁牧区。进一步就农牧民继续从事牧业生产的意愿与补奖金额之间的关系做描述性统计发现，如表3-27所示，就总样本而言，农牧民继续从事牧业生产的意愿与补奖金额之间存在正向关系，户均补奖金额由非常不愿意户的1 305.40元上升到非常愿意户的2 981.43元，即补奖金额越高，农牧民继续从事牧业生产的意愿越强烈；禁牧区与草畜平衡区农牧民继续从事牧业生产的意愿与补奖金额之间大致也呈现出正向关系。

3.2.4　农牧民生计对草地资源的依赖度

结合实地调研的结果，当前北方农牧交错区农牧民生计对草地资源的依赖度可通过以下三方面加以衡量：一是家庭生计活动对草地资源的依赖度，本书通过与草地资源密切相关的牧业生计活动在家庭所有生计活动中的地位来衡量；二是家庭劳动力就业对草地资源的依赖度，本书通过从事与草地资源密切相关行业的家庭劳动力占家庭总体劳动力的比重来衡量；三是家庭收入对草地资源的依赖度，该部分收入主要包括通过利用草地资源或者依靠草地资源获取的牧业收入以及包括草原生态补奖在内的各项转移性收入，本书通过牧业收入与包括草原生态补奖在内的各项转移性收入占家庭总收入的比重来衡量。北方农牧交错区农牧民生计对草地资源依赖度的测算结果如表3-28所示。

表3-28　农牧民生计对草地资源的依赖度

样本分类	生计活动依赖度（％）	劳动力就业依赖度（％）	收入依赖度（％）
禁牧区	37.77	54.58	35.68
草畜平衡区	37.39	68.31	27.30
总样本	33.70	59.67	32.57

如表 3-28 所示，就农牧民生计活动对草地资源的依赖度而言，农牧民对草地资源的依赖度为 33.70%，且禁牧区与草畜平衡区农牧民对草地资源的依赖度相差不大，与草地相关的牧业生计活动仍然是农牧民生计活动的重要组成部分。就劳动力就业对草地资源的依赖度而言，当前农牧民对草地资源的依赖度为 59.67%，其中草畜平衡区劳动力就业对草地资源的依赖度高于禁牧区与总样本。就农牧民收入对草地资源的依赖度而言，当前农牧民对草地资源的依赖度为 32.57%，其中，禁牧区农牧民收入对草地资源的依赖度高于总样本，草畜平衡区农牧民收入对草地资源的依赖度低于总样本。以上数据表明，从农牧民生计活动、劳动力就业与收入三方面衡量的北方农牧交错区农牧民生计对草地资源的依赖度测算结果均较高，表明当前农牧民生计对草地资源仍具有较高的依赖度。而在当前亟须通过草原生态补奖政策的实施以降低农牧民生计对草地资源依赖度的背景下，有必要分析草原生态补奖政策在降低农牧民生计对草地资源依赖度方面的有效性。

3.2.5 农牧民收入及收入稳定性现状

（1）北方农牧交错区农牧民各项收入状况。根据北方农牧交错区农牧民的生计活动与收入来源，本书将农牧民收入划分为农业收入、牧业收入与非农牧收入，对农牧民各项收入占比做了描述性统计，描述性统计结果如表 3-29 所示。

表 3-29 北方农牧交错区农牧民各项收入分布

样本分类	农业收入		牧业收入		非农牧收入		总收入	
	金额（元）	占比（%）	金额（元）	占比（%）	金额（元）	占比（%）	金额（元）	占比（%）
禁牧区	16 208.58	24.84	22 926.14	26.45	32 710.87	48.70	71 845.59	100%
草畜平衡区	23 844.13	30.36	22 638.39	19.43	46 826.56	50.21	93 309.08	100%
总样本	19 052.03	26.90	22 818.98	23.84	37 967.49	49.27	79 838.50	100%

如表 3-29 所示，就总样本而言，当前北方农牧交错区农牧民户均总收入为 79 838.50 元，其中，户均非农牧收入为 37 967.49 元，占家庭总收入的比重为 49.27%，户均农业收入为 19 052.03 元，占家庭总收入的比重为

26.90%，户均牧业收入为 22 818.98 元，占家庭总收入的比重为 23.84%。以上数据表明，当前北方农牧交错区农牧民家庭收入以非农牧收入为主，其次为农业收入，牧业收入在家庭收入中所占比重最低。

（2）北方农牧交错区农牧民收入稳定性状况。农牧民收入稳定性指数反映了其收入来源渠道的多样性与均衡程度，通过收入来源渠道的多少与收入在各项收入中分布的均衡程度来表征农牧户收入稳定性的高低。鉴于此，本书采用收入稳定性指数表征农牧民收入稳定性。根据香农·威纳（Shannon-wiener）多样性测算方法对农牧民收入稳定性进行测算，当稳定性数值为 0 时，表明农牧民仅有一种收入来源，收入稳定性程度往往较低；稳定性数值越高，表明收入来源越多，各收入占比越均匀，农牧民抗风险能力与逆返贫的能力越强，收入的稳定性也随之越高。计算公式为：

$$Stability = -\sum_{i=1}^{s} p_i \ln p_i \qquad (3-1)$$

式（3-1）中：$Stability$ 为农牧民收入稳定性指数，p_i 为农牧民家庭的某项收入来源占总收入的比重，s 表示收入来源的种类。

在测算收入稳定性的同时，统计了农牧民的收入多样性。收入多样性采用家庭获取的各项收入的种类来计算，即对农牧民获取收入的每种来源渠道赋值为 1，如农牧民通过农业与牧业获得收入，则其收入多样性为 2。收入稳定性及收入多样性的测算结果如表 3-30 所示。

表 3-30　北方农牧交错区农牧民收入多样性及稳定性状况

样本分类	收入多样性	收入稳定性
禁牧区	3.28	0.88
草畜平衡区	3.16	0.88
总样本	3.23	0.88

如表 3-30 所示，就总样本而言，当前北方农牧交错区户均家庭收入多样性指数为 3.23，即农牧民至少通过 3 种渠道获取家庭收入。对样本的统计发现，农业、牧业与转移性收入 3 种渠道为当前农牧民获取收入来源的主要渠道，表明就收入来源渠道而言，当前农牧民获取收入来源仍主要依靠对当地耕地或草地资源的利用为主。家庭收入稳定性指数为 0.88，表明当前

农牧民家庭收入来源渠道仍处于较为单一的水平，收入稳定性较差，应对收入波动冲击的能力仍然较弱。

3.3 草原生态补奖政策实施背景下农牧民生计现存问题

3.3.1 农牧民分化显著

北方农牧交错区草原生态补奖政策实施以来，农牧民内部呈现出明显的分化趋势。就农牧民职业维度的水平分化而言，草原生态补奖政策实施以来，农牧民家庭劳动力通过外出务工的形式实现非农牧就业的比例明显升高，低水平的水平分化与高水平的水平分化均呈现增高趋势。就农牧民收入维度的垂直分化而言，当前兼业为主的生计类型已成为农牧民主要的生计策略选择，农牧民兼业化程度呈现不断提高的态势。草原生态补奖政策实施背景下，农牧民收入维度的垂直分化与所获补奖金额呈现出两极分化的态势，兼业化程度越高，所获补奖金额越少，牧业收入在家庭总收入中所占比重越高的农牧民所获补奖金额越高。草原生态补奖政策实施背景下，农牧民生计分化显著，但描述性统计分析的结果表明，草原生态补奖与农牧民职业维度的水平分化与收入维度的垂直分化的关系呈现出两种不同的特点，有必要基于实地调研获取的农牧民微观数据，实证分析草原生态补奖政策对农牧民生计分化具有怎样的影响。

3.3.2 生计缓冲能力弱

生计资本作为农牧民生计的核心与基础，是农牧民应对各种风险与冲击，选择合适的生计策略以实现自身生计目标的基础。但当前北方农牧交错区农牧民生计资本总值较低，生计缓冲能力极弱，且生计资本存在属性间的差异，表现为自然资本与社会资本相对较为匮乏，人力资本、金融资本与物质资本相对较为丰富。具体而言，农牧民的人力资本与金融资本远高于自然资本、社会资本和物质资本。而草原生态补奖政策实施成败的关键在于提升农牧民的生计资本，增强农牧民的谋生能力。在此背景下，有必要分析草原生态补奖政策对农牧民生计资本具有怎样的影响，分析通过草原生态补奖政策的实施以增强农牧民生计资本是否具有可行性。

3.3.3 牧业生计活动与补奖目标相悖

草原生态补奖政策的目标在于通过给予采取禁牧与草畜平衡措施的农牧民以禁牧补助或草畜平衡，鼓励农牧民采取减畜行为，以实现合理控制牲畜数量，缓解草原超载过牧的压力。但当前北方农牧交错区农牧民牧业生计活动中的减畜行为与牲畜养殖数量均存在与草原生态补奖政策目标相悖的问题。具体而言，就农牧民的减畜行为而言，第一轮草原生态补奖政策实施初期，农牧民户均养羊数量曾出现明显但短暂的减少趋势，但随着政策进入新一轮实施期，户均养羊数量不降反而呈现大幅反弹的趋势，户均减畜率也呈现出虽比率逐渐增高，但实际减畜率始终不高的趋势；且由于补奖金额与草地面积挂钩，补奖金额更多的是给予了未发生减畜行为的农牧户，补奖金额与农牧户减畜之间存在错配问题，这与政府希望通过草原生态补奖政策的实施以促进农牧户减畜的初衷是背道而驰的，在一定程度上表明了草原生态补奖政策的失效。就农牧民家庭牲畜数量而言，当前北方农牧交错区农牧民户均牲畜数量与补奖金额之间大致呈现正向关系，即所获补奖金额越多，农牧民家庭牲畜数量越多，补奖金额与牲畜数量之间同样存在一定程度的错配关系。就农牧民继续从事牧业生产的意愿而言，北方农牧交错区农牧民继续从事牧业生产的意愿总体而言并不高，且农牧民继续从事牧业生产的意愿存在区域差异，草畜平衡区农牧民继续从事牧业生产的意愿显著高于禁牧区。

3.3.4 生计对草地资源依赖度高

通过生计活动、劳动力就业以及收入三方面衡量的农牧民生计对草地资源的依赖度均表明，当前北方农牧交错区农牧民生计对草地资源具有较高水平的依赖度，通过利用草地资源获取的收入在家庭总收入中仍占有较高水平，与草地资源利用密切相关的生计活动在农牧民家庭总生计活动中仍占有重要地位，与草地资源利用密切相关的牧业等行业仍然是劳动力重要的就业行业。农牧民生计对草地资源依赖度高的现实状况显然不利于政府希望通过草原生态补奖政策的实施以减少人类活动对草原生态的扰动，进而促进草原生态恢复政策目标的实现。

3.3.5　收入稳定性水平较低

当前北方农牧交错区农牧民家庭收入对农业与牧业收入的依赖度仍然较高，收入来源渠道较为单一，且收入稳定性仍处于较低水平，家庭收入应对风险波动冲击的能力仍然较弱。就具体的收入来源渠道而言，农业、牧业与包括草原生态补奖在内的转移性收入三种渠道仍为当前农牧民获取收入来源的重要渠道，农牧民获取收入来源仍主要依靠对当地耕地或草地资源的利用为主。农牧民收入与区域生态，尤其是草原生态保护之间的矛盾尖锐，在草原生态脆弱，而农牧民家庭收入与生计对草地资源依赖度高的的现实背景下极易陷入"生态—贫困"的恶性循环陷阱。

3.4　本章小结

厘清研究对象的现状，找出研究对象存在的问题是研究顺利开展的基础。基于此，本章着重分析了北方农牧交错区草原生态补奖政策与农牧民生计的现状及存在的问题。具体而言：

（1）分析了北方农牧交错区草原生态补奖的政策演变，开展的政策实践，在此基础上，分别从宏观视角和农牧民微观视角对草原生态补奖政策的实施效果展开了评价，得出草原生态补奖政策的实施实现了较好的生态效应和社会效应，但经济效应不高。

（2）分析了草原生态补奖政策背景下农牧民分化、生计资本、牧业生计、生计对草地资源依赖度、收入及收入稳定性的现状，得出当前农牧民生计存在分化显著，生计缓冲能力弱，牧业生计活动与补奖政策目标相悖，生计对草地资源依赖度高以及收入稳定性处于较低水平等问题。

第4章 草原生态补奖政策对农牧民分化的影响

本书在第3章中对草原生态补奖政策实施背景下北方农牧交错区农牧民分化的现状进行了初步分析，初步总结得出了草原生态补奖政策实施前后农牧民水平分化的变化以及当前草原生态补奖与农牧民垂直分化之间的关系。由于北方农牧交错区农牧民收入水平相对较低，基础公共服务尚未完善，伴随着城镇化进程的推进、草原生态补奖政策的实施和非农牧就业机会的增多，越来越多的农牧民选择脱离农业和牧业生产，转而前往城镇从事非农牧行业，农牧民家庭非农牧劳动力就业与收入占比均呈现增高的趋势（孔德帅等，2016b）。草原生态补奖政策作为强制性的行政命令性政策，通过给予禁牧补助抑或是草畜平衡奖励以限制农牧民对草地资源的利用是否会对农牧民职业维度的水平分化与收入维度的垂直分化产生影响，产生怎样的影响？本章将借助北方农牧交错区 388 份农牧民微观数据，通过实证分析草原生态补奖政策对农牧民分化的影响回答上述问题，进一步厘清草原生态补奖政策与农牧民水平分化和垂直分化之间的关系，为草原生态补奖政策实施背景下如何促进北方农牧交错区农牧民家庭劳动力的合理流动提供一定的实证参考。

4.1 理论分析

北方农牧交错区农民分化是指农牧民由从事农业和牧业生产的同质性农牧民分化为从事农业、牧业和非农牧就业的异质性农牧民。参考现有研究，农牧民分化主要包含职业维度的水平分化和收入维度的垂直分化两个方向，本书将着重从农牧民水平分化和垂直分化两方面分析草原生态补奖政策对农牧民分化的影响。

（1）草原生态补奖政策对农牧民职业维度水平分化的影响。农牧民职业维度的水平分化通常通过农牧民家庭劳动力非农牧就业的比例进行衡量，草原生态补奖政策对农牧民水平分化的影响主要是通过对牧业劳动力要素非农牧转移的影响实现的。草原生态补奖政策中的禁牧补助政策与草畜平衡奖励政策，均涉及农牧民家庭牧业生产活动的调整。对于禁牧区农牧民而言，禁牧补助政策的实施意味着家庭牧业生产活动必须由原先的粗放放牧转变为完全的舍饲圈养，牧业生产方式的转变意味着牧业生产成本的上升，在禁牧补助无法弥补农牧民因禁牧而造成的牧业生产成本上升时，农牧民具有两种可能的选择：一是选择在获取草原生态补奖的同时，采取"偷牧""夜牧"等违规放牧的形式以降低牧业生产成本，继续从事牧业生产；二是在获取草原生态补奖的同时，选择采取缩小牧业生产规模，甚至是退出牧业生产的方式，转而寻求新的生计方式。在第一种情境下，农牧民选择通过采取"偷牧""夜牧"的方式继续从事牧业生产导致家庭劳动力要素并未因草原生态补奖政策的实施而出现向非农牧就业转移的态势，甚至是因"偷牧""夜牧"需要更多的劳动力投入而导致劳动力向非农牧就业转移受到限制。而在第二种情境下，农牧民选择缩小牧业生产规模，甚至是退出牧业生产，势必意味着家庭牧业劳动力需要通过农业就业，抑或是通过非农牧就业实现家庭劳动力的非农牧就业转移。在此情形下，草原生态补奖政策的实施将通过促进农牧业家庭劳动力的非农牧就业转移而对农牧民职业维度的水平分化产生促进作用。同理，草畜平衡奖励政策实施情境下，草原生态补奖对农牧民职业维度水平分化的影响也会因农牧民采取的适应性措施的差异而产生不同的结果。基于以上分析，本章提出如下假设：

假设 4 - 1：草原生态补奖政策对农牧民职业维度的水平分化具有影响，但影响方向并不确定。

（2）草原生态补奖政策对农牧民收入维度垂直分化的影响。农牧民收入维度的垂直分化通常用家庭非农牧收入占比衡量，草原生态补奖政策对农牧民垂直分化的影响主要是通过对家庭非农牧收入的影响实现的。如前文所述，无论是草原生态补奖政策中的禁牧补助抑或是草畜平衡奖励，其对农牧民家庭职业维度水平分化的影响会因农牧民采取的适应性措施的差异而产生不同的结果。相应地，草原生态补奖对农牧民收入维度垂直分化的影响也会因农牧民采取的适应性措施的不同而产生差异性的结果。具体而言，草原生态补奖政策实施背景下，农牧民若不严格遵循禁牧或草畜平衡规定，通过采取"偷牧""夜牧"或"超载过牧"的方式选择继续从事牧业生产，维持或扩大原有的牧业生产规模，将限制家庭劳动力要素由农牧就业向非农牧就业转移，进而对家庭非农牧就业收入的增加产生不利的影响。而在农牧民严格遵循禁牧或草畜平衡规定，选择通过直接减少牲畜数量的方式，或是通过舍饲圈养的方式间接减畜以减少对草地资源利用的情境下，农牧民势必选择通过农业或非农牧就业的方式实现原先从事牧业生产的劳动力的非牧业就业方式的转移，相应的家庭非农牧就业收入会出现增加的态势。基于以上分析，本章提出如下假设：

假设 4-2：草原生态补奖政策对农牧民收入维度的垂直分化具有影响，但影响方向并不确定。

4.2 变量选取与模型设立

4.2.1 数据、变量选取与描述性统计

本章所用数据来自 2017 年 7 月笔者赴宁夏回族自治区盐池县和内蒙古自治区鄂托克旗开展的实地调研。该调研共发放并收回有效问卷 388 份，其中盐池县 244 份，鄂托克旗 144 份。样本覆盖宁夏盐池县与内蒙古鄂托克旗的 13 个乡镇（苏木）57 个村（嘎查）。

（1）因变量。本章的因变量为农牧民职业维度的水平分化和收入维度的垂直分化，两变量的界定及测度与第 3 章一致，即：农牧民职业维度的水平分化采用家庭从事非农牧就业的劳动力与家庭总体劳动力之比测度；农牧民收入维度的垂直分化采用家庭牧业收入、农业收入与非农牧收入（不包括草原生态补奖收入）占家庭总收入的比重测度，将农牧民划分为牧业为主型、农业为主型、均衡型、高兼型与深兼型五种类型。

（2）关键自变量。参考现有研究成果（Gao L et al.，2016；王海春等，2017；王丹、黄季焜，2018），本章选取补奖金额表征草原生态补奖政策，

作为关键变量分析草原生态补奖政策对农牧民职业维度水平分化和收入维度垂直分化的影响。其中禁牧区宁夏盐池县补奖金额为 2016 年农牧民所获取的禁牧补助，草畜平衡区内蒙古鄂托克旗包括草畜平衡奖励和季节性休牧补助两部分。

（3）控制变量。本章选取户主特征、家庭特征和区位特征作为控制变量。由于户主在家庭生产决策中往往扮演着决策者的角色，选取户主的性别、年龄、受教育年限与是否外出务工表征户主特征；选取家庭劳动力平均受教育年限、平均年龄和家庭抚养比表征家庭特征；选取当地草地退化程度和距离乡镇的距离表征区位特征。各变量的界定及描述性统计结果如表 4-1 所示。

表 4-1　变量界定与描述性统计

变量名称	变量界定及赋值	均值	标准差	最小值	最大值
水平分化	非农牧就业劳动力与家庭总劳动力之比	0.305	0.354	0	1
垂直分化	1＝牧业为主型，2＝农业为主型，3＝均衡型，4＝高兼型，5＝深兼型	3.18	1.419	1	5
补奖金额	草原生态补奖金额（万元）	0.171	0.351	0	3.4
户主特征					
性别	男＝1，女＝0	0.974	0.159	0	1
年龄	户主年龄（岁）	54.763	10.159	24	80
受教育年限	户主受教育年限（年）	5.657	3.460	0	18
是否外出务工	1＝是，0＝否	0.309	0.463	0	1
家庭特征					
平均受教育年限	劳动力平均受教育年限（年）	5.628	3.623	0	18
平均年龄	劳动力平均年龄（岁）	41.629	16.956	0	64
家庭抚养比	需抚养人口数与家庭总人口之比	0.300	0.322	0	1
区位特征					
到乡镇的距离	距离最近乡镇的距离（千米）	15.015	13.269	0	130
草地退化程度	1＝未退化，2＝不严重，3＝较严重，4＝很严重	1.887	0.752	1	4
区域虚拟变量	0＝宁夏，1＝内蒙古	0.629	0.484	0	1

4.2.2　模型设立

（1）Tobit 模型。根据家庭从事非农牧就业的劳动力与家庭总体劳动力之比测算得出的因变量农牧民职业维度的水平分化的取值范围在 0~1 之间，属于截断变量，在分析草原生态补奖政策对农牧民职业维度的水平分化时，为避免估计结果有偏且不一致，采用 Tobit 模型进行回归。基于以上分析，本书设立如下所示的模型表达式：

$$VD = \alpha_0 + \alpha_1 subsidy + \sum_{i=1}^{4} \beta_i HH_i + \sum_{i=1}^{3} \gamma_i FM_i$$

$$+ \sum_{i=1}^{2} \delta_i LC_i + \theta YC + \varepsilon \tag{4-1}$$

式（4-1）中 VD 为农牧民职业维度的水平分化程度；$subsidy$ 为补奖金额；HH_i 是衡量户主特征的一组变量，FM_i 是衡量家庭特征的一组变量，LC_i 是衡量区位特征的一组变量，YC 是区域虚拟变量；ε 为随机扰动项。

（2）Oprobit 模型。根据农牧民家庭牧业收入、农业收入与非农牧收入（不包括草原生态补奖收入）占家庭总收入的比重测算、划分得出五种不同垂直分化程度的农牧民，为五项有序变量，数值越大表示农牧民的垂直分化程度越深，收入和生计对农牧业生产的依赖程度越低，故需建立多元有序选择模型。其中，处理多分类离散数据的有序 Probit 模型是理想的估计方法。在有序 Probit 模型中，作为被解释变量的观测值 y 表示排序结果，其取值为整数。解释变量是可能影响被解释变量排序的各种因素，可以是多个解释变量的集合，即向量。本书设立的有序 Probit 模型表达式如下：

$$ID = b_0 + b_1 subsidy + \sum_{i=1}^{4} \vartheta_i HH_i + \sum_{i=1}^{3} \mu_i FM_i$$

$$+ \sum_{i=1}^{2} \pi_i LC_i + \rho YC + \omega \tag{4-2}$$

式（4-2）中 ID 为农牧民收入维度的垂直分化程度；$subsidy$ 为补奖金额；HH_i 是衡量户主特征的一组变量，FM_i 是衡量家庭特征的一组变量，LC_i 是衡量区位特征的一组变量，YC 是区域虚拟变量；ω 为随机扰动项。

4.3 实证结果分析

在进行模型回归之前，首先对变量进行了多重共线性检验，多重共线性检验结果表明，最大的方差膨胀因子为2.30，平均方差膨胀因子为1.55，均远小于10，故不存在严重的多重共线性问题。在此仅列出以补奖金额为因变量的检验结果（表4-2）。

表4-2 多重共线性检验结果

被解释变量	解释变量	VIF	解释变量	VIF
	家庭抚养比	2.30	区域虚拟变量	1.16
	平均受教育年限	2.16	距最近乡镇的距离	1.10
补奖金额	平均年龄	2.16	是否外出务工	1.07
	受教育年限	1.80	草地退化严重程度	1.07
	年龄	1.68	性别	1.03

4.3.1 草原生态补奖政策对农牧民职业维度水平分化的影响

在进行多重共线性检验后，运用Stata14.0软件就草原生态补奖政策对农牧民职业维度的水平分化进行了Tobit回归估计，回归结果如表4-3所示。

表4-3 草原生态补奖政策对农牧民水平分化影响的回归结果

变量	Tobit回归结果	OLS回归结果
补奖金额	0.146**	0.054**
	(0.078)	(0.031)
性别	−0.078	−0.025
	(0.168)	(0.073)
年龄	0.012***	0.006***
	(0.004)	(0.002)
受教育年限	0.039***	0.013***
	(0.011)	(0.004)
是否外出务工	1.036***	0.572***
	(0.069)	(0.027)

（续）

变量	Tobit 回归结果	OLS 回归结果
平均受教育年限	0.108 ***	0.041 ***
	(0.013)	(0.005)
平均年龄	0.003	0.000
	(0.003)	(0.001)
家庭抚养比	0.054	0.008
	(0.131)	(0.056)
距最近乡镇的距离	0.003	0.001
	(0.002)	(0.001)
草地退化严重程度	−0.005	0.002
	(0.038)	(0.014)
区域虚拟变量	0.164 ***	0.076 ***
	(0.062)	(0.026)
常数项	−1.438 ***	−0.424 ***
	(0.349)	(0.154)
Log likelihood	−209.477	—
Prob>$chi2$	0.000	
Pseudo R^2	0.438	
Prob>F	—	0.000
R-squared	—	0.652

注：*、** 和 *** 分别代表在10%、5%和1%的统计水平上显著，括号中数字为标准误。

（1）草原生态补奖政策。如表4-3所示，Tobit模型的回归结果显示，补奖金额对农牧民职业维度水平分化的影响通过了5%的显著性检验，且回归系数为正，表明草原生态补奖政策对农牧民职业维度的水平分化具有显著的正向影响，即补奖金额越多，家庭劳动力从事非农牧就业的比例越高，农牧民职业维度的水平分化程度越高。可能的原因如前文所述，草原生态补奖政策实施背景下，政府通过给予采取禁牧或草畜平衡措施的农牧民以禁牧补助和草畜平衡奖励，以减少农牧民对草地资源的利用，促进草原生态的恢复。在此情境下，部分农牧民将不得不选择缩小牧业生产规模，甚至是退出牧业生产，即部分农牧民通过调整牧业生产规模的方式或者转业转产的方式退出牧业生产，势必意味着家庭原先投入牧业生产的劳动力将不得不通过非农牧就业的形式实现再就业，由此引致草原生态补奖政策促进了农牧民职业维度的水平分化。至此，本章的假设4-1得到验证，即草原生态补奖政策对农牧民职业维度的水平分化具有显著影响，且具有显著的正向促进作用。

（2）控制变量。如表4-3所示，Tobit模型的回归结果显示，户主年龄、受教育年限与是否外出务工对农牧民职业维度水平分化的影响均通过了1‰的显著性检验，且回归系数均为正，表明户主年龄、受教育年限与外出务工对农牧民职业维度的水平分化具有显著的正向影响，即户主年龄越大，受教育程度越高，家庭劳动力从事非农牧就业的比例越高，农牧民职业维度的水平分化程度越高，户主选择外出务工也可导致农牧民职业维度的水平分化程度升高。可能的原因在于，通过实地调研发现，北方农牧交错区户主在家庭中的角色存在两种情形，一种是户主为家庭的主要劳动力，承担着抚育子女和照顾老人的双重负担，在此情境下，户主作为家庭主要的劳动力，通常选择外出务工的方式获取更高的收入以维持家庭日常的开支；另一种是户主并非家庭的主要劳动力，往往是仅具有部分或者完全不具有劳动能力的家庭成员，在北方农牧交错区特殊的生产生活条件下，此类户主多选择与子女共同居住，其虽仍为户主，但往往由子女照料赡养，家庭中的劳动力往往同样承担着抚育子女和照顾老人的双重负担，往往通过选择外出务工的方式获取更高的收入。以上两种情景导致户主的年龄越大，家庭职业维度的水平分化程度越高。户主受教育年限越长，外出务工的能力往往越强，选择通过外出务工的方式实现非农牧就业的可能性往往越高。

如表4-3所示，Tobit模型的回归结果显示，家庭劳动力平均受教育年限对农牧民职业维度水平分化的影响通过了1‰的显著性检验，且回归系数均为正，表明家庭劳动力平均受教育年限对农牧民职业维度的水平分化具有显著的正向影响，即家庭劳动力受教育年限越长，家庭劳动力从事非农牧就业的比例越高，农牧民职业维度的水平分化程度越高。可能原因在于，家庭劳动力平均受教育年限越长，意味着家庭劳动力非农牧就业的能力越强，选择通过外出务工实现非农牧就业的可能性往往越高，相应的家庭劳动力非农牧就业比例越高，农牧民职业维度的水平分化程度越高。

为检验上述Tobit模型回归的结果的稳健性，本书采用OLS模型对回

归结果进行了稳健性检验。OLS 模型的回归结果如表 4-3 所示，各变量的
回归系数方向与显著度高度一致，表明 Tobit 模型的回归结果是稳健可
靠的。

4.3.2　草原生态补奖政策对农牧民收入维度垂直分化的影响

在进行多重共线性检验后，运用 Stata14.0 软件就草原生态补奖政策对
农牧民收入维度的垂直分化进行了 Oprobit 回归估计，回归结果如表 4-4
所示。

表 4-4　草原生态补奖政策对农牧民垂直分化影响的回归结果

变量	Oprobit 回归结果	Tobit 回归结果	OLS 回归结果
补奖金额	−0.139	−0.319	−0.162
	(0.159)	(0.348)	(0.238)
性别	0.288	0.562	0.338
	(0.335)	(0.732)	(0.313)
年龄	0.009	0.017	0.014*
	(0.007)	(0.015)	(0.009)
受教育年限	−0.005	−0.015	−0.008
	(0.021)	(0.046)	(0.028)
是否外出务工	0.083	0.157	0.121
	(0.121)	(0.265)	(0.165)
平均受教育年限	0.015	0.031	0.027
	(0.022)	(0.048)	(0.026)
平均年龄	0.007	0.016	0.010
	(0.005)	(0.010)	(0.006)
家庭抚养比	0.543**	1.254**	0.812**
	(0.256)	(0.559)	(0.331)
距最近乡镇的距离	0.000	0.001	0.000
	(0.004)	(0.009)	(0.006)
草地退化严重程度	−0.066	−0.147	−0.092
	(0.075)	(0.163)	(0.105)
区域虚拟变量	0.264**	0.572**	0.350**
	(0.121)	(0.264)	(0.160)

（续）

变量	Oprobit 回归结果	Tobit 回归结果	OLS 回归结果
常数项	—	0.507	1.251
	—	(1.447)	(0.768)
Log likelihood	−609.893	−669.587	—
Prob>$chi2$	0.294	0.285	—
Pseudo R^2	0.011	0.010	—
Prob>F	—	—	0.071
R-squared	—	—	0.038

注：*、**和***分别代表在10%、5%和1%的统计水平上显著，括号中数字为标准误。

（1）草原生态补奖政策。如表4-4所示，Oprobit模型的回归结果显示，补奖金额对农牧民收入维度垂直分化的影响未通过显著性检验，但就影响方向而言，补奖金额与农牧民收入维度的垂直分化具有负向影响，即补奖金额越高，家庭非农牧收入占总收入的比重越低，农牧民收入维度的垂直分化越低。第3章中对样本的描述性统计也发现，北方农牧交错区农牧民收入维度的垂直分化与所获补奖金额呈现负向关系的特点，户均所获补奖金额由牧业为主型的2 184.13元下降到深兼型的1 214.92元，即随着农牧民收入维度垂直分化的加深，其所获补奖金额总体上呈现出明显的减少态势。分区域数据同样呈现出上述态势。模型回归结果与对样本的描述性统计结果均表明，草原生态补奖政策实施背景下，农牧民收入维度的垂直分化与所获补奖金额呈现出两极分化的态势，所获补奖金额越少，家庭非农牧收入在家庭总收入中所占比重越高，垂直分化程度越低；所获补奖金额越多，牧业收入在家庭总收入中所占比重越高，垂直分化程度越深，这与本章的假设4-2相悖离。可能的原因在于：一方面，实地调研中发现，当前北方农牧交错区农牧民"偷牧""夜牧"和"超载过牧"等违规放牧行为仍较为普遍，在部分地区甚至几近公开化，且高达91.05%的农牧民认为草原生态补奖政策实施后家庭牧业生产成本显著增加。在此情境下，农牧民在短期内出于生存理性的考虑，获取草原生态补奖后不是选择采取禁牧或草畜平衡措施，而是选择通过扩大牧业生产规模的方式以维持或增加家庭收入，相应地导致获取草原生态补奖越多的农牧民家庭牧业收入在总收入中所占的比重往往越高，非农牧收入占比往往越低，农牧民收入维度的垂直分化程度越低。另一方面，样本区域农牧民的生产活动包括牧业、农业与非农牧就业，农牧民选择采取禁牧或草畜平衡措施后，并不意味着所产生的剩余劳动力必定要由牧业转移到非农牧就业，农牧户还可能选择从事农业生产。对样本的进一步统计发现，当前北方农牧交错区人均旱地面积为 7.50 亩，人均水浇地面积为 7.46 亩，北方农牧交错区农业生产对因农牧民采取禁牧或草畜平衡措施而引致的剩余劳动力具有较强的吸纳能力。

（2）控制变量。如表 4-4 所示，Oprobit 模型的回归结果显示，家庭抚养比对农牧民收入维度的垂直分化的影响通过了 5% 的显著性检验，且回归系数为正，表明家庭抚养比对农牧民收入维度垂直分化具有显著的正向影响，即家庭抚养比越高，农牧民收入维度的垂直分化程度越高。可能的原因在于，家庭抚养比越高意味着家庭的抚养负担越重，农业与牧业就业所获得收入往往低于非农牧就业收入，迫于家庭抚养比较高引致的生计压力，农牧民家庭需要通过外出务工等形式的非农牧就业获取更多的非农牧收入以增加家庭的收入。为从收入与生计两方面体现农牧民收入维度的垂直分化，本书采用非农牧收入占比来衡量农牧民收入维度的垂直分化，非农牧收入占比越高，农牧民家庭收入维度的垂直分化程度越深，相应地上述因家庭抚养比较高引致的家庭非农牧收入的增加势必会引致农牧民家庭收入维度垂直分化的加深。

本书在运用 Oprobit 模型就草原生态补奖政策对农牧民收入维度垂直分化的影响进行回归的同时，为验证回归结果的稳健性，选用 Tobit 模型和 OLS 模型进行稳健性检验，回归结果如表 4-4 所示。3 个模型的回归结果中回归系数的方向与显著度高度相似，表明 Oprobit 模型的回归结果具有稳健性。

4.4　本章小结

本章利用北方农牧交错区 388 份农牧民微观数据，就草原生态补奖政策对农牧民分化的影响进行了实证分析，研究结论如下：

（1）草原生态补奖政策对北方农牧交错区农牧民分化具有影响，但对农牧民职业维度的水平分化与收入维度的垂直分化的影响方向存在差异。

（2）草原生态补奖政策对农牧民职业维度的水平分化具有显著的正向影响。农牧民所获补奖金额越高，家庭劳动力从事非农牧就业的比重越高，相应的职业维度的水平分化程度越高。此外农牧民职业维度的水平分化还受户主特征与家庭特征的影响，即：户主年龄越大，受教育程度越高，家庭劳动力从事非农牧就业的比例越高，农牧民职业维度的水平分化程度越高；家庭中户主选择外出务工的农牧民职业维度的水平分化程度越高；家庭劳动力受教育年限越长，家庭劳动力从事非农牧就业的比例越高，农牧民职业维度的水平分化程度越高。

（3）草原生态补奖政策对农牧民收入维度的垂直分化虽不具有显著影响，但就影响方向而言具有负向影响。当前农牧民"偷牧""夜牧"和"超载过牧"等违规放牧行为较为普遍，草原生态补奖政策的实施普遍导致家庭牧业生产成本显著增加的背景下，农牧民在短期内受自身生存理性的影响，更多的是在获取草原生态补奖后选择扩大牧业生产规模；北方农牧交错区农牧民的生产活动包括牧业、农业与非农牧就业，农牧民选择采取禁牧或草畜平衡措施后，并不意味着富余劳动力必定要由牧业转移到非农牧就业，农牧民还可能选择从事农业生产，且农业生产对因农牧民采取禁牧或草畜平衡措施而引致的剩余劳动力具有较强的吸纳能力。上述双重因素导致了草原生态补奖政策与农牧民收入维度的垂直分化之间存在负向关系。

第 5 章　草原生态补奖政策对农牧民生计资本的影响

本书在第 3 章中对草原生态补奖政策实施背景下北方农牧交错区农牧民生计资本状况进行了测算，得出当前农牧民生计资本总值普遍不高，生计缓冲能力极弱，且生计资本存在属性间的分异的结论。生计资本作为农牧民生计的基础与核心，通过草原生态补奖政策的实施以提升农牧民的各项生计资本，增强农牧民谋生能力，是政策实施成败的关键。鉴于此，本章将借助北方农牧交错区 376 份农牧民微观数据，在第 3 章测算农牧民生计资本的基础上，通过实证分析草原生态补奖对农牧民生计资本总值以及包括自然资本、人力资本、物质资本、金融资本与社会资本在内的五项生计资本的影响，以厘清草原生态补奖政策对农牧民生计资本的具体影响，为如何通过草原生态补奖政策的实施以提高农牧民的生计资本提供一定的实证参考。

5.1　理论分析

农牧民作为北方农牧交错区草原生态补奖政策重要利益相关者与主要的参与者，在自然因素、市场因素以及政策因素等多重因素叠加造成的脆弱性风险环境中，生计资本作为其家庭生计的核心与基础，家庭所拥有的生计资本会影响其对草地资源的利用方式，进而影响草原生态补奖政策的执行效率，如何通过草原生态补奖政策的实施提升农牧民的生计资本，进而改变其对草地资源的利用方式是政策成败的关键。鉴于此，有必要基于实地调研获取的微观数据分析草原生态补奖政策对农牧民生计资本的影响。

围绕生态补偿对农牧民生计资本的影响，学术界尚未形成统一的认识。

部分学者研究认为生态补偿政策的实施有利于促进农户家庭生计资本的增加，对提升农户的生计资本禀赋具有积极的作用。赵雪雁等（2013）基于实地调研获取的退牧还草工程实施前后农户家庭生计资本的微观数据，通过构建农户生计资本的测算指标体系，对比工程实施前后农户生计资本的变化得出，退牧还草工程实施后家庭生计资本总值得到增加，就具体的五项生计资本而言，除自然资本下降外，其余包括人力资本等在内的四项生计资本均得到增加。胡国建等（2018）基于福建闽江源国家级自然保护区农户调研数据通过分析同样得出上述结论。也有学者认为生态补偿的实施对提高农户生计资本的帮助并不大。张磊磊和支玲（2014）基于实地调研获取的云南省丽江市玉龙县农户的微观调研数据，通过构建指标体系测算得出生态补偿的实施导致农户的物质资本与金融资本得到增加，但自然资本减少，人力资本和社会资本没有明显变化。上述研究多是基于实地调研获取的农户微观调研数据，在测算农户生计资本的基础上，对比生态补偿实施前后农户生计资本的变化，得出各种生态补偿政策的实施影响农户生计资本。但由此得出的生态补偿实施前后农户生计资本的差值变化并不能说明生计资本的变化是否与生态补偿的实施有关，鉴于此，有必要基于实地调研获取的农户微观层面的数据，在测算农户生计资本的基础上，就生态补偿对农户生计资本的影响进行实证分析，以厘清生态补偿对农户生计资本的具体影响。

5.2　变量选取与模型设立

5.2.1　数据、变量选取与描述性统计

本章所用数据来自笔者 2017 年 7 月赴宁夏回族自治区盐池县和内蒙古自治区鄂托克旗开展的实地调研。在农牧民生计资本测算时，生计资本的各项权重参照第 3 章确定的生计资本权重。本次调研虽共发放并收回有效问卷388 份，但由于样本农牧民涉及从事农业、牧业以及非农牧生产的不同类型的农牧民，为使本书所构建的生计资本指标体系能够较为全面地反映北方农牧交错区各类农牧民生计资本的状况，在具体的处理过程中对样本农牧民中的个别异常值和缺失值进行了删减处理，最终以 376 份农牧民微观调研数据为样本，测算得出农牧民各项生计资本值，并以此作为因变量，通过实证分

析方法分别分析草原生态补奖政策对农牧民生计资本总值以及包括自然资本、人力资本、物质资本、金融资本与社会资本在内的五项生计资本的具体影响。

（1）因变量。本章在分析草原生态补奖政策对农牧民生计资本的影响时，首先分析草原生态补奖政策对农牧民生计资本总值具有怎样的影响，进而就草原生态补奖政策对农牧民包括自然资本、人力资本、物质资本、金融资本与社会资本在内的五项生计资本具体具有怎样的影响进行分析。相应地，本书的因变量为农牧民的生计资本总值，以及生计资本的具体构成值自然资本、人力资本、物质资本、金融资本与社会资本。上述生计资本总值以及五项生计资本值均基于第3章的生计资本测算指标与权重测算得出。

（2）关键自变量。参考现有研究成果（Gao L et al.，2016；王海春等，2017；王丹、黄季焜，2018），本章选取补奖金额表征草原生态补奖政策，作为关键变量分析草原生态补奖政策对农牧民生计资本的影响。其中禁牧区宁夏盐池县补奖金额为2016年农牧民所获取的禁牧补助，草畜平衡区内蒙古鄂托克旗包括草畜平衡奖励和季节性休牧补助两部分。

（3）控制变量。本章选取户主特征、家庭特征和区位特征作为控制变量。由于户主在家庭生产决策中往往扮演着决策者的角色，选取户主的性别、年龄、受教育年限与是否外出务工表征户主特征；选取家庭是否为政府确定的贫困户、家庭抚养比和外出务工的劳动力占比表征家庭特征；选取当地草地退化程度和距离乡镇的距离表征区位特征。各变量的界定及描述性统计结果如表5-1所示。

表5-1　变量界定与描述性统计

变量名称	变量界定及赋值	均值	标准差	最小值	最大值
生计资本总值	农牧民五项生计资本总值	0.232	0.074	0.097	0.486
自然资本	自然资本值	0.013	0.013	0	0.093
人力资本	人力资本值	0.081	0.024	0.020	0.131
物质资本	物质资本值	0.046	0.017	0.012	0.106
金融资本	金融资本值	0.057	0.028	0	0.188
社会资本	社会资本值	0.035	0.048	0	0.209
补奖金额	草原生态补奖金额（万元）	0.170	0.353	0	3.4

（续）

变量名称	变量界定及赋值	均值	标准差	最小值	最大值
户主特征					
性别	男＝1，女＝0	0.973	0.161	0	1
年龄	户主年龄（岁）	54.670	10.118	24	78
受教育年限	户主受教育年限（年）	5.670	3.451	0	18
是否外出务工	1＝是，0＝否	0.311	0.464	0	1
家庭特征					
是否贫困户	是否政府认定的贫困户：是＝1，否＝0	0.380	0.486	0	1
家庭抚养比	需抚养人口数与家庭总人口之比	0.299	0.320	0	1
外出务工占比	家庭劳动力从事非农牧就业占比	0.308	0.355	0	1
区位特征					
草地退化程度	1＝未退化，2＝不严重，3＝较严重，4＝很严重	1.894	0.755	1	4
到乡镇的距离	距离最近乡镇的距离（千米）	15.139	13.45	0	130
区域虚拟变量	0＝宁夏，1＝内蒙古	0.622	0.485	0	1

5.2.2　模型设立

（1）Tobit 模型。根据第 3 章构建的农牧民生计资本测算指标及权重测算得出的农牧民生计资本总值的取值范围在 0～1 之间，属于截断变量。鉴于此，在分析草原生态补奖政策对农牧民生计资本的总体影响时，为避免估计结果有偏且不一致，采用 Tobit 模型进行回归。基于以上分析，本章设立如下所示的模型表达式：

$$LC = \alpha_0 + \alpha_1 subsidy + \sum_{i=1}^{4} \beta_i HH_i + \sum_{i=1}^{3} \gamma_i FM_i$$
$$+ \sum_{i=1}^{2} \delta_i LC_i + \theta YC + \varepsilon \qquad (5-1)$$

式（5-1）中 LC 为农牧民生计资本总值；$subsidy$ 为补奖金额；HH_i 是衡量户主特征的一组变量，FM_i 是衡量家庭特征的一组变量，LC_i 是衡量区位特征的一组变量，YC 是区域虚拟变量；ε 为随机扰动项。

（2）似不相关回归模型。在分析草原生态补奖政策对农牧民生计资本总值的影响后，本书就草原生态补奖政策对农牧民各项生计资本的具体影响进行了分析。农牧民五项生计资本包括自然资本、人力资本、物质资本、金融资本与社会资本等内容，需要建立五个方程来分析草原生态补奖政策对农牧民各项生计资本的影响。考虑到农牧民上述五项生计资本间可能存在相互影响，导致五个方程之间的扰动项存在相关性，本章选取似不相关回归模型就草原生态补奖政策对农牧民五项生计资本的具体影响进行回归分析。原因在于似不相关回归模型可以系统地减少农牧民五项生计资本对应的五个方程之间残差项扰动带来的估计偏误，有利于提高模型的估计效率。鉴于此，本章在后文的实证分析中采用似不相关回归模型，将农牧民自然资本、人力资本、物质资本、金融资本与社会资本等五项生计资本影响因素的五个方程进行联合估计。

5.3　草原生态补奖政策对农牧民生计资本的影响

在进行模型回归之前，我们首先对变量进行了多重共线性检验，多重共线性检验结果如表 5-2 所示，此处仅列出以补奖金额为因变量的检验结果。检验结果表明，最大的方差膨胀因子为 2.33，平均方差膨胀因子为 1.41，均远小于 10，故不存在严重的多重共线性问题。

表 5-2　多重共线性检验结果

被解释变量	解释变量	VIF	解释变量	VIF
补奖金额	是否外出务工	2.33	距最近乡镇的距离	1.11
	外出务工占比	2.32	家庭抚养比	1.11
	年龄	1.44	是否贫困户	1.10
	受教育年限	1.36	草地退化严重程度	1.07
	区域虚拟变量	1.24	性别	1.03

5.3.1　草原生态补奖政策对农牧民生计资本总值的影响

在对变量进行多重共线性检验之后，运用 stata14.0 就草原生态补奖政策对农牧民生计资本总值的影响进行了回归分析，回归分析的结果如表 5-3 所示。

（1）草原生态补奖政策。如表 5-3 所示，Tobit 模型的回归结果显示，补奖金额对农牧民生计资本总值的影响通过了 1% 的显著性检验，且回归系数为正，表明补奖金额与农牧民生计资本总值之间存在显著的正向相关关系，即补奖金额越多，农牧民生计资本总值越高。由此可以得出草原生态补奖政策的实施对农牧民生计资本总值的增加具有显著的正向促进作用，这与现有的研究认为生态补偿的实施对农牧民的生计资本总量的提高具有积极影响的研究结论相一致（张丽等，2012；赵雪雁等，2013）。同时，补奖金额与生计资本总值之间显著的正相关关系也表明，在北方农牧交错区农牧民生计资本总值偏低，生计缓冲能力弱进而严重制约草原生态补奖政策实施效果发挥的现实背景下，在以现金补偿为主要补奖方式的草原生态补奖政策的实施过程中，通过提高草原生态补奖政策中的禁牧补助与草畜平衡奖励标准，增加农牧民的草原生态补奖收入，提高农牧民的生计资本存量，增强农牧民家庭的谋生能力，进而改变其对草地资源的利用方式，缓解草原生态保护的压力，以更好地发挥草原生态补奖政策保护草原生态与改善农牧民生计状况的政策效果。

表 5-3　草原生态补奖政策对农牧民生计资本总值影响的回归结果

变量	Tobit 回归结果	OLS 回归结果
补奖金额（万元）	0.036***	0.037***
	(0.010)	(0.011)
性别	0.025	0.025
	(0.022)	(0.018)
年龄（岁）	−0.000	−0.000
	(0.000)	(0.000)
受教育年限（年）	0.004***	0.004***
	(0.001)	(0.001)
是否外出务工	−0.030***	−0.030**
	(0.011)	(0.012)
是否贫困户	−0.008	−0.008
	(0.007)	(0.007)
家庭抚养比	−0.046***	−0.045 5***
	(0.011)	(0.012)

（续）

变量	Tobit 回归结果	OLS 回归结果
外出务工占比	0.028*	0.028*
	(0.015)	(0.015)
草地退化严重程度	−0.001	−0.000
	(0.005)	(0.005)
距最近乡镇的距离	0.000	0.000
	(0.000)	(0.000)
区域虚拟变量	0.002	0.003
	(0.008)	(0.008)
常数项	0.207***	0.207***
	(0.035)	(0.033)
Log likelihood	481.638	—
Prob>$chi2$	0.000	—
Pseudo R^2	−0.085	—
Prob>F	—	0.000
R-squared	—	0.182

注：*、** 和 *** 分别代表在 10%、5% 和 1% 的统计水平上显著，括号中数字为标准误。

（2）控制变量。如表 5-3 所示，Tobit 模型的回归结果显示，户主特征值中的受教育年限对农牧民生计资本总值的影响通过了 1% 的显著性检验，且回归系数为正，表明户主受教育年限对农牧民家庭生计资本总值具有显著的正向促进作用，提高户主的受教育年限将有利于增强农牧民家庭的生计资本禀赋。户主是否外出务工对农牧民生计资本总值的影响通过了 1% 的显著性检验，且回归系数为负，表明户主外出务工对农牧民生计资本总值具有显著的负向影响。家庭特征中的家庭抚养比对农牧民生计资本总值的影响通过了 1% 的显著性检验，且回归系数为负，表明家庭抚养比对农牧民家庭生计资本总值具有显著的负向影响，家庭负担越重的农牧民家庭生计资本总值往往偏低，生计缓冲能力更弱。外出务工占比对农牧民生计资本总值的影响通过了 10% 的显著性检验，且回归系数为正，表明外出务工占比对农牧民生计资本总值具有显著的正向影响，家庭劳动力外出务工的比例越高家庭生计资本总值越高，生计缓冲能力越强。

为检验上述 Tobit 模型回归结果的稳健性，本书进一步采用 OLS 模型对回归结果进行了稳健性检验。稳健性检验的回归结果如表 5 - 3 所示，各变量的回归系数方向与显著度高度一致，表明 Tobit 模型的回归结果是稳健可靠的。

5.3.2　草原生态补奖政策对农牧民生计资本影响的分解

在进行迭代式似不相关回归之前，首先对各方程扰动项之间的无同期相关进行了检验，检验结果显示各方程扰动项之间无同期相关的检验 p 值为 0.000，在 1% 的显著性水平上拒绝各方程的扰动项相互独立的原假设。因此，为提高模型的估计效率，采用迭代式似不相关回归进行回归估计（表 5 - 4）。

表 5 - 4　草原生态补奖政策对农牧民五项生计资本影响的回归结果

变量	模型 1（NC）	模型 2（HC）	模型 3（PC）	模型 4（FC）	模型 5（SC）
补奖金额（万元）	0.011***	0.003	0.009***	0.004	0.009
	(0.002)	(0.003)	(0.002)	(0.004)	(0.007)
性别	0.003	−0.001	0.002	0.011	0.011
	(0.004)	(0.005)	(0.005)	(0.009)	(0.015)
年龄（岁）	−0.000	−0.001***	−0.000***	0.000*	0.001**
	(0.000)	(0.000)	(0.000)	(0.000)	(0.000)
受教育年限（年）	−0.000	0.000	0.000	0.001	0.003***
	(0.000)	(0.000)	(0.000)	(0.001)	(0.001)
是否外出务工	0.002	−0.020***	−0.007***	−0.004	−0.002
	(0.002)	(0.003)	(0.003)	(0.005)	(0.008)
是否贫困户	0.001	−0.005**	−0.003**	−0.005	0.003
	(0.001)	(0.002)	(0.002)	(0.003)	(0.005)
家庭抚养比	−0.005**	−0.030***	−0.010***	0.002	−0.003
	(0.002)	(0.003)	(0.003)	(0.005)	(0.008)
外出务工占比	−0.007***	0.034***	0.002	−0.003	0.001
	(0.003)	(0.004)	(0.003)	(0.006)	(0.011)
草地退化严重程度	0.001	−0.002	−0.001	0.002	−0.001
	(0.001)	(0.001)	(0.001)	(0.002)	(0.003)
距最近乡镇的距离	0.000***	−0.000*	0.000	0.000	0.000
	(0.000)	(0.000)	(0.000)	(0.000)	(0.000)

（续）

变量	模型1（NC）	模型2（HC）	模型3（PC）	模型4（FC）	模型5（SC）
区域虚拟变量	−0.003**	0.002	−0.002	0.002	0.003
	(0.001)	(0.002)	(0.002)	(0.003)	(0.006)
常数项	0.015**	0.129***	0.071***	0.021	−0.028
	(0.006)	(0.009)	(0.008)	(0.014)	(0.025)
R-squared	0.217	0.545	0.216	0.041	0.045

注：*、**和***分别代表在10％、5％和1％的统计水平上显著，括号中数字为标准误。

5.3.2.1　草原生态补奖政策对农牧民自然资本的影响

（1）草原生态补奖政策。如表5-4所示，Tobit模型的回归结果显示，补奖金额对农牧民自然资本的影响通过了1％的显著性检验，且回归系数为正，表明草原生态补奖政策对农牧民自然资本具有显著的正向影响，即补奖金额越多，农牧民自然资本越高，这与现有的研究认为现金型生态补偿对自然资本具有正向影响的结论是一致的（吴乐、靳乐山，2018）。可能的原因在于，草原生态补奖政策的补偿方式主要为现金补偿，通过给予农牧民禁牧补助或草畜平衡奖励的方式，以鼓励农牧民采取禁牧或草畜平衡奖励，补奖金额只与农牧民所拥有的草地面积相挂钩。且通过实际调研发现，无论是禁牧区抑或是草畜平衡区，北方农牧交错区农牧民"偷牧""夜牧""超载过牧"等违规放牧行为较为普遍，但农牧民上述不合理的草地资源利用方式在弱监管的政策背景下不会对其获取禁牧补助或草畜平衡奖励产生影响。而草地资源作为农牧民家庭重要的自然资本，在自然资本中占有重要的比重。上述因素导致在草原生态补奖政策以现金补偿为主要的补偿方式下，补奖金额与农牧民自然资本存在正向的相关关系。

（2）控制变量。如表5-4所示，Tobit模型的回归结果显示，家庭抚养比对农牧民自然资本的影响通过了5％的显著性检验，且回归系数为负，表明家庭抚养比对农牧民自然资本具有显著的负向影响，家庭抚养负担越重，农牧民的自然资本越低。可能的原因在于，家庭抚养比越高，意味着家庭需抚养照料的子女或老人的比重越高，而在中国广大的农村地区普遍存在增人不增地，减人不减地的问题，家庭抚养比越高往往意味着家庭人均所拥有的草地面积或耕地面积越少，相应的自然资本越低。外出务工占比对农牧民自然资本的影响通过了 1% 的显著性检验，且回归系数为负，表明外出务工占比对农牧民自然资本具有显著的负向影响，外出务工占比越低，农牧民的自然资本越低。可能的原因在于，家庭劳动力外出务工占比越高，意味着可用于与自然资本相关的农牧业生产活动的劳动力占比越低，相应的实际经营的草地或耕地面积往往更少，而本书所选取的自然资本的测量指标为农牧民家庭实际经营的人均草地或耕地面积，相应地导致家庭劳动力外出务工占比与农牧民家庭自然资本呈现显著的负向相关关系。距最近乡镇距离对农牧民自然资本的影响通过了 1% 的显著性检验，且回归系数为正，表明距最近乡镇距离对农牧民自然资本具有显著的正向影响，距最近乡镇距离越远，农牧民的自然资本越高。可能的原因在于，北方农牧交错区作为人口密度相对较低的区域，距离乡镇越近的地方相较于越远的地方人口密度相对较高，相应的人均所拥有的草地面积或耕地面积越少，家庭自然资本相应地越低。

5.3.2.2　草原生态补奖政策对农牧民人力资本的影响

（1）草原生态补奖政策。如表 5-4 所示，Tobit 模型的回归结果显示，补奖金额对农牧民人力资本的影响未通过显著性检验，但就影响方向而言，回归系数为正，表明草原生态补奖政策对农牧民人力资本虽不具显著影响，但补奖金额与农牧民人力资本呈现正向关系，补奖金额越高，农牧民家庭人力资本越高。可能的原因在于，草原生态补奖政策的补偿方式为现金补偿，现金补偿方式对于增加农牧民家庭人力资本投资，改善家庭人力资本状况具有一定的积极作用。

（2）控制变量。如表 5-4 所示，Tobit 模型的回归结果显示，户主年龄对农牧民人力资本的影响通过了 1% 的显著性检验，且回归系数为负，表明户主年龄对农牧民人力资本具有显著的负向影响，户主年龄越大，农牧民的人力资本越低。可能的原因在于，根据本书家庭人力资本测算所构建的指标体系及变量赋值，户主作为农牧民家庭主要的劳动力，户主年龄越大意味着对其的劳动能力赋值往往越低，且户主年龄越大往往意味着其受教育程度越低，身体健康程度越差，相应的家庭人力资本更低。户主外出务工与家庭抚养比对农牧民人力资本的影响均通过了 1% 的显著性检验，且回归系数均为负，表明户主外出务工与家庭抚养比对农牧民人力资本均具有显著的负向影响，户主外出务工，家庭抚养比越高，农牧民的人力资本越低。可能的原因在于，户主作为家庭主要的劳动力，选择外出务工的动机往往在于获取更多的非农牧收入，这类家庭的抚养比越高家庭负担往往越重，相应的家庭人力资本越低。是否贫困户对农牧民人力资本的影响通过了1‰的显著性检验，且回归系数为负，表明是否为贫困户对农牧民人力资本具有显著的负向影响，贫困户家庭的人力资本往往更低，这与贫困户因病等因素导致的家庭劳动力缺乏而致贫的现实情况相符。外出务工占比对农牧民人力资本的影响通过了1‰的显著性检验，且回归系数为正，表明家庭劳动力外出务工占比对人力资本具有显著的正向影响，劳动力外出务工占比越高，家庭人力资本越高。可能的原因在于，家庭劳动力外出务工占比越高，家庭劳动力的劳动能力越强，相应的家庭人力资本中的劳动能力赋值越高，家庭人力资本越高。

5.3.2.3　草原生态补奖政策对农牧民物质资本的影响

（1）草原生态补奖政策。如表5-4所示，Tobit模型的回归结果显示，补奖金额对农牧民物质资本的影响通过了1‰的显著性检验，且回归系数为正，表明草原生态补奖政策对农牧民物质资本具有显著的正向影响，即补奖金额越多，农牧民物质资本越高。可能的原因在于，草原生态补奖政策作为现金型生态补偿政策，补奖金额越多意味着农牧民家庭可用于购买生产性或生活性物质资料的能力越强，对于改善家庭物质资本状况具有积极的促进作用。且根据本书所构建的物质资本指标体系及确定的权重，牲畜数量在家庭物质资本中占有重要的地位，实际调研中发现，获取补奖金额越高的农牧民，家庭牲畜数量往往越多，相应的家庭物质资本越高。

（2）控制变量。如表5-4所示，Tobit模型的回归结果显示，户主年龄对农牧民物质资本的影响通过了1‰的显著性检验，且回归系数为负，表明户主年龄对农牧民物质资本具有负向影响，户主年龄越大，农牧民物质资本越低。可能的原因在于，户主年龄越大，意味着此类家庭往往多为老年型家庭，从事农牧业生产的劳动力劳动能力往往较差，家中所拥有的生产性物质资料与牲畜数量往往越少，相应的物质资本较低。户主外出务工对农牧民物质资本的影响通过了1‰的显著性检验，且回归系数为负，表明户主外出务工对农牧民物质资本具有负向影响，户主外出务工越多，相应的家庭物质资本越低。可能的原因在于，户主作为家庭主要的劳动力，户主选择外出务工意味着家庭从事农牧业生产的劳动力数量往往越少，相应的家中所有的生产性物质资料与牲畜数量越少，物质资本越低。是否贫困户对农牧民物质资本的影响通过了 1% 的显著性检验，且回归系数为负，表明是否贫困户对农牧民物质资本具有负向影响，贫困户家庭的物质资本往往较低，这与现实情况中贫困户住房条件差，物质生产生活资料缺乏的现实情况相符。家庭抚养比对农牧民物质资本的影响通过了 1% 的显著性检验，且回归系数为负，表明家庭抚养比对农牧民物质资本具有负向影响，家庭抚养比越高，农牧民物质资本越低。可能的原因在于，家庭抚养比越高，意味着家庭生活负担越重，选择通过外出务工等方式获得更多收入的可能性越高，相应的家庭用于农牧业生产的生产性物质资料越少，家庭牲畜数量也往往越少，物质资本越低。

5.3.2.4　草原生态补奖政策对农牧民金融资本的影响

（1）草原生态补奖政策。如表 5 - 4 所示，Tobit 模型的回归结果显示，补奖金额对农牧民金融资本的影响未通过显著性检验，但就影响方向而言，回归系数为正，表明草原生态补奖政策对农牧民金融资本虽不具显著影响，但补奖金额与农牧民金融资本呈现正向关系，补奖金额越高，农牧民家庭金融资本越高。可能的原因在于，草原生态补奖政策的补偿方式为现金补偿，直接的现金补偿方式对于增加农牧民家庭人均可支配收入具有一定的积极作用。现有研究表明生态补偿实施后，家庭金融资本往往会得到增加（张丽等，2012），但本书的回归结果显示，草原生态补奖政策的实施对家庭金融资本的增加虽具有正向作用，但二者之间的关系并不显著，这在一定程度上说明，现有研究中单纯通过构建金融资本的度量指标体系，就生态补偿实施前后农户家庭金融资本度量值的变化多少来判断生态补偿的实施对农户家庭金融资本的影响并不严谨，本书这一回归结果对现有研究做了有益的补充。

（2）控制变量。如表 5 - 4 所示，Tobit 模型的回归结果显示，户主年龄对农牧民金融资本的影响通过了 10% 的显著性检验，且回归系数为正，表明户主年龄对农牧民金融资本具有显著的正向影响，户主年龄越大，金融资本越高。可能的原因在于，对于北方农牧交错区农牧民而言，户主年龄越大，往往意味着其风险意识越强，购买商业保险的可能性越高，相应的金融资本越高。

5.3.2.5　草原生态补奖政策对农牧民社会资本的影响

（1）草原生态补奖政策。如表 5 - 4 所示，Tobit 模型的回归结果显示，补奖金额对农牧民社会资本的影响未通过显著性检验，但就影响方向而言，回归系数为正，表明草原生态补奖政策对农牧民社会资本的影响虽不显著，但补奖金额与农牧民社会资本呈现正向关系，补奖金额越高，农牧民家庭社会资本越高。现有研究表明生态补偿实施后，家庭社会资本往往会得到增加（张丽等，2012），但本书的回归结果显示，草原生态补奖政策的实施对家庭社会资本的增加虽具有正向作用，但二者之间的关系并不显著，这在一定程度上说明，单纯通过构建家庭社会资本的度量指标体系，就生态补偿实施前后农户家庭社会资本度量值的变化多少来判断生态补偿的实施对农户家庭社会资本的影响并不严谨，本书这一回归结果对现有研究做了有益的补充。

（2）控制变量。如表5-4所示，Tobit模型的回归结果显示，户主年龄对农牧民社会资本的影响通过了5%的显著性检验，且回归系数为正，表明户主年龄对农牧民社会资本具有显著的正向影响，户主年龄越大，农牧民社会资本越高。可能的原因在于，在传统的农村人情社会下，户主年龄越大往往意味着家庭在困难时可提供帮助的亲戚数量越多，相应的社会资本越高。户主受教育年限对社会资本的影响通过了1%的显著性检验，且回归系数为正，表明户主受教育年限对农牧民社会资本具有显著正向影响，户主受教育年限越长，农牧民社会资本越高。可能的原因在于，户主受教育年限越长，往往意味着其参与村庄治理的觉悟越高，担任村干部的概率与参与集体事务的频率往往越高，相应的社会资本越高。

5.4　本章小结

生计资本作为北方农牧交错区农牧民生计的核心与基础，通过草原生态补奖政策的实施以增加农牧民的生计资本，增强其谋生能力，进而促进其草地资源利用方式的改变是草原生态补奖政策成败的关键。基于此，本章基于实地调研获取的376份农牧民微观数据，在测算农牧民生计资本的基础上，运用实证分析方法就草原生态补奖政策对农牧民生计资本总值及各项生计资本的影响进行了分析，得出如下结论：

（1）草原生态补奖政策对农牧民生计资本总值具有显著的正向影响。本章的实证结果表明，补奖金额越多，农牧民的生计资本总值越高，表明以现金补偿为主的草原生态补奖政策对增强农牧民的生计资本具有正向的促进作用，通过提高补奖标准，增加农牧民的草原生态补奖收入对于增加农牧民的生计资本总量，提高其谋生能力具有现实的可行性。此外，户主的受教育年限与家庭劳动力外出务工占比对农牧民生计资本总值具有显著的正向影响，而户主外出务工与家庭抚养比对农牧民生计资本总值具有负向影响。

（2）草原生态补奖政策对农牧民生计资本总值的正向影响主要是通过对自然资本与物质资本的正向促进作用实现的。本章的实证结果显示，补奖金额对农牧民自然资本与物质资本均具有显著的正向促进作用，补奖金额越多，农牧民自然资本与物质资本越高，表明草原生态补奖政策对农牧民生计资本的正向促进作用主要是通过促进自然资本与物质资本的增加实现的。此外，家庭抚养比与劳动力外出务工占比对农牧民自然资本具有显著的负向影响，而距最近乡镇的距离对农牧民自然资本具有显著的正向影响。

（3）草原生态补奖对农牧民的人力资本、金融资本与社会资本的影响虽不显著，但就影响方向而言，草原生态补奖政策与上述三种生计资本之间均存在正向关系。本章的实证结果显示，补奖金额虽与农牧民人力资本、金融资本与社会资本并不存在显著的相关关系，但就影响方向而言，补奖金额对上述三种生计资本的增加具有正向作用。此外，户主年龄、外出务工、是否贫困户与家庭抚养比对农牧民物质资本具有显著的负向影响；户主年龄对农牧民金融资本与社会资本均具有正向的促进作用；户主受教育年限对农牧民社会资本具有正向促进作用。

第 6 章 草原生态补奖政策对农牧民牧业生计的影响

牧业生计作为北方农牧交错区农牧民生计活动重要组成部分的同时，极易受到草原生态补奖政策实施的影响。本书在第 3 章中从农牧民减畜行为、牲畜养殖规模与继续从事牧业生产的意愿三方面就北方农牧交错区农牧民的牧业生计状况进行了分析，得出当前农牧民牧业生计存在与草原生态补奖政策目标相悖的问题，草原生态补奖政策的实施在一定程度上存在失效的风险，有必要基于实地调研获取的农牧民牧业生计的微观数据，分析草原生态补奖政策对农牧民牧业生计具有怎样的影响。鉴于此，本章将基于实地调研获取的北方农牧交错区农牧民微观数据，从农牧民减畜行为、牲畜养殖规模与继续从事牧业生产的意愿三方面就草原生态补奖政策对农牧民牧业生计的影响进行实证分析，厘清草原生态补奖对农牧民牧业生计的影响，为如何通过草原生态补奖政策的实施引导农牧民合理地调整牧业生计，为实现草原生态保护与农牧民生计可持续有机结合提供一定的实证支撑。

6.1 理论分析

6.1.1 草原生态补奖政策对农牧民减畜影响的理论分析

草原生态补奖政策实施背景下，减畜主要包含直接减畜和舍饲减畜两种方式，核心思想均是希望根据草场的牲畜承载能力合理控制载畜量（鹿海员等，2016）。但在当前草原牲畜超载率普遍较高的现实背景下，通过直接减畜这一"短平快"的方式减少牲畜数量以解决草原超载过牧的现实问题显得尤为迫切。且对于实施舍饲减畜的区域而言，由于"偷牧""夜牧"等违规放牧行为几近公开化，舍饲减畜效果式微，同样亟须通过直接减畜的方式控制牲畜数量（刘明宇、唐毅，2018）。基于此，本章主要关注草原生态补奖政策实施背景下的农牧民直接减畜行为。参考现有研究成果，将农牧民减畜界定为：在草原生态补奖政策实施背景下，农牧民通过直接减少牲畜数量的方式，以缓解草原超载过牧的压力，同时接受政府给予的一定损失补偿的草原生态保护行为。本章着重从草原生态补奖政策和非农牧就业两方面分析农牧民减畜背后的行为逻辑。

（1）草原生态补奖政策对农牧民减畜的影响。根据外部性和公共产品理论，草原作为人类生存栖息地之一，具有消费的竞争性和受益的非排他性，因而产生价值和经济外部性，属于典型的公共产品（王海春等，2017）。草原生态环境在其供给和消费过程中产生的外部性，需要通过一定的政策手段使其外部性内部化（Viaggi et al.，2011）。生态补偿理论认为，生态补偿的目的是保护与可持续利用生态系统所提供的各项服务，具体实施过程中以经济手段为主要方式，是调节利益相关者利益关系的一种制度安排（冯晓龙等，2019）。自2011年起实施的草原生态补奖政策作为政府为实现草原资源和生态环境可持续利用而建立的一种生态补偿机制，其核心思路是希望通过给予农牧民一定的禁牧补助或草畜平衡奖励，以激励其采取舍饲减畜或直接减畜的方式降低草原的载畜量，减少人类及牲畜对草原生态的扰动，使失调的草原生态重新回归到"草—畜—人"动态调整的平衡状态。即政策的实现路径为："补助或奖励→农牧户减畜行为→政策目标"，处在起始位置的禁牧补助或草畜平衡奖励作为政策路径实现的触发点，补助或奖励的多少将直接影响农牧民减畜行为的发生与否，而处于中间环节的农牧民减畜行为是政策路径得以有效实现的关键。在当前草原牲畜超载率普遍较高，亟须农牧民采取直接减畜的方式控制牲畜数量的现实背景下，本书所界定的减畜行为作为农牧民对草原生态补奖政策做出的重要决策响应，显然会受到政策的影响。基于以上分析，本章提出如下假设：

假设6-1：草原生态补奖政策对农牧民减畜具有显著的影响，但影响方向不确定。

生态经济学中的"生态经济人"假设认为，"生态经济人"既有关注

"成本—收益"的经济理性，同时又有追求生态价值的生态理性，其生产决策受经济理性与生态理性二者博弈的影响（Key N and Roberts M J，2009；周耀治，2014；张炜等，2018）。且当自身的经济利益与生态利益发生冲突时，人们更倾向于维护自身当前的经济利益，而不愿意为生态利益牺牲经济利益（黄文清、张俊飚，2007；谢花林等，2018）。由于北方农牧交错区草原多处于生态脆弱区，长期以来在资源禀赋和环境保护政策的双重约束下，区域内贫困发生率与返贫率居高不下。加之当前草原生态补奖标准过低，弥补牧业成本上升的有效性不足，农牧民多面临牧业收益下降，家庭收入减少的窘境（靳乐山、胡振通，2013；胡振通等，2017），在政府要生态与农牧民求生计之间存在严重的激励不相容问题。而北方农牧交错区草原生态补奖政策成败的关键在于如何实现农牧民生计的有效转换，降低其生计对牧业生产的依赖，有效缓解草原生态环境与农牧民生计之间的矛盾。在补奖收入过低、弥补牧业成本上升、助力家庭生计转换的有效性均不足的情形下，出于家庭自身生计安全的考虑，实现自身利益最大化的经济理性在农牧民牧业生产决策过程中势必发挥着主导作用。农牧民更多的是选择在获取草原生态补助或奖励的同时，采取与减畜相反的生产决策，即扩大牧业生产规模，以期在短期内通过增加牲畜数量的方式实现规模效应，获取更多的经济收益。但随着补奖收入的增加，草原生态补奖弥补牧业成本上升，助力生计转换的有效性均得到增强，农牧民牧业生产决策由实现自身利益最大化的经济理性主导向追求生态价值的生态理性主导转换才具有现实的可能性。在此情形下，农牧民采取减畜行为所需的生计转换能力基础与主导决策理性往往得到满足，在生计能力与生态理性的双重驱使下，农牧民转而采取减畜行为的可能性得到增强。基于以上分析，本章提出如下假设：

假设 6 - 2：草原生态补奖政策在短期内由于补奖收入过低对农牧民减畜具有不利的影响，但随着补奖收入的增加，不利影响将逐渐减弱，即草原生态补奖与减畜行为之间存在 U 型关系。

（2）非农牧就业对农牧民减畜行为的影响。新移民经济学理论（The New Economics of Labor Migration）认为，非农就业更多的是家庭层面的理性决策，家庭内部通过将劳动力等资源要素重新分配在农业与非农产业，从而实现家庭收益最大化（钱龙等，2018；朱臻等，2019）。在北方农牧交错区农牧民家庭非农牧劳动力就业与收入占比均呈现增高趋势,在牧业生产需要大量劳动力与资金投入的现实背景下,根据新移民经济学理论的观点,非农牧就业主要通过非农牧就业带来的"劳动力转移效应"与"收入效应"对农牧民的减畜行为产生影响。

首先,非农牧就业能够通过"劳动力转移效应"影响农牧民的减畜行为,即非农牧就业通过诱致营牧劳动力数量的流失,改变留守营牧劳动力的结构进而影响农牧民的减畜行为。具体而言,伴随着我国草原管理体制的改革,北方农牧交错区牧业生产已由游牧和粗放放牧转变为围栏定牧和舍饲圈养。相较于游牧和粗放放牧,围栏定牧和舍饲圈养往往意味着需要更多的劳动力投入,这进一步强化了牧业生产这一劳动密集型产业需要大量劳动力,且往往需要一定数量青壮年劳动力投入的产业特性(赵雪雁等,2013)。但随着北方农牧交错区经济社会的快速发展,家庭劳动力将有更多的机会转向非农牧就业。在家庭劳动力数量有限的情况下,劳动力向非农牧就业的转移势必将通过"劳动力转移效应"对从事牧业生产的劳动力数量产生挤占。若非农牧就业诱致营牧劳动力数量过度流失,无法为牧业生产提供持续有效的劳动力要素供给,农牧民势必将不得不选择减少牲畜数量,至少不会继续选择扩大牧业生产规模。同时,由于青壮年劳动力在非农牧就业领域具有比较优势,家庭内部最先转移至非农牧领域的往往是青壮年劳动力,留守的往往是年龄较大的中老年农牧民,这与牧业生产需要一定数量青壮年劳动力投入的产业特性相矛盾,进一步增强了非农牧就业引致的"劳动力转移效应"对农牧民减畜行为的影响。在此情境下,农牧民往往会因缺乏优质的青壮年营牧劳动力供给而选择减畜。

其次,非农牧就业能够通过"收入效应"影响农牧民的减畜行为,即非农牧就业能够通过汇款收入增加农牧民非农牧收入,降低其生计对牧业生产的依赖程度进而影响农牧民的减畜行为。根据新移民经济学理论的观点,非农就业决策以家庭效用最大化为目标,是综合考虑家庭非农就业收入和家庭福利的结果(孙顶强、冯紫曦,2015)。对于农牧民而言,由于牧业生产容易受干旱、雪灾等极端天气的影响,家庭劳动力等资源在农牧和非农牧就业上的重新配置,能够在降低收入波动风险的同时,进一步实现家庭收益的最大化。非农牧就业带来的"收入效应",此处主要是指家庭通过非农牧就业实现非农牧收入的增加，增加的非农牧收入能够进一步扩展留守且从事农牧业生产的家庭成员的收入约束边界，使其能够有更多的资金可以用于购买资本密集型和劳动力节约型牧业生产要素或者增加牧业雇工，以此来扩大牧业生产规模。而达到上述目标的前提是通过非农牧就业获取的非农牧就业收入能够被优先用于牧业投资，但当前尚未有学者展开此方面的研究，仅有部分学者就非农就业收入对农业和林业生产的影响展开研究，得出的结论却并不一致（钱龙等，2016；朱臻等，2019）。基于此，非农牧就业通过"收入效应"对农牧民减畜行为具有怎样的影响并不确定。但随着家庭劳动力非农牧就业比例的提高和非农牧收入的增加，使得非农牧就业成为农牧民主要的替代生计方式，家庭生计对于牧业生产的依赖程度会逐渐降低，家庭劳动力等要素势必会进一步向非农牧就业转移。在此情境下，非农牧就业引致的"收入效应"和"劳动力转移效应"的叠加会导致牧业生产逐渐走向兼业化甚至副业化，随着牧业生产在家庭收入与生计中重要性地位的降低，农牧民可能会选择减畜。

综上所述，非农牧就业通过"劳动力流失效应"和"收入效应"对农牧民减畜行为的影响是多方面的，综合效应如何仍需要进一步的实证验证。基于以上分析，本章提出如下假设：

假设6-3：非农牧就业对农牧民减畜行为具有显著的影响，但影响方向不确定。

（3）非农牧就业在草原生态补奖政策影响农牧民减畜行为中的调节效应。通过实地调研发现，当前农牧民在减畜过程中遇到的阻碍主要在于以下两方面：首先，由于当前草原生态补奖政策普遍存在补奖标准过低，弥补牧业成本上升的有效性不足等问题，在家庭生计对牧业生产依赖度较高的情况下，减畜往往意味着家庭牧业生产收益下降，进而导致家庭收入减少；其次，减畜势必意味着家庭会产生富余劳动力，能否实现减畜引致的富余劳动力的有效转移也将影响农牧民选择减畜与否。基于此，当前诸多农牧民在获取补奖收益的同时，选择通过"偷牧""夜牧"的方式逃避监管，继续维持或扩大牧业生产规模，这在一定程度上导致了草原生态补奖政策的失效。而根据新移民经济学理论的观点，非农牧就业作为农牧民除农牧业就业以外重要的生计活动，其恰巧能够通过"收入效应"和"劳动力转移效应"从收入和就业两方面减轻农牧民因减畜而造成的生计压力，进而调节草原生态补奖政策与农牧民减畜之间的关系。具体而言，一方面非农牧就业所产生的"收入效应"会为农牧民带来汇款收入，汇款收入这一非农牧收入的增加能很好地弥补农牧民因牧业成本上升而造成的收益下降，甚至增加家庭的可支配收入，以确保减畜之后农牧民的生活水平与收入水平不至于下降太多；另一方面非农牧就业所产生的"劳动力转移效应"能够吸纳因减畜引致的家庭劳动力富余问题，实现家庭剩余劳动力的有效转移，以此更好地促进农牧民减畜。即非农牧就业程度的提高能够缓解草原生态补奖政策实施背景下农牧民减畜所面临的收入降低和劳动力转移问题，促进草原生态补奖政策更好地贯彻实施。参考温忠麟等（2005）有关调节效应的界定，本章提出如下假设：

假设 6 - 4：非农牧就业在草原生态补奖政策影响农牧民减畜行为中可能存在调节效应。

6.1.2　草原生态补奖政策对农牧民牲畜养殖规模影响的理论分析

（1）草原生态补奖政策对农牧民牲畜养殖规模的影响。生态经济学中的"生态经济人"理论认为，"生态经济人"所追求的价值并非是经济价值的单一体，而是包括经济、生态等价值在内的具有一定结构的综合体（周耀治，2014）。"生态经济人"在本质上仍旧是经济人，而且是具有"双重理性"的经济人（姚柳杨等，2016）。但当经济利益与生态利益发生冲突时，人们更倾向于维护自身当前的经济利益，而不愿意为生态利益牺牲经济利益（黄文清、张俊飚，2007；谢花林等，2018）。北方农牧交错区作为生态脆弱区，长期以来区域内农牧民收入总体偏低，贫困人口比重大（米文宝等，2013）。鉴于此，实现自身利益最大化的经济理性在农牧民牲畜养殖规模决策过程中势必发挥着主导作用。加之当前补奖政策普遍存在补奖标准过低，弥补牧业成本上升的有效性不足等问题，农牧民多面临牧业收益下降的窘境（靳乐山、胡振通，2013；胡振通等，2017）。在此情境下，农牧民更多的选择是将补奖资金用于牲畜养殖规模的扩大，以期短期内获取更多的经济收益。但随着补奖金额的增加，农牧民最低层次的生存需求得到满足，且生计转换能力得到提升的情况下，其生产决策由单一的经济理性主导向"双重理性"影响的转换才具有现实的可能性（雍会等，2015）。此时，在"双重理性"的作用下，农牧民牲畜养殖规模决策势必会更多地受追求保护草原生态的生态理性影响，而非单纯地追求经济收益，其牲畜养殖规模往往会缩小。基于以上分析，本章提出如下假设：

假设6-5：草原生态补奖政策在短期内对牲畜养殖规模的扩大具有积极的促进作用，但随着补奖金额的增加，农牧民牲畜养殖规模转而会缩小，即草原生态补奖与牲畜养殖规模二者之间存在倒 U 型关系。

（2）生计分化对农牧民牲畜养殖规模的影响。对于北方农牧交错区农牧民而言，其生计分化意味着家庭收入与生计对牲畜养殖业依赖程度降低的同时，必然伴随着家庭劳动力要素的重新配置。而牲畜养殖业作为需要大量劳动力投入的劳动力密集型产业（赵雪雁等，2013），农牧民生计分化势必会对牲畜养殖规模产生影响。基于此，本书认为农牧民生计分化对牲畜养殖规模的影响主要来自劳动力流失效应与收入和生计对牲畜养殖业依赖程度降低两方面。

一方面，农牧民生计分化能够通过劳动力流失效应影响牲畜养殖规模。随着农牧民生计分化的加深，农牧民由原本单纯从事种植与牲畜养殖的纯农牧户演变为各种类型的兼业户，在此过程中必然伴随着家庭劳动力要素由农牧领域向非农牧领域的转移，且往往是青壮年劳动力最先转移至非农牧领域，留守的往往是年龄较大的中老年农牧民。在青壮年劳动力大量外出就业，而牧业生产需要大量青壮年劳动力投入的情境下（赵雪雁等，2013），农牧民会因缺乏优质青壮年劳动力的供给转而选择较小的牲畜养殖规模。另一方面，农牧民生计分化能够通过非农牧收入的增加，降低家庭生计对牧业生产的依赖，进而影响牲畜养殖规模。随着农牧民生计分化的加深，家庭非农牧就业比例势必得到提高，而非农牧收入也将逐渐增加，在此情境下，家庭生计对于牧业生产的依赖程度必然会逐渐降低，劳动力要素会进一步向非农牧就业转移，导致牧业生产兼业化甚至副业化现象愈发得到强化。随着牧业生产在家庭收入与生计中重要性的降低，农牧民可能会选择较小的牲畜养殖规模。基于以上分析，本章提出如下假设：

假设 6 - 6：农牧民生计分化对牲畜养殖规模的扩大具有不利影响。

（3）生计分化在草原生态补奖政策影响农牧民牲畜养殖规模中可能的调节效应。如前文所述，草原生态补奖政策实施过程中，政府对牲畜养殖规模管控的难点主要在于当前补奖标准普遍过低，弥补牧业成本上升的有效性不足，农牧民不得不面对收益下降的窘境（靳乐山、胡振通，2013；胡振通等，2017），在农牧民求生存与政府要生态之间存在严重的激励不相容问题。在此情境下，农牧民更多的选择是扩大牲畜养殖规模，以在短期内弥补其因草原生态补奖政策的实施而造成的牧业收益的下降（靳乐山、胡振通，2013；胡振通等，2015；韦惠兰、祁应军，2017）。这与草原生态补奖政策旨在通过给予农牧民一定的补助和奖励，以实现养殖规模调控的政策初衷相悖离，在一定程度上导致了草原生态补奖政策的失效。而农牧民生计分化能够在短期内缓解因补奖金额无法有效弥补农牧民牧业生产损失而导致的牲畜养殖规模扩大的趋势。原因在于农牧民生计分化过程中必然伴随着非农牧收入的增加，而非农牧收入的增加能够缓解因政策管控而造成的农牧民生计压力，弥补农牧民因牧业成本上升而造成的收益下降，甚至增加家庭的总收入，以确保农牧民的生活水平与收入水平不至于因政府对牲畜养殖规模的管控而下降太多。在此情境下，农牧民选择较多牲畜养殖数量的动机显然会降低。而在补奖金额得到增加，弥补牧业生产收入损失有效性得到增强，农牧民牲畜养殖规模随补奖金额的增加转而缩小的情境下，农牧民生计的持续分化意味着家庭收入与生计对牧业生产的依赖程度也将持续降低，补奖金额对牲畜养殖规模的负向影响势必也将趋于放缓，有助于避免因补奖金额的增加引致牲畜养殖数量的锐减，防止家庭牧业收入因补奖政策的实施而出现大幅波动。即草原生态补奖政策与牲畜养殖规模二者之间存在倒 U 型关系情境下，在倒 U 型曲线的左侧，农牧民生计分化在短期内能够缓解因补奖金额无法有效弥补农牧民牧业生产损失而导致的牲畜养殖规模扩大的趋势；而在倒 U 型曲线的右侧，生计分化能够促使补奖金额对牲畜养殖规模的负向影响趋于放缓。基于以上分析，参考温忠麟等（2005）有关调节效应的界定，本章提出如下假设：

假设 6-7：农牧民生计分化在草原生态补奖政策与牲畜养殖规模二者关系中可能存在调节效应。

6.1.3 草原生态补奖政策对农牧民继续从事牧业生产意愿影响的理论分析

如前文所述，农牧民作为"生态经济人"，其既有关注"成本—收益"的经济理性，同时又有追求生态价值的生态理性，其生产决策受经济理性与生态理性二者博弈的影响（Key N and Roberts M J，2009；周耀治，2014；张炜等，2018），且当经济利益与生态利益发生冲突时，人们更倾向于维护自身当前的经济利益，而不愿意为生态利益而牺牲经济利益（黄文清、张俊飚，2007；谢花林等，2018）。结合当前北方农牧交错区农牧民收入总体偏低，贫困人口比重大（米文宝等，2013），草原生态补奖标准普遍过低，助力农牧民生计转型能力不足的现实状况，实现自身利益最大化的经济理性在农牧民继续从事牧业生产的意愿决策中势必发挥着主导作用。农牧民更多的是选择在获取补奖收入的同时，继续从事牧业生产。但随着补奖收入的增加，草原生态补奖政策助力农牧民生计转换的有效性得到增强，农牧民牧业生产决策由实现自身利益最大化的经济理性主导向追求生态价值的生态理性主导转换才具有现实的可能性。在此情形下，农牧民的生计转换能力往往得到增强，主导继续从事牧业生产的决策理性往往以生态理性为主，在生计能力与生态理性的双重驱使下，农牧民继续从事牧业生产的意愿往往转而降低。基于以上分析，本章提出如下假设：

假设 6 - 8：草原生态补奖政策在短期内对农牧民继续从事牧业生产的意愿具有显著的促进作用，但随着补奖金额的增加，农牧民继续从事牧业生产的意愿转而降低，即草原生态补奖政策与农牧民继续从事牧业生产的意愿之间存在倒 U 型关系。

6.2 草原生态补奖政策对农牧民减畜行为的影响

6.2.1 数据、变量选取与描述性统计

本节所用数据来自笔者 2017 年 7 月赴宁夏回族自治区盐池县和内蒙古自治区鄂托克旗开展的实地调研。在实地调研过程中，将 2010 年作为基期，分别询问农牧户在 2010 年、政策实施初期的 2012 年以及报告期 2016 年的

养羊数量。根据报告期与基期农牧民养羊数量的变化来确定农牧民是否减畜，最终在 388 份样本数据中筛选出 281 份农牧民减畜的样本数据。本节将以 281 份北方农牧交错区农牧民的减畜数据为样本数据，分析草原生态补奖政策对农牧民减畜行为的影响。

（1）因变量。本节的因变量为农牧民是否发生减畜行为以及发生减畜行为农牧民的减畜率。在实地调研过程中，将 2010 年作为基期，分别询问农牧民在 2010 年、政策实施初期的 2012 年以及报告期 2016 年的养羊数量。根据报告期与基期农牧民养羊数量的变化来确定农牧民是否减畜，若报告期养羊数量少于基期，即认为农牧民发生了减畜行为，变量取值"1"，反之认为农牧民未减畜，变量取值"0"。根据减畜农牧民报告期与基期养羊数量减少比率来确定减畜农牧民的减畜率，即：

$$（基期养羊数量 — 报告期养羊数量）÷基期养羊数量×100\%$$

$$（6-1）$$

基于式（6-1）计算得出调研样本中仅有 43.4% 的农牧民实现了减畜，减畜农牧民的户均减畜率为 45.88%，可见实际发生减畜行为的农牧民占比与减畜农牧民的减畜率均不高，有必要探求影响农牧民减畜行为的因素。

（2）关键自变量。补奖金额。参考现有研究成果（Gao et al.，2016；王海春等，2017），本节选取补奖金额表征草原生态补奖政策。其中宁夏盐池县补奖金额主要为禁牧补助，内蒙古鄂托克旗补奖金额包括草畜平衡奖励和季节性休牧补助。

非农牧就业。由于北方农牧交错区农牧民收入水平相对较低，基础公共服务尚未完善，伴随着城镇化进程的推进和非农牧就业机会的增多，大量牧业劳动力逐渐脱离草原牧业生产而去往城镇就业，农牧民家庭非农牧劳动力就业与收入占比均呈现增高趋势（孔德帅等，2016b）。而牧业生产往往需要大量的劳动力与资金投入（王丹等，2018），牧业劳动力外流造成的劳动力缺失以及非农牧收入增加势必会对农牧户减畜造成影响。同时，减畜意味着牧业生产对劳动力消化吸收能力的降低以及家庭农牧业收入的减少，能否有效实现家庭富余劳动力的非农牧就业转移以及非农牧生计的转换显然也会对农牧户减畜产生影响。鉴于此，本节将非农牧就业引入草原生态补奖政策与农牧民减畜行为关系的研究框架中，试图揭示非农牧就业在草原生态补奖政策影响农牧民减畜行为中可能存在的调解效应。参考现有研究成果（吕新业、胡向东，2017；张寒等，2018），本节采用除补奖收入外的非农牧就业收入占家庭可支配收入的比重来表征非农牧就业变量。

（3）控制变量。由于户主在家庭生产生活过程中往往扮演着决策者的角色，选取户主性别、年龄、受教育年限来表征户主特征。对于农牧民而言，家庭劳动力是其从事牧业生产的基础，家庭劳动力禀赋直接影响着牧业生产的规模。鉴于此，选取家庭劳动力平均年龄、受教育年限与家庭抚养比表征家庭劳动力禀赋特征。同时，由于牧业生产往往需要大量的资本投入，选取家庭年可支配收入与生产性财产表征家庭资本状况。除此之外，引入家庭从事牧业年限这一变量，考察其对减畜行为的影响。由于牧业生产容易受到干旱、雪灾等自然灾害以及牲畜价格波动等市场风险的影响，引入近3年来当地是否发生旱灾、雪灾等自然灾害，是否存在牲畜价格波动等市场风险以及上一年度的单位羊羔收益表征自然与市场风险因素，考察风险因素对农牧民减畜行为的影响。其中，单位羊羔收益按照1只成羊等于2只羊羔换算得出。由于近年来内蒙古与宁夏两自治区在实行草原生态补奖政策的同时，还通过给予农牧民牧草补贴和牲畜棚圈补贴以促进牧业生产的发展。为控制这一层面政策因素的影响，引入是否获得牧草补贴和牲畜棚圈补贴变量。同时，草原生态补奖政策作为强制性的行政命令性政策，政府监管力度对农牧民的超载过牧等行为往往具有重要的约束作用。鉴于此，引入政府监管力度变量，考察其对农牧民减畜行为的影响。诸多研究表明农牧民家庭居住地的地理位置以及草原生态状况等村庄区位特征会对其牧业生产决策产生影响（王海春等，2017）。鉴于此，选取距离最近乡镇的距离和当地的草原退化情况表征村庄区位因素。由于内蒙古与宁夏两自治区实行的草原生态补奖政策存在差异，相应地农牧民减畜行为也应存在差异。为控制这一层面因素的影响，引入区域虚拟变量。各变量的定义及描述性统计结果如表6-1所示。

表6-1　变量定义及赋值

变量名称	变量界定及赋值	均值	标准差	最小值	最大值
是否减畜	报告期与基期相比养羊数量是否减少；否=0，是=1	0.434	0.465	0	1

（续）

变量名称	变量界定及赋值	均值	标准差	最小值	最大值
减畜率	（基期养羊数量－报告期养羊数量)÷基期养羊数量×100％（％）	45.88	72.63	3.33	99
补奖金额	草原补奖金额（万元）	0.174	0.259	0	1.74
非农牧就业	工资性、经营性等非农牧收入占家庭可支配收入的比重（％）	43.33	0.260	0	100
性别	女＝0，男＝1	0.979	0.145	0	1
年龄	户主年龄（岁）	54.872	10.003	27	80
受教育年限	实际受教育年限（年）	5.598	3.489	0	18
平均年龄	家庭劳动力平均年龄（岁）	42.201	16.584	0	64
平均受教育年限	家庭劳动力平均受教育年限（年）	5.729	3.680	0	18
家庭抚养比	需抚养人口数与家庭总人口数之比	0.288	0.318	0	1
年可支配收入	除补奖收入外的 2016 年可支配收入（万元）	9.124	10.070	0.36	39.499
生产性财产比重	家庭拥有生产性资产的数量与问卷中所有选项（包括播种机、旋耕机、粉草机等在内的农牧业生产机械）之比	0.192	0.111	0	0.583
从事牧业年限	持续从事牧业的年限（年）	26.488	11.513	8	60
自然风险	否＝0，是＝1	0.260	0.439	0	1
市场风险	否＝0，是＝1	0.416	0.494	0	1
单位羊羔收益	单位羊羔售卖价格（元/头）	358.705	178.137	50	700
监管力度	1＝未监管；2＝力度很小；3＝一般；4＝力度较大；5＝力度很大	3.139	1.031	1	5
棚圈补贴	否＝0，是＝1	0.263	0.441	0	1
牧草补贴	否＝0，是＝1	0.125	0.331	0	1
乡镇距离	距离最近乡镇的距离（千米）	15.043	12.891	1	100
草地退化程度	1＝未退化，2＝不严重，3＝较严重，4＝很严重	1.861	0.675	1	4
区域虚拟变量	0＝内蒙古，1＝宁夏	0.420	0.494	0	1

6.2.2　模型设立

（1）Probit 模型。农牧民是否减畜为典型的二分类变量，分析此类问题常用 Logit 和 Probit 等离散选择模型。但是由于 Logit 模型在替代形式选择以及不可观测因素跨期相关问题等方面存在相对较大的局限，而 Probit 模型能够在很大程度上摆脱这些问题的困扰，更适用于分析经济主体行为效用最大化的行为决策问题，因此本节选用 Probit 模型对农牧民减畜行为的影响因素进行分析。将农牧民是否减畜定义为 Y，Y 的 Probit 模型可由潜变量模型推导而得，假定有不可观测的潜变量 Y^*，满足：

$$Y_i^* = X_i\beta + \varepsilon_i \qquad (6-2)$$

观测到的变量 Y_i 由潜变量是否超过阈值决定，为了方便，将阈值设为 0，若 $Y_i^* < 0$，则 $Y_i = 1$，表示农牧民发生减畜行为；反之，若 $Y_i^* \geqslant 0$，则 $Y_i = 0$，表示农牧民未发生减畜行为。则农牧民减畜行为的 Probit 模型可以表示为：

$$\begin{aligned} p = \mathrm{prob}(Y = 1 \mid X = x) &= \mathrm{prob}(Y_i^* < 0 \mid x) \\ &= \mathrm{prob}\{(\varepsilon_i > -x_i\beta) \mid x\} = \Phi(x_i\beta) \end{aligned} \qquad (6-3)$$

式（6-3）中 X 为实际观测到的解释变量，表示影响农牧民减畜的各解释变量；ε_i 为随机扰动项，Φ 为标准正态累积分布函数。

（2）OLS 模型。农牧民的减畜率为连续变量，因此适宜建立多元线性回归模型，采用最小二乘法进行估计分析，本书构建的基本模型如下：

$$R = \alpha + \gamma X + \delta \qquad (6-4)$$

式（6-4）中 R 为减畜农牧民的减畜率，X 为实际观测到的解释变量，表示影响减畜农牧民减畜率的各个解释变量；δ 为随机误差项。

（3）层次回归分析模型。参考现有研究成果，若自变量 X 对因变量 Y 的影响随第三个变量 M 取值的变化而变化，则称变量 M 在 X 影响 Y 的关系中发挥调节作用（温忠麟等，2005）。当 X 与 M 均为连续变量时，可采取层次回归分析检验变量 M 对 X 与 Y 之间特定路径关系的调节作用。首先做 Y 对 X 和 M 的回归，得测定系数 R_1^2；其次做 Y 对 X、M 和 XM 的回归得 R_2^2，若 R_2^2 显著高于 R_1^2，则调节效应显著（温忠麟等，2005）。鉴于本书关键自变量补奖金额与调节变量非农牧收入均为连续型变量，故采用层次回归模型检验非农牧就业在草原生态补奖政策影响农牧民减畜行为中的调节效应。

6.2.3 草原生态补奖政策对农牧民减畜行为影响的实证分析

运用 Stata14.0 软件对农牧民是否减畜及减畜农牧民减畜率的影响因素

进行了回归估计。由于模型中引入的解释变量较多，在回归之前对变量进行了多重共线性检验。多重共线性检验结果表明，最大的方差膨胀因子为2.72，平均方差膨胀因子为1.47，都远小于10，故不存在严重的多重共线性问题。

表6-2　农牧民是否减畜的模型估计结果

变量	方程1	方程2	方程3	方程4	方程5
补奖金额	−1.133**	−2.014**	−1.801**	−1.085**	−2.265***
	(0.452)	(0.976)	(0.935)	(0.745)	(0.697)
补奖金额平方	—	0.514**	0.394**	—	—
		(0.255)	(0.248)		
非农牧就业	—	—	1.550***	1.595***	0.387***
			(0.396)	(0.395)	(0.092)
补奖金额×非农牧就业	—	—	—	—	0.866**
					(0.358)
性别	−0.888	−0.898	−0.601	−0.587	−0.638
	(0.567)	(0.574)	(0.570)	(0.559)	(0.591)
年龄	0.001	−0.001	−0.004	−0.003	−0.007
	(0.012)	(0.012)	(0.012)	(0.011)	(0.012)
受教育年限	−0.001	−0.005	0.027	0.031	0.020
	(0.035)	(0.035)	(0.035)	(0.035)	(0.036)
平均年龄	0.010	0.010	0.013	0.013*	0.012 1
	(0.007)	(0.007)	(0.008)	(0.008)	(0.008)
平均受教育年限	0.058	0.064	0.024	0.018	0.033
	(0.038)	(0.038)	(0.041)	(0.041)	(0.040)
家庭抚养比	1.034**	1.044**	0.882**	0.876**	0.953**
	(0.416)	(0.423)	(0.432)	(0.427)	(0.436)
年可支配收入	−0.055***	−0.055***	−0.060***	−0.061***	−0.061***
	(0.021)	(0.021)	(0.024)	(0.024)	(0.025)
生产性财产比重	−1.608*	−1.522*	−1.429	−1.503*	−1.526
	(0.876)	(0.881)	(0.895)	(0.891)	(0.930)
从事牧业年限	0.008	0.009	0.009	0.008	0.008
	(0.009)	(0.009)	(0.009)	(0.009)	(0.009)

（续）

变量	方程1	方程2	方程3	方程4	方程5
自然风险	0.164	0.143	0.088	0.108	0.149
	(0.201)	(0.203)	(0.204)	(0.203)	(0.213)
市场风险	0.057	0.065	0.210	0.206	0.240
	(0.196)	(0.201)	(0.204)	(0.199)	(0.209)
单位羊羔收益	−0.001**	−0.001**	−0.001***	−0.001***	−0.002***
	(0.001)	(0.001)	(0.001)	(0.001)	(0.001)
监管力度	0.201**	0.201**	0.192**	0.192**	0.203**
	(0.086)	(0.087)	(0.089)	(0.088)	(0.091)
棚圈补贴	−0.232	−0.228	−0.404*	−0.418*	−0.470**
	(0.217)	(0.226)	(0.224)	(0.219)	(0.221)
牧草补贴	0.127	0.107	−0.041	−0.028	−0.033
	(0.275)	(0.279)	(0.278)	(0.276)	(0.286)
乡镇距离	−0.006	−0.004	−0.005	−0.006	−0.006
	(0.007)	(0.007)	(0.007)	(0.007)	(0.007)
草地退化程度	0.463***	0.461***	0.423***	0.424***	0.430***
	(0.135)	(0.137)	(0.139)	(0.137)	(0.146)
区域虚拟变量	0.618***	0.643***	0.501**	0.476**	0.576***
	(0.209)	(0.210)	(0.220)	(0.218)	(0.222)
Constant	−2.231**	−2.135*	−2.842**	−2.935***	−2.849**
	(1.116)	(1.120)	(1.129)	(1.122)	(1.155)
样本量	281	281	281	281	281
Pseudo R^2	0.224	0.232	0.275	0.270	0.291

注：*、**和***分别代表在10%、5%和1%的统计水平上显著；括号中数字为稳健标准误。

表6-3　减畜农牧民减畜率的模型估计结果

变量	方程6	方程7	方程8	方程9	方程10
补奖金额	−0.065**	−0.401**	−0.331**	−0.060**	−0.080*
	(0.046)	(0.164)	(0.157)	(0.038)	(0.046)
补奖金额平方	—	0.121**	0.098**	—	—
		(0.051)	(0.049)		
非农牧就业	—	—	0.228**	0.259***	0.257***
			(0.095)	(0.096)	(0.096)

（续）

变量	方程 6	方程 7	方程 8	方程 9	方程 10
补奖金额×非农牧就业	—	—	—	—	0.120 (0.121)
性别	0.066 (0.139)	0.054 (0.127)	0.113 (0.124)	0.131 (0.131)	0.128 (0.133)
年龄	0.002 (0.003)	0.001 (0.003)	0.001 (0.003)	0.001 (0.003)	0.001 (0.003)
受教育年限	0.005 (0.010)	0.001 (0.010)	0.005 (0.010)	0.009 (0.010)	0.008 (0.010)
平均年龄	0.002 (0.002)	0.002 (0.002)	0.002 (0.002)	0.002 (0.002)	0.002 (0.002)
平均受教育年限	−0.009 (0.012)	−0.007 (0.013)	−0.012 (0.012)	−0.013 (0.012)	−0.013 (0.012)
家庭抚养比	0.201 (0.140)	0.177 (0.139)	0.140 (0.141)	0.154 (0.142)	0.154 (0.143)
年可支配收入	0.012* (0.006)	0.013** (0.006)	0.010 (0.006)	0.009 (0.006)	0.009 (0.006)
生产性财产比重	−0.767*** (0.257)	−0.659** (0.253)	−0.678*** (0.238)	−0.764*** (0.238)	−0.795*** (0.249)
从事牧业年限	0.001 (0.002)	0.000 (0.002)	0.001 (0.002)	0.000 (0.002)	0.000 (0.002)
自然风险	0.168*** (0.062)	0.151** (0.061)	0.134** (0.058)	0.145** (0.059)	0.147** (0.059)
市场风险	0.103** (0.051)	0.111** (0.050)	0.091* (0.052)	0.082** (0.053)	0.081** (0.053)
单位羊羔收益	0.000 (0.000)	0.000 (0.000)	0.000* (0.000)	0.000** (0.000)	0.000** (0.000)
监管力度	0.010 (0.023)	0.005 (0.023)	0.002 (0.022)	0.006 (0.022)	0.004 (0.022)
棚圈补贴	−0.141** (0.057)	−0.130** (0.057)	−0.162*** (0.057)	−0.175*** (0.057)	−0.178*** (0.057)

（续）

变量	方程6	方程7	方程8	方程9	方程10
牧草补贴	0.051	0.047	0.030	0.030	0.031
	(0.063)	(0.064)	(0.067)	(0.066)	(0.066)
乡镇距离	−0.002	−0.001	−0.002	−0.002	−0.002
	(0.002)	(0.002)	(0.002)	(0.002)	(0.002)
草地退化程度	0.001	−0.007	−0.022	−0.018	−0.019
	(0.039)	(0.040)	(0.039)	(0.038)	(0.038)
区域虚拟变量	−0.072	−0.071	−0.093**	−0.097**	−0.098**
	(0.048)	(0.047)	(0.046)	(0.045)	(0.046)
Constant	0.244	0.326	0.202	0.121	0.146
	(0.315)	(0.302)	(0.294)	(0.298)	(0.301)
样本量	122	122	122	122	122
R^2	0.335	0.363	0.394	0.376	0.379

注：*、**和***分别代表在10%、5%和1%的统计水平上显著；括号中数字为稳健标准误。

（1）草原生态补奖政策对农牧户减畜行为的影响。表6-2中方程1与表6-3中方程6的估计结果显示，补奖金额在5%的统计水平上显著负向影响农牧民是否减畜以及减畜率，即：补奖金额越高，农牧民越倾向于不减畜，且减畜户的减畜率越低。这表明，当前草原生态补奖政策对农牧民减畜具有不利影响，与现有研究结论一致（胡振通等，2015；韦惠兰、祁应军，2017）。第3章的描述性统计结果为这一回归结果提供了很好的解释，即：当前草原生态补奖政策存在补奖金额与农牧民减畜行为错配的问题，实际发生减畜行为，且减畜率更高的农牧民没有获取更多的补奖资金，导致政策无法调动农牧民减畜的积极性。至此，本章的假设6-1得到了验证，即草原生态补奖政策对农牧民的减畜行为具有显著影响，且具有显著的不利影响。

表6-2中方程2与方程3，表6-3中方程7与方程8的估计结果显示，无论是否考虑非农牧就业，补奖金额与农牧民是否减畜以及减畜率之间均存在稳健的U型关系。这表明，随着补奖金额增加到一定的临界点后，政策对减畜的不利影响会逐渐减弱。进一步计算补奖金额的拐点，在不考虑非农牧就业情况下，补奖金额与是否减畜及减畜率之间U型关系的拐点分别为1.95万元与1.66万元；在考虑非农牧就业情况下，补奖金额与是否减畜及

减畜率之间 U 型关系的拐点分别为 2.29 万元与 1.69 万元。但样本农牧民户均补奖金额仅为 0.20 万元，远低于拐点数值。这表明在当前补奖标准下，补奖金额对农牧民是否减畜及减畜率的影响仍将处于 U 型曲线的左侧，即不利影响仍在逐渐加深。至此，本章的假设 6-2 得到了验证，即草原生态补奖政策与农牧民减畜行为之间存在 U 型关系。

（2）非农牧就业对农牧民减畜行为的影响。表 6-2 中方程 4 与表 6-3 中方程 9 的估计结果显示，非农牧就业在 1% 的统计水平上显著正向影响农牧民是否减畜及减畜率，即：非农牧就业收入占比越高，农牧民越倾向于减畜，且减畜率越高。这表明，非农牧就业对减畜行为具有积极的影响。这可能是由于非农牧就业收入占比越高的农牧民在非农牧就业引致的"劳动力转移效应"和"收入效应"的双重作用下，其可用于牧业生产的优质劳动力数量有限，且家庭收入与生计对于牧业生产的依赖程度低。在劳动力大量外出务工与农牧收入占家庭收入比重低的情况下，农牧民更倾向于减畜。

（3）非农牧就业对草原生态补奖政策影响农牧民减畜行为的调节效应。进一步考察非农牧就业在草原生态补奖政策影响农牧民减畜行为中的调节作用。表 6-2 中方程 5 估计结果显示，补奖金额与非农牧就业的交叉项对农牧民减畜具有显著的正向影响，且在 5% 的统计水平上显著，而补奖金额与非农牧就业的回归系数也为正，且方程 5 的拟 R^2 值为 0.291，大于方程 4 的 0.270，这表明非农牧就业在草原生态补奖政策影响农牧民是否减畜中具有积极的调节作用。表 6-3 中方程 10 估计结果显示，补奖金额与非农牧就业的交叉项对减畜率的影响并不显著，且方程 10 的 R^2 值与方程 9 的 R^2 值差异并不明显，这表明非农牧就业在草原生态补奖政策影响农牧民减畜率中并不具有调节作用。

（4）控制变量对农牧民减畜行为的影响。家庭抚养比与监管力度均在 5% 的统计水平上对农牧民是否减畜具有显著的正向影响，即家庭抚养比越高，农牧民选择减畜的概率越高，政府监管力度越大，农牧民越倾向于减畜。这可能是由于家庭抚养比越高，农牧民面对的生活压力越大，越倾向于从事获利更高的非农牧就业。年可支配收入与单位羊羔收益均在 1% 的统计水平上对农牧民是否减畜具有显著的负向影响，即家庭年可支配收入越多，农牧民越倾向于不减畜，单位羊羔收益越高，农牧民越倾向于不减畜。草地退化程度在1%的统计水平上对农牧民是否减畜具有显著正向影响，即草地退化程度越严重，农牧民越倾向于减畜。

生产性财产比重在1%的统计水平上对减畜率具有显著的负向影响，即生产性财产越多，农牧民减畜率越低。这可能是由于本书所涉及的生产性财产多为与牧业生产密切相关的生产机械，往往具有较强的资产专用性，一定程度上限制了农牧民减畜。自然风险与市场风险均在5%的统计水平上对减畜率具有显著的正向影响，即自然风险与市场风险对减畜率具有显著的促进作用。棚圈补贴在1%的统计水平上对减畜率具有显著的负向影响，即获取棚圈补贴的农牧民减畜率更低，这可能是由于获取棚圈补贴的农牧民通过牲畜棚圈规模的扩大或者质量的改造升级，进一步扩大了牧业生产规模。

（5）内生性处理及稳健性检验。参考现有研究成果（田传浩、李明坤，2014），选取村级非农牧就业收入占比，即农牧民 i 所在村落除农牧民 i 以外农牧民的非农牧就业收入占比均值作为工具变量，以对草原生态补奖政策与农牧民非农牧收入之间可能存在的内生性问题进行检验。

表6-4　含有工具变量的模型估计结果

变量	是否减畜（IV-Probit）			减畜率（2SLS）		
	方程11	方程12	方程13	方程14	方程15	方程16
补奖金额	−1.75**	−1.082**	−2.524***	−0.257*	−0.055*	−0.051*
	(0.714)	(0.448)	(0.862)	(0.159)	(0.033)	(0.044)
补奖金额平方	0.369**	—	—	0.072*	—	—
	(0.272)			(0.050)		
非农牧就业	1.871**	1.946**	2.224**	0.471**	0.511***	0.514***
	(0.829)	(0.811)	(0.929)	(0.203)	(0.190)	(0.198)
补奖金额×非农牧就业	—	—	1.987**	—	—	0.021
			(4.493)			(0.122)
控制变量	已控制	已控制	已控制	已控制	已控制	已控制
样本量	281	281	281	122	122	122
Wald检验	62.39*	60.73**	57.02**	107.56***	109.01***	110.25***
一阶段模型 F 值	10.79***	11.20***	10.73***	10.30***	10.49***	15.10***
	—	—	31.34***	—	—	30.00***
DWH检验	0.034	0.065	0.31	1.62	2.01	1.23

注：*、**和***分别代表在10%、5%和1%的统计水平上显著；括号中数字为标准误。

选取村级非农牧就业收入占比作为工具变量的理由如下：一方面，该变量是村级层面农村劳动力市场发展水平的反映，农牧民的非农牧就业行为很大程度上会受到所在村落的非农牧就业行为的影响；另一方面，尚无证据表明该变量与宏观层面的补奖政策以及微观层面的农户个人或家庭层面的减畜行为相关，且剔除个人信息后的工具变量在理论上不会对随机误差项产生影响，因而是一个有效的工具变量。加入工具变量后模型的估计结果如表 6 - 4 所示。

如表 6 - 4 所示，加入工具变量后的 IV-Probit 模型与 2SLS 模型估计结果中，Durbin-Wu-Hausman 检验（简称"DWH 检验"）结果均表明，无法拒绝非农牧收入为外生变量的原假设，且一阶段估计的 F 值均大于临界值 10，表明不存在弱工具变量问题。因此，采用基准模型回归结果进行解释并不存在偏误问题，且回归结果是稳健的。

以上分析结果表明，非农牧收入与减畜之间并不存在相互影响的内生性关系，可能的原因在于以下三个方面：首先，样本农牧民的减畜发生率与减畜率均不高。其次，样本区域农牧民的生产活动包括牧业、农业与非农牧就业，减畜并不意味着富余劳动力必定要由牧业转移到非农牧就业，农牧民还可能选择从事农业生产。根据实地调研的结果，样本农牧民户均拥有旱地面积为 23.34 亩，水浇地面积为 22.95 亩，从事农业生产的农牧民占 95.02%，表明样本区域农业生产对因减畜造成的富余劳动力具有较强的吸收能力。再次，调研区域自 2011 年起开始实施草原生态补奖政策，自政策实施之初即要求超载过牧的农牧民采取减畜措施，至今已进入到第二轮的政策实施期，农牧民有充足的时间做出减畜以及非农牧就业等生计策略的调整，减畜对非农牧就业的反向影响已弱化。

6.3　草原生态补奖政策对农牧民牲畜养殖规模的影响

6.3.1　数据、变量选取与描述性统计

本节所用数据来自笔者 2017 年 7 月赴宁夏回族自治区盐池县和内蒙古自治区鄂托克旗开展的实地调研。本节重点分析草原生态补奖政策对从事牧业生产的农牧民牲畜养殖规模的影响，根据本节这一研究内容的需要，从

388 份总样本中筛选出 317 份从事牧业生产的农牧民作为本节的样本数据。其中禁牧区宁夏回族自治区盐池县 190 份，内蒙古自治区鄂托克旗 127 份。

（1）因变量。牲畜数量。选取牲畜数量为因变量表征农牧民牲畜养殖规模，牲畜数量为实地调研获取的农牧民 2016 年年末标准成羊存栏量。如前文所述，根据实地调研的结果，参考宁夏盐池县与内蒙古鄂托克旗有关禁牧与草畜平衡政策实施方案的规定，本书定义 1 只羊羔等于 0.5 只成羊。

（2）关键自变量。补奖金额。参考现有研究成果（Gao et al.，2016；王海春等，2017；王丹、黄季焜，2018），本节选取补奖金额表征草原生态补奖政策。其中禁牧区宁夏盐池县补奖金额为 2016 年农牧民所获取的禁牧补助，草畜平衡区内蒙古鄂托克旗包括草畜平衡奖励和季节性休牧补助两部分。

生计分化。本节中的农牧民生计分化变量是根据第 3 章中的农牧民收入维度的垂直分化的划分标准测算得出，即根据牧业收入、农业收入与非农牧收入（不包括草原生态补奖收入）占家庭总收入的比重以及生计活动的差异将农牧民分为牧业为主型、农业为主型、均衡型、高兼型与深兼型五种类型。五种类型农牧民中，牧业为主型农牧民无论是收入还是生计对牧业生产的依赖程度均很高，深兼型农牧民依赖程度则较低。

（3）控制变量。由于户主在家庭生产决策中往往扮演着决策者的角色，选取户主的性别、年龄、受教育年限与是否外出务工表征户主特征。一般而言，户主年龄越大，劳动能力越弱，其从事牲畜养殖的意愿往往越低，牲畜养殖规模往往越小。户主作为家庭生产的主要决策者，其外出务工往往意味着家庭更倾向于从事非农牧活动，相应的牲畜养殖规模往往越小。选取家庭劳动力平均受教育年限、平均年龄和家庭抚养比表征家庭特征。一般而言，牲畜养殖规模的扩大往往意味着大量资金的投入，而家庭劳动力受教育年限越长意味着其外出就业的能力越强，扩大牲畜养殖规模的经济实力越强，相应的牲畜养殖规模越大。劳动力平均年龄越大意味着投入牲畜养殖业的劳动力越有限，其牲畜养殖规模往往越小。家庭抚养比越高，意味着教育、养老等方面的支出越多，农牧民越倾向于非农牧就业，相应地其牲畜养殖规模越小（王丹等，2018）。选取当地草地退化程度和距离乡镇的距离表征区位特征，距离乡镇的距离越远意味着政府对农牧民禁牧或草畜平衡的监管力度越弱，农牧民牲畜养殖规模可能越大。各变量的定义及描述性统计结果如表6-5所示。

表6-5　变量定义及描述性统计

变量名称	变量含义及赋值	均值	标准差	最小值	最大值
牲畜数量	2016年年末标准成羊存栏量（只）	89.580	98.670	0	600
补奖金额	草原生态补奖金额（万元）	0.186	0.373	0	3.4
生计分化	1=牧业为主型，2=农业为主型，3=均衡型，4=高兼型，5=深兼型	2.940	1.366	1	5
户主特征					
性别	男=1，女=0	0.981	0.136	0	1
年龄	户主年龄（岁）	54.524	9.901	27	80
受教育年限	户主受教育年限（年）	5.672	3.437	0	18
是否外出务工	1=是，0=否	0.271	0.445	0	1
家庭特征					
平均受教育年限	劳动力平均受教育年限（年）	5.736	3.634	0	18
平均年龄	劳动力平均年龄（岁）	42.180	16.399	0	64
家庭抚养比	需抚养人口数与家庭总人口之比	0.287	0.315	0	1
区位特征					
到乡镇的距离	距离最近乡镇的距离（千米）	14.942	12.433	1	100
草地退化程度	1=未退化，2=不严重，3=较严重，4=很严重	1.905	0.749	1	4
区域虚拟变量	0=宁夏，1=内蒙古	0.401	0.491	0	1

6.3.2　模型设立

基于以上分析，本书设立如下模型：

$$Number = \alpha_0 + \alpha_1 subsidy + \alpha_2 Livelihood + \alpha_3 subsidy^2 + \alpha_4 subsidy$$
$$\times Livelihood + \alpha_5 subsidy^2 \times Livelihood + \sum_{i=1}^{4} \beta_i HH_i$$
$$+ \sum_{i=1}^{3} \gamma_i FM_i + \sum_{i=1}^{2} \delta_i LC_i + \theta YC + \varepsilon \qquad (6-5)$$

式（6-5）中 $Number$ 为牲畜数量；$subsidy$ 为补奖金额；$Livelihood$ 为生计分化类型；$subsidy^2$ 是为了考察补奖金额与牲畜数量之间可能存在的

非线性关系而设置的补奖金额的平方项；$subsidy \times Livelihood$ 是为了考察生计分化对草原生态补奖政策与牲畜养殖规模二者关系可能存在的调节效应而设置的交叉项；HH_i 是衡量户主特征的一组变量，FM_i 是衡量家庭特征的一组变量，LC_i 是衡量区位特征的一组变量，YC 是区域虚拟变量；ε 为随机扰动项。为更加精确地呈现出补奖金额等因素对农牧民牲畜养殖规模的影响，本书采用普通最小二乘法和分位数回归对式（6-5）进行回归估计。

6.3.3 草原生态补奖政策对农牧民牲畜养殖规模影响的实证分析

在进行模型回归之前，对变量进行了异方差性和多重共线性检验。异方差检验结果表明变量存在异方差（$P=0.056\,5$）问题，故应采用稳健标准误进行最小二乘回归。多重共线性检验结果表明，最大的方差膨胀因子为2.25，平均方差膨胀因子为1.52，均远小于10，故不存在严重的多重共线性问题。运用稳健标准误的最小二乘回归和分位数回归对草原生态补奖政策、生计分化对牲畜养殖规模的影响进行回归，回归结果如表6-6和表6-7所示。回归结果显示最小二乘回归和分位数回归模型整体拟合效果均较好（$P<0.01$），这表明该模型至少有一部分解释变量具有统计学意义上显著的影响作用。

表6-6　最小二乘回归模型估计结果

变量名称	方程1	方程2	方程3	方程4
补奖金额	0.050 ** (0.029)	0.167 ** (0.066)	0.146 ** (0.065)	0.200 ** (0.056)
生计分化	−0.033 *** (0.006)	—	−0.032 *** (0.006)	−0.036 *** (0.007)
补奖金额平方	—	−0.054 ** (0.030)	−0.045 ** (0.030)	−0.083 ** (0.026)
补奖金额×生计分化	—	—	—	−0.028 * (0.040)
补奖金额平方×生计分化	—	—	—	0.034 ** (0.017)

（续）

变量名称	方程1	方程2	方程3	方程4
户主特征				
性别	−0.065	−0.015	−0.054	−0.054
	(0.044)	(0.043)	(0.039)	(0.039)
年龄	−0.003***	−0.004***	−0.003***	−0.003***
	(0.001)	(0.001)	(0.001)	(0.001)
受教育年限	−0.004	−0.001	−0.004	−0.004
	(0.003)	(0.003)	(0.003)	(0.003)
是否外出务工	−0.050***	−0.079***	−0.050***	−0.051***
	(0.015)	(0.016)	(0.015)	(0.015)
家庭特征				
平均受教育年限	0.011***	0.007**	0.010***	0.011***
	(0.003)	(0.003)	(0.003)	(0.003)
平均年龄	−0.001**	−0.001**	−0.001***	−0.001**
	(0.001)	(0.001)	(0.001)	(0.001)
家庭抚养比	−0.076**	−0.072**	−0.073**	−0.072**
	(0.034)	(0.034)	(0.034)	(0.033)
区位特征				
到乡镇的距离	0.002***	0.003**	0.003**	0.003**
	(0.001)	(0.001)	(0.001)	(0.001)
草地退化程度	−0.001	−0.011	−0.004	−0.005
	(0.011)	(0.011)	(0.011)	(0.011)
区域虚拟变量	0.042***	0.024	0.037**	0.034**
	(0.016)	(0.017)	(0.016)	(0.016)
常数项	0.470***	0.379***	0.450***	0.444***
	(0.097)	(0.096)	(0.093)	(0.092)
调整 R^2	0.331	0.286	0.342	0.369
F 值	7.66	7.21	7.10	8.70
Prob>F	0.000	0.000	0.000	0.000

注：*、** 和 *** 分别代表在10%、5%和1%的统计水平上显著，括号中数字为稳健标准误。

表 6-7 分位数回归模型估计结果

变量名称	0.1分位	0.2分位	0.3分位	0.4分位	0.5分位	0.6分位	0.7分位	0.8分位	0.9分位
补奖金额	0.041**	0.035*	0.045*	0.049*	0.070*	0.094 0*	0.136**	0.066	0.151
	(0.019)	(0.021)	(0.027)	(0.029)	(0.040)	(0.054)	(0.062)	(0.071)	(0.093)
生计分化	-0.003	-0.004	-0.013**	-0.019***	-0.025***	-0.034***	-0.045***	-0.047***	-0.058***
	(0.004)	(0.006)	(0.006)	(0.006)	(0.007)	(0.008)	(0.009)	(0.010)	(0.012)
户主特征									
性别	-0.001	0.010	-0.007	-0.021	-0.092	-0.076	-0.050	-0.038	-0.075
	(0.057)	(0.063)	(0.070)	(0.073)	(0.071)	(0.075)	(0.077)	(0.083)	(0.079)
年龄	-0.001**	-0.001**	-0.002***	-0.002***	-0.002***	-0.003**	-0.002	-0.003*	-0.003
	(0.001)	(0.001)	(0.001)	(0.001)	(0.001)	(0.001)	(0.001)	(0.002)	(0.002)
受教育年限	-0.001	-0.002	-0.003	-0.003	-0.005*	-0.005	-0.002	-0.001	-0.003
	(0.002)	(0.002)	(0.002)	(0.002)	(0.003)	(0.003)	(0.004)	(0.004)	(0.006)
是否外出务工	-0.016	-0.024*	-0.015	-0.023*	-0.027*	-0.030*	-0.027	-0.065**	-0.081**
	(0.012)	(0.014)	(0.013)	(0.012)	(0.013)	(0.017)	(0.020)	(0.027)	(0.032)
家庭特征									
劳动力平均受教育年限	0.000	0.002	0.003	0.004	0.006*	0.010**	0.013***	0.016***	0.016**
	(0.002)	(0.002)	(0.002)	(0.003)	(0.003)	(0.004)	(0.005)	(0.005)	(0.007)
劳动力平均年龄	-0.000	-0.001	-0.001	-0.000	-0.001	-0.001	-0.000	-0.001*	-0.001*
	(0.00)	(0.000)	(0.001)	(0.001)	(0.001)	(0.001)	(0.001)	(0.001)	(0.001)
家庭抚养比	-0.012	-0.028	-0.043	-0.042	-0.063*	-0.050	-0.021	-0.050	-0.056
	(0.019)	(0.026)	(0.032)	(0.028)	(0.035)	(0.044)	(0.050)	(0.054)	(0.060)

（续）

变量名称	0.1分位	0.2分位	0.3分位	0.4分位	0.5分位	0.6分位	0.7分位	0.8分位	0.9分位
区位特征									
到乡镇的距离	0.001	0.001	0.001	0.001	0.002*	0.002	0.002*	0.004*	0.006**
	(0.000)	(0.001)	(0.001)	(0.001)	(0.001)	(0.001)	(0.001)	(0.002)	(0.003)
草地退化程度	0.010	0.001	−0.007	−0.001	−0.003	0.006	0.009	−0.006	−0.036*
	(0.006)	(0.007)	(0.008)	(0.008)	(0.010)	(0.011)	(0.011)	(0.016)	(0.019)
区域虚拟变量	0.014	0.014	0.017	0.031***	0.024*	0.024	0.021	0.016	0.019
	(0.009)	(0.011)	(0.013)	(0.011)	(0.014)	(0.018)	(0.021)	(0.027)	(0.032)
常数项	0.086	0.139	0.243**	0.285***	0.435***	0.422***	0.336**	0.533***	0.707***
	(0.074)	(0.085)	(0.094)	(0.102)	(0.111)	(0.132)	(0.148)	(0.194)	(0.193)
Pseudo R^2	0.054	0.074	0.102	0.131	0.148	0.177	0.229	0.297	0.369

注：*、**和***分别代表在10%、5%和1%的统计水平上显著，括号中数字为稳健标准误。

（1）草原生态补奖政策对牲畜养殖规模的影响。表 6-6 中方程 1 的估计结果显示，补奖金额对牲畜数量具有显著的正向影响，且在 5% 的统计水平上显著，即补奖金额越高，牲畜数量越多。表 6-7 分位数回归估计结果显示，在分位数 0.1~0.7 范围内，补奖金额对牲畜数量均具有显著的正向影响，且随着分位数的增加，回归系数呈现波动上升的态势，表明随着牲畜数量的增加，补奖金额对牲畜数量的正向影响越来越强。对样本的统计结果也显示，补奖金额在 0.1 万元以下、0.1 万~0.2 万元、0.2 万元以上的农牧民中，牲畜数量均值分别为 69 只、75 只、149 只，可见，随着补奖金额的增加，牲畜数量随之增加。这一结果表明，草原生态补奖政策在短期内显著促进了牲畜养殖规模的扩大，即农牧民更多的是表现出经济理性大于生态理性，将补奖资金用于牲畜养殖规模的扩大，这与政府希望通过政策的实施对牲畜养殖进行有效管控的初衷是背道而驰的，在一定程度上导致了草原生态补奖政策的失效。

表 6-6 中方程 2 和方程 3 的估计结果显示，无论是否考虑生计分化，补奖金额与牲畜数量间均存在稳健的倒 U 型关系，且一次项在 5% 的统计水平上显著。这表明，随着补奖金额增加到一定的临界点后，牲畜数量会出现减少的趋势。进一步计算补奖金额的拐点，在不考虑生计分化情况下，补奖金额的拐点为 1.54 万元。而受访农牧民中补奖金额大于 1.54 万元的仅占 1.58%，这说明对于大部分农牧民而言，政策起到了促进牲畜养殖规模扩大的作用，即农牧民更多的是表现出经济理性大于生态理性，这与现有研究认为补奖标准过低，无法调动农牧民草原生态保护积极性的研究结论一致（靳乐山、胡振通，2013；胡振通等，2017）。同时，倒 U 型关系也表明通过提高补奖标准，增加农牧民的补奖收入，以此实现推动农牧民禁牧或者减畜仍具有现实可能性。至此，本章的假设 6-5 得到验证。

（2）农牧民生计分化对牲畜养殖规模的影响。表 6-6 中方程 1 的估计结果和表 6-7 分位数回归结果均显示，生计分化对牲畜数量具有显著的负向影响，且在 1% 的统计水平上显著，即非农牧化程度越高，对牧业的依赖程度越低，农牧民的牲畜养殖规模越小。如表 6-8 所示，对样本的统计结果也显示，户均牲畜数量由牧业为主型的 147 只下降到深兼型的 43 只，降幅达 70.7%。可见，随着农牧民家庭生计对牧业生产依赖程度的降低，非农牧化程度的提高，牲畜数量将逐渐减少。这一估计结果表明生计分化对于牲畜养殖规模的扩大具有不利的影响。同时也表明通过增加农牧民的非农牧收入，降低其生计对牧业生产的依赖性，对于减轻牲畜数量增加对草原生态保护的压力具有现实可行性。

表 6-8　生计分化、牲畜数量与补奖金额的描述性统计

生计类型	总样本		禁牧区		草畜平衡区	
	牲畜数量（只）	补奖金额（万元）	牲畜数量（只）	补奖金额（万元）	牲畜数量（只）	补奖金额（万元）
牧业为主型	147	0.21	120	0.11	234	0.55
农业为主型	58	0.16	41	0.07	69	0.22
均衡型	99	0.18	77	0.07	136	0.35
高兼型	72	0.16	52	0.09	100	0.26
深兼型	43	0.24	34	0.14	52	0.36

　　（3）农牧民生计分化的调节效应。表 6-6 中方程 4 的估计结果显示，生计分化与补奖金额的交互项在 10% 的统计水平上显著，且回归系数为负，而生计分化与补奖金额二次项交互项系数在 5% 的统计水平上显著，且回归系数为正。参考现有研究（温忠麟等，2005）有关调节效应的界定，以上估计结果表明生计分化在草原生态补奖与牲畜养殖规模二者关系中存在调节效应。为清晰地展示生计分化的调节效应，进一步选取生计分化的取值高（低）于均值 0.2、0.4 和 1 个标准差来反映调节变量的高（低）情景，并在不同情境下描绘补奖金额与牲畜数量之间的关系图（图 6-1）。

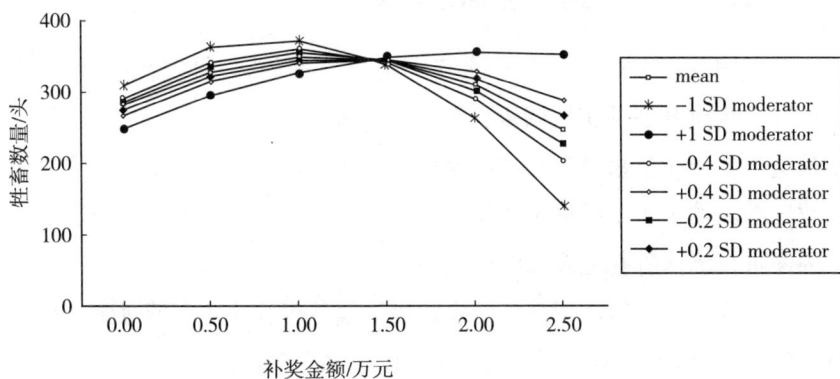

图 6-1　不同生计分化情境下补奖金额与牲畜数量关系图

图 6-1 表明,不论生计分化水平的高低,补奖金额与牲畜数量之间均呈现倒 U 型关系;且随着生计分化水平的提高,各倒 U 型曲线左侧的上升趋势及右侧的下降趋势均逐渐趋于平缓。具体表现为:在各倒 U 型曲线的左侧,相同的补奖金额下,生计分化程度越高,农牧民的牲畜养殖规模越小;在各倒 U 型曲线的右侧,就单位补奖金额增加引致的牲畜养殖数量减少程度而言,高生计分化水平农牧民明显低于低生计分化水平农牧民。总体而言,在倒 U 型曲线的左侧,农牧民生计分化能够缓解因补奖金额无法弥补农牧民牧业生产损失而导致的牲畜养殖规模扩大的趋势;在倒 U 型曲线的右侧,农牧民生计分化能够促使补奖金额对牲畜养殖数量的负向影响趋于放缓,有助于避免因补奖金额的增加引致牲畜养殖数量的锐减,有利于稳定农牧民牧业收入。这一结果验证了前文提出的假设 6-7。如表 6-8 所示,对样本的进一步统计分析也发现,以总样本为例,牧业为主型的农牧民户均牲畜数量为 147 只,户均补奖金额为 2 100 元,牲畜数量与补奖金额比为 1:14,而深兼型户均牲畜数量为 43 只,户均补奖金额为 2 400 元,牲畜数量与补奖金额之比为 1:56。即随着生计分化的加深,补奖金额与牲畜数量之间的错配关系逐渐得到了缓解,生计分化弱化了倒 U 型曲线关系左侧草原生态补奖对牲畜数量增加的正向作用,一定程度上缓解了政策失效问题。

6.4 草原生态补奖政策对农牧民继续从事牧业生产意愿的影响

6.4.1 数据、变量选取与描述性统计

本节所用数据来自笔者 2017 年 7 月赴宁夏回族自治区盐池县和内蒙古自治区鄂托克旗开展的实地调研。根据本节研究内容的需要,从 388 份总样本中筛选出就继续从事牧业生产的意愿做出明确回答的 323 份从事牧业生产的农牧民数据作为本节的样本数据。其中禁牧区宁夏回族自治区盐池县 194 份,内蒙古自治区鄂托克旗 129 份。

(1)因变量。本节的因变量为农牧民继续从事牧业生产的意愿,在问卷中设置问题:"您未来继续从事牧业生产的意愿",参考李克特五级量表,设置"非常不愿意""比较不愿意""一般""比较愿意""非常愿意"五个选

项。根据调研的结果，回答"非常不愿意"和"比较不愿意"的农牧民占26.63％，回答"比较愿意""非常愿意"的占54.49％，由此可见，农牧民继续从事牧业生产的意愿较低，"禁牧不禁养"的政策初衷并没有很好地实现，有必要探索其内在原因。

（2）关键自变量。补奖金额。参考现有研究成果（Gao et al.，2016；王海春等，2017；王丹、黄季焜，2018），本节选取补奖金额表征草原生态补奖政策。其中禁牧区宁夏盐池县补奖金额为2016年农牧民所获取的禁牧补助，草畜平衡区内蒙古鄂托克旗包括草畜平衡奖励和季节性休牧补助两部分。

（3）控制变量。本节选取受访者的性别、年龄、受教育年限与是否外出务工表征受访者特征。一般而言，受访者年龄越大，劳动能力越弱，其继续从事牧业生产的意愿往往越低。受访者外出务工往往意味着家庭更倾向于从事非农牧活动，相应地继续从事牧业生产的意愿往往越低。选取家庭劳动力占比、牲畜存栏量和牧业收入占比表征家庭特征。一般而言，牧业生产往往需要大量的青壮年劳动力的投入，相应地若家庭劳动力占比越高，家庭可用于牧业生产的青壮年劳动力投入越多，继续从事牧业生产的意愿往往越高。牲畜存栏量越多，牧业收入占家庭总收入比重越高意味着牧业生产在家庭生计中所占的地位越重要，农牧民继续从事牧业生产的意愿往往越强烈。各变量的定义及描述性统计结果如表6-9所示。

表6-9　变量定义及描述性统计

变量名称	变量含义及赋值	均值	标准差	最小值	最大值
牧业生产意愿	农牧民继续从事牧业生产的意愿：1＝非常不愿意；2＝比较不愿意；3＝一般；4＝比较愿意；5＝非常愿意	3.334	1.241	1	5
补奖金额	草原生态补奖金额（万元）	0.189	0.374	0	3.4
受访者特征					
性别	男＝1，女＝0	0.694	0.462	0	1
年龄	户主年龄（岁）	53.115	10.502	22	78
受教育年限	户主受教育年限（年）	5.186	3.684	0	18
是否外出务工	1＝是，0＝否	0.238	0.427	0	1

（续）

变量名称	变量含义及赋值	均值	标准差	最小值	最大值
家庭特征					
劳动力占比	家庭劳动力占总人口之比	0.698	0.319	0	1
牲畜存栏量	2016年年末牲畜存栏量	85.705	90.672	0	550
牧业收入占比	2016年牧业收入占家庭总收入之比	0.294	0.251	0	0.956
区域虚拟变量	0＝宁夏，1＝内蒙古	0.601	0.491	0	1

6.4.2 模型设立

本节的因变量为农牧民继续从事牧业生产的意愿，为五项有序变量，数值越大表示意愿越强烈，故需要建立多元有序选择模型。其中，处理多分类离散数据的有序 Probit 模型是理想的估计方法。在有序 Probit 模型中，作为被解释变量的观测值 Y 表示排序结果，其取值为整数。解释变量是可能影响被解释变量排序的各种因素，可以是多个解释变量的集合，即向量。本书设立的有序 Probit 模型表达式如下：

$$Y^* = \alpha_0 + \alpha_1 subsidy + \alpha_2\, subsidy^2 + \sum_{i=1}^{4} \beta_i\, SH_i$$

$$+ \sum_{i=1}^{3} \gamma_i\, FM_i + \theta YC + \varepsilon \qquad (6-6)$$

式（6-6）中 Y^* 表示不可观测变量，称为潜变量，为农牧民继续从事牧业生产的意愿；$subsidy$ 为补奖金额，$subsidy^2$ 是为了考察补奖金额与农牧民继续从事牧业生产的意愿之间可能存在的非线性关系而设置的补奖金额的平方项；SH_i 是衡量受访者特征的一组变量，FM_i 是衡量家庭特征的一组变量；YC 是区域虚拟变量，ε 为随机扰动项。

6.4.3 草原生态补奖政策对农牧民继续从事牧业生产意愿影响的实证分析

在进行模型回归之前，我们对变量进行了多重共线性检验。多重共线性检验结果表明，最大的方差膨胀因子为 1.47，平均方差膨胀因子为 1.19，均远小于 10，故不存在严重的多重共线性问题。随后，运用 stata14.0 就草原生态补奖政策对农牧民继续从事牧业生产的意愿进行了回归分析。

表 6 - 10　草原生态补奖政策对农牧民继续从事牧业生产意愿影响的回归结果

变量	Oprobit		Ologit		Ols	
	方程 1	方程 2	方程 3	方程 4	方程 5	方程 6
补奖金额	0.365 **	0.895 **	0.739 **	1.735 ***	0.338 *	0.968 **
	(0.165)	(0.350)	(0.320)	(0.607)	(0.183)	(0.396)
补奖金额平方	—	−0.254 *	—	−0.498 **	—	−0.303 *
		(0.148)		(0.244)		(0.169)
受访者性别	0.352 **	0.340 **	0.661 ***	0.644 ***	0.443 ***	0.428 ***
	(0.138)	(0.138)	(0.238)	(0.238)	(0.158)	(0.157)
年龄	−0.008	−0.008	−0.015	−0.015	−0.010	−0.010
	(0.007)	(0.007)	(0.012)	(0.011)	(0.008)	(0.008)
受教育年限	−0.026	−0.029	−0.049	−0.053	−0.032	−0.035
	(0.019)	(0.019)	(0.033)	(0.033)	(0.022)	(0.022)
是否外出务工	−0.368 **	−0.377 ***	−0.631 **	−0.658 ***	−0.424 **	−0.432 ***
	(0.145)	(0.145)	(0.247)	(0.248)	(0.166)	(0.166)
劳动力占比	0.451 **	0.404 **	0.890 ***	0.820 **	0.594 ***	0.537 **
	(0.192)	(0.194)	(0.334)	(0.335)	(0.220)	(0.222)
牲畜存栏量	−0.000	−0.000	−0.000	−0.000	−0.000	−0.000
	(0.000)	(0.000)	(0.000)	(0.000)	(0.000)	(0.000)
牧业收入占比	−0.328	−0.347	−0.510	−0.544	−0.462	−0.480 *
	(0.249)	(0.249)	(0.440)	(0.441)	(0.283)	(0.283)
区域虚拟变量	−0.338	−0.306	−0.572	−0.515	−0.393	−0.354
	(0.135)	(0.137)	(0.229)	(0.231)	(0.153)	(0.155)
Log likelihood	−478.941	−477.460	−477.050	−475.207		
Prob>$chi2$	0.008	0.005	0.002	0.001	—	—
Pseudo R^2	0.021	0.024	0.025	0.029		
Adj R^2	—	—	—	—	0.045	0.051

注：* 、** 和 *** 分别代表在 10%、5% 和 1% 的统计水平上显著，括号中数字为稳健标准误。

（1）草原生态补奖政策对农牧民继续从事牧业生产意愿的影响。如表 6 - 10 所示，方程 1 的回归结果显示，补奖金额对农牧民继续从事牧业生产意愿的影响通过了 5% 的显著性检验，且回归系数为正，表明草原生态补奖政策对农牧民继续从事牧业生产的意愿具有显著的正向影响，即补奖金额越多，农牧民继续从事牧业生产的意愿越强烈。这初步验证了本章的假设 6-8，即草原生态补奖在短期内对农牧民继续从事牧业生产的意愿具有正向的促进作用。进一步将补奖金额的平方项纳入模型中进行回归，得到如方程 2 所示的结果。方程 2 的回归结果显示，补奖金额的一次项对农牧民继续从事牧业生产意愿的影响通过了 5% 的显著性检验，二次项对农牧民继续从事牧业生产意愿的影响通过了 10% 的显著性检验，且一次项的回归系数为正，二次项的回归系数为负，表明补奖金额与农牧民继续从事牧业生产意愿之间存在倒 U 型关系。这进一步验证了本章的假设 6-8，随着补奖金额的增加，农牧民继续从事牧业生产的意愿逐渐降低，即草原生态补奖政策与农牧民继续从事牧业生产的意愿二者之间存在倒 U 型关系。基于方程 2 的回归结果计算倒 U 型曲线的拐点，在纳入控制变量的情况下，倒 U 型曲线的拐点为 1.76 万元，即在现有条件下，当草原生态补奖金额为 1.76 万元时，农牧民继续从事牧业生产的意愿转而趋于下降。对样本的描述性统计发现，北方农牧交错区 323 户样本农牧户户均获得的草原生态补奖金额为 0.18 万元，远低于 1.59 万元。表明现有草原生态补奖标准下，对于大部分农牧民而言，其继续从事牧业生产的意愿将随着补奖金额的增加而愈发强烈，拐点尚未来临，但通过草原生态补奖标准的提高，增加农牧民的草原生态补奖收入，以降低其继续从事牧业生产的意愿仍具有现实的可能性。

（2）控制变量对农牧民继续从事牧业生产意愿的影响。如表 6-10 所示，方程 1 的回归结果显示，受访者特征中的受访者性别对农牧民继续从事牧业生产意愿的影响通过了 5% 的显著性检验，且回归结果为正，表明男性受访者相较于女性受访者更愿意继续从事牧业生产，可能的原因在于随着家庭男性劳动力外出务工比例的提高，牧业生产的责任更多的是落在了家庭留守女性的肩上，导致女性受访者继续从事繁重的牧业生产的意愿偏低。是否外出务工对农牧民继续从事牧业生产意愿的影响通过了 5% 的显著性检验，且回归系数为负，表明外出务工的受访者继续从事牧业生产的意愿偏低。家庭特征中的劳动力占比对农牧民继续牧业生产意愿的影响通过了 5% 的显著性检验，且回归系数为正，表明家庭劳动力占比越高，农牧民继续从事牧业生产的意愿越高。可能的原因在于牧业生产作为劳动力密集型产业，需要大量的青壮年劳动力投入，相应的家庭劳动力占比越高，农牧民家庭继续从事牧业生产的意愿往往越强烈。

为检验上述 Oprobit 模型回归结果的稳健性，本节采用 Ologit 模型与 Ols 模型对回归结果进行了稳健性检验。Ologit 模型与 Ols 模型的回归结果如表 6 - 10 所示，补奖金额在短期内对农牧民继续从事牧业生产意愿的正向促进作用与随着补奖金额增加出现的倒 U 型关系仍然显著，表明 Oprobit 模型的回归结果是稳健可靠的。

6.5　本章小结

草原生态补奖政策的实施对农牧民生计最直接的影响是强制性的禁牧与草畜平衡措施对其牧业生计的影响，鉴于此，本章基于实地调研获取的数据，运用实证分析方法从草原生态补奖政策对农牧民减畜、牲畜养殖规模及继续从事牧业生产的意愿三方面分析了草原生态补奖政策对农牧民牧业生计的影响。得出如下结论：

（1）补奖金额与农牧民是否减畜以及减畜率之间均存在稳健的 U 型关系，且正处在 U 型关系的左侧。即当前草原生态补奖政策对农牧民减畜具有不利影响，且由于补奖收入过低，不利影响仍将继续加深；非农牧就业对农牧民是否减畜以及减畜率均具有显著的正向促进作用，且在草原生态补奖影响农牧民是否减畜中具有正向调节作用，但在政策影响农牧民减畜率中的调节作用并不明显，表明通过提高农牧民的非农牧就业收入占比能够缓解草原生态补奖对农牧民是否减畜的不利影响，但对缓解政策对减畜率的不利影响作用不明显。

（2）补奖金额与牲畜养殖规模之间存在稳健的倒 U 型关系，表明补奖政策在短期内对牲畜数量的增加具有积极的促进作用，但随着补奖金额的增加，促进作用将逐渐减弱，最终趋于抑制。农牧民生计分化对牲畜养殖规模的扩大具有抑制作用，且在草原生态补奖与牲畜养殖规模二者关系中具有调节作用。即在倒 U 型曲线的左侧，生计分化能够弱化补奖金额对牲畜养殖规模扩大的促进作用；在倒 U 型曲线的右侧，生计分化能够促使补奖金额对牲畜养殖规模的负向影响趋于放缓，有助于避免因补奖金额的增加引致牲畜养殖数量的锐减。

（3）补奖金额与农牧民继续从事牧业生产意愿之间存在倒 U 型关系。随着补奖金额的增加，农牧民继续从事牧业生产的意愿逐渐降低，即草原生态补奖政策与农牧民继续从事牧业生产的意愿二者之间存在倒 U 型关系。现有草原生态补奖标准下，对于大部分农牧民而言，其继续从事牧业生产的意愿将随着补奖金额的增加而愈发强烈，拐点尚未来临，但通过草原生态补奖标准的提高，增加农牧民的草原生态补奖收入，以降低其继续从事牧业生产的意愿仍具有现实的可能性。

第7章　草原生态补奖政策对农牧民草地资源依赖度的影响

本书在第3章中从农牧民家庭生计活动、劳动力就业和收入三方面就北方农牧交错区农牧民生计对草地资源的依赖度进行了测度，得出当前北方农牧交错区农牧民生计对草地资源的依赖度仍然较高的结论。农牧民生计对草地资源的依赖度过高意味着草地资源仍然是农牧民实现生计目标的重要基础性资源，而实现对草原生态保护的关键是减少农牧民生计对草地资源的扰动，为草原生态的恢复留有空间。同时，如何通过草原生态补奖政策的实施以降低农牧民生计对草地资源的依赖度一直是实践界与理论界面临的难题。鉴于此，本书将借助北方农牧交错区376份农牧民微观数据，在第3章测算农牧民生计对草地资源依赖度的基础上，通过实证方法分析草原生态补奖政策对农牧民草地资源依赖度的影响，以厘清草原生态补奖政策与农牧民生计对草地资源依赖度之间的关系，为如何通过草原生态补奖政策的实施以降低农牧民生计对草地资源的依赖度提供一定的实证参考。

7.1　理论分析

参考国际林业研究中心（Center for International Forestry Research）组织编写的《贫困环境网络技术指南》（Poverty Environment Network Technical Guidelines）以及相关研究成果（Uberhuaga P et al.，2012；José Pablo Prado Córdova et al.，2013），本书将农牧民生计对草地资源的依赖度界定为家庭生计活动、劳动力就业与收入对草地资源的依赖度。对于北方农牧交错区农牧民而言，农牧民生计对草地资源依赖度本质上是农牧民基于家庭资本禀赋做出的生计决策所产生的生计结果，草原生态补奖政策对农牧民生计对草地资源依赖度的影响更多的是通过对农牧民牧业生计决策的影响而实现的。如第 6 章中草原生态补奖政策对农牧民牧业生计的影响所言，根据生态经济学中的"生态经济人"理论，农牧民作为"生态经济人"，既有关注"成本—收益"的经济理性，同时又有追求生态价值的生态理性，其生计决策受经济理性与生态理性二者博弈的影响（Key N and Roberts M J.，2009；周耀治，2014；张炜等，2018），且当经济利益与生态利益发生冲突时，人们更倾向于当前的经济利益，而不愿意为生态利益牺牲经济利益（黄文清、张俊飚，2007；谢花林等，2018）。北方农牧交错区作为生态脆弱区，长期以来在资源禀赋和环境保护政策的双重约束下，区域内贫困发生率与返贫率居高不下。加之当前草原生态补奖标准过低，弥补牧业成本上升的有效性不足，农牧民多面临牧业收益下降，家庭收入减少的窘境（靳乐山、胡振通，2013；胡振通等，2017），在政府要生态与农牧民求生计之间存在严重的激励不相容问题。在此情境下，出于家庭自身生计安全的考虑，实现自身利益最大化的经济理性在农牧民生计决策过程中势必发挥着主导作用，农牧民更多的选择是在获取草原生态补助或奖励的同时，采取对草地资源依赖度较高的生计活动，如采取增加牲畜数量、扩大牧业生产规模的生计决策，相应地牧业生计活动在家庭总体生计活动中的占比、家庭劳动力从事牧业生产的占比、家庭收入中来自草地资源利用的占比将进一步提升，农牧民生计对草地资源的依赖度不降反升。但随着补奖收入的增加，草原生态补奖弥补牧业成本上升，助力生计转换的有效性均得到增强，农牧民生计决策由实现自身利益最大化的经济理性主导向追求生态价值的生态理性主导转换才具有现实的可能性。在此情形下，农牧民采取生计决策所需的生计转换能力基础与主导决策理性往往得到满足，在生计能力与生态理性的双重驱使下，农牧民转而采取对草地资源依赖度较低的生计活动的可能性得到增强，如采取减少牲畜数量，缩小牧业生产规模的生计决策，相应的牧业生计活动在家庭总体生计活动中的占比、家庭劳动力从事牧业生产的占比、家庭收入中来自草地资源利用的占比均将实现降低，农牧民生计对草地资源的依赖度转而降低。基于以上分析，本章提出如下假设：

假设 7-1：草原生态补奖政策在短期内对农牧民家庭生计活动草地资

源依赖度具有正向促进作用，但随着补奖金额的增加，生计活动对草地资源的依赖度转而降低，即草原生态补奖政策与农牧民家庭生计活动对草地资源依赖度二者之间存在倒 U 型关系。

假设 7 - 2：草原生态补奖政策在短期内对农牧民家庭劳动力就业草地资源依赖度具有正向促进作用，但随着补奖金额的增加，劳动力就业对草地资源的依赖度转而降低，即草原生态补奖政策与农牧民家庭劳动力就业对草地资源依赖度二者之间存在倒 U 型关系。

假设 7 - 3：草原生态补奖政策在短期内对农牧民家庭收入对草地资源依赖度具有正向促进作用，但随着补奖金额的增加，农牧民家庭收入对草地资源的依赖度转而降低，即草原生态补奖政策与农牧民家庭收入对草地资源依赖度二者之间存在倒 U 型关系。

7.2　变量选取与模型设立

7.2.1　数据、变量选取与描述性统计

本章所用数据来自笔者 2017 年 7 月赴宁夏回族自治区盐池县和内蒙古自治区鄂托克旗开展的实地调研。在对农牧民生计对草地资源依赖度进行测度时，由于家庭生计活动、劳动力就业与收入所对应的变量存在差异，且本章将生计资本作为中介变量引入草原生态补奖政策对农牧民草地资源依赖度的分析中，在具体的测算过程中对部分样本中的异常值和缺失值进行了删减处理，最终与第 5 章的数据量一致，本章以 376 份农牧民微观调研数据为样本，从农牧民家庭生计活动、劳动力就业与收入对草地资源的依赖度三方面测算得出农牧民家庭生计对草地资源的依赖度，并以此作为因变量，分析草原生态补奖政策对农牧民草地资源依赖度的影响，以及生计资本在草原生态补奖政策对农牧民草地资源依赖度影响中的中介效应。

（1）因变量。生计活动对草地资源依赖度。本书将农牧民生计活动对草地资源的依赖度界定为与草地资源利用密切相关的牧业生计活动在家庭总生计活动中的占比。实地调研中发现，北方农牧交错区农牧民家庭生计活动主要有从事种植业、牧业、建筑业、制造业、交通运输业、批发零售业、维修服务业、教育和医疗卫生等多种类型，其中牧业等生计活动是与草地资源利

用密切相关的生计活动。本章通过牧业等与草地资源利用密切相关的生计活动在家庭总生计活动中的比重来衡量农牧民家庭生计活动对草地资源的依赖度。

劳动力就业对草地资源依赖度。本书将农牧民家庭劳动力对草地资源的依赖度界定为从事与草地资源密切相关行业就业的家庭劳动力占家庭总体劳动力的比重。实际调研中发现，北方农牧交错区家庭生计活动中与草地资源利用密切相关的生计活动主要为牧业等生计活动，相应地家庭劳动力所从事的与草地资源利用密切相关的就业为牧业生产等行业。本章通过家庭劳动力中从事牧业生产等与草地资源利用密切相关行业就业的劳动力占家庭总劳动力的比重来衡量家庭劳动力就业对草地资源的依赖度。

收入对草地资源的依赖度。本书将农牧民家庭收入对草地资源的依赖度界定为家庭依靠对草地资源的利用所获取的各项收入占家庭总收入的比重。实际调研中发现，北方农牧交错区农牧民家庭收入中依靠对草地资源的利用所获取的收入主要包括牧业收入以及草原生态补奖等各项转移性收入。本章通过家庭牧业收入与包括草原生态补奖在内的各项转移性收入占家庭总收入的比重来衡量家庭收入对草地资源的依赖度。

（2）关键自变量。补奖金额。参考现有研究成果（Gao L et al.，2016；王海春等，2017；王丹、黄季焜，2018），本章选取补奖金额表征草原生态补奖政策，分析草原生态补奖对农牧民生计对草地资源依赖度的影响。其中禁牧区宁夏盐池县补奖金额为 2016 年农牧民所获取的禁牧补助，草畜平衡区内蒙古鄂托克旗包括草畜平衡奖励和季节性休牧补助两部分。

（3）中介变量。生计资本。本章在分析草原生态补奖政策对农牧民生计对草地资源依赖度的影响时，考虑到上一章中草原生态补奖政策对农牧民生计资本具有影响，而生计资本作为农牧民的生计核心与基础，势必也会对农牧民生计对草地资源的依赖度产生影响。根据温忠麟等（2005）等有关中介效应的界定，本章在分析草原生态补奖政策对农牧民生计对草地资源依赖度时，引入生计资本作为中介变量，分析生计资本在草原生态补奖政策影响农牧民生计对草地资源依赖度中是否具有一定的中介效应。在具体的实证分析时，基于第 3 章的生计资本测算指标与权重测算得出的农牧民生计资本的结果，将农牧民生计资本分为自然资本、人力资本、物质资本、金融资本和社会资本，依次检验各项生计资本在草原生态补奖政策与农牧民生计对草地资源依赖度二者关系中所扮演的角色。

（4）控制变量。本章选取户主特征、家庭特征和区位特征作为控制变量。由于户主在家庭生产决策中往往扮演着决策者的角色，选取户主的性别、年龄、受教育年限与是否外出务工表征户主特征；选取家庭是否为政府确定的贫困户、家庭抚养比和外出务工的劳动力占比表征家庭特征；选取当地草地退化程度和距离乡镇的距离表征区位特征。各变量的界定及描述性统计结果如表 7-1 所示。

表 7-1　变量界定与描述性统计

变量名称	变量界定及赋值	均值	标准差	最小值	最大值
劳动力就业依赖度	劳动力从事与草地资源利用相关的行业比重	0.592	0.317	0	1
生计活动依赖度	与草地资源利用相关的生计活动比重	0.395	0.208	0	1
收入依赖度	各项收入中与草地资源利用相关的收入比重	0.323	0.270	0	1
生计资本总值	农牧民五项生计资本总值	0.232	0.074	0.097	0.486
自然资本	自然资本值	0.013	0.013	0	0.093
人力资本	人力资本值	0.081	0.024	0.020	0.131
物质资本	物质资本值	0.046	0.017	0.012	0.106
金融资本	金融资本值	0.057	0.028	0	0.188
社会资本	社会资本值	0.035	0.048	0	0.209
补奖金额	草原生态补奖金额（万元）	0.170	0.353	0	3.4
户主特征					
性别	男＝1，女＝0	0.973	0.161	0	1
年龄	户主年龄（岁）	54.670	10.118	24	78
受教育年限	户主受教育年限（年）	5.670	3.451	0	18
是否外出务工	1＝是，0＝否	0.311	0.464	0	1
家庭特征					
是否贫困户	是否政府认定的贫困户；是＝1，否＝0	0.380	0.486	0	1
家庭抚养比	需抚养人口数与家庭总人口之比	0.299	0.320	0	1
外出务工占比	家庭劳动力从事非农牧就业占比	0.308	0.355	0	1

（续）

变量名称	变量界定及赋值	均值	标准差	最小值	最大值
区位特征					
草地退化程度	1＝未退化，2＝不严重，3＝较严重，4＝很严重	1.894	0.755	1	4
到乡镇的距离	距离最近乡镇的距离（千米）	15.139	13.45	0	130
区域虚拟变量	0＝宁夏，1＝内蒙古	0.622	0.485	0	1

7.2.2 模型设立

（1）OLS 模型。以农牧民生计活动、劳动力就业与收入三方面度量的农牧民生计对草地资源的依赖度均为连续变量，因此适宜建立多元线性回归模型，为避免异方差的存在，采用稳健标准误的最小二乘法进行估计分析，本书设立的基本模型如下：

$$RD = \alpha_0 + \alpha_1 subsidy + \alpha_2 subsidy^2 + \sum_{i=1}^{5} \beta_i LC_i + \sum_{i=1}^{4} \gamma_i HH_i$$

$$+ \sum_{i=1}^{3} \delta_i FM_i + \sum_{i=1}^{2} \rho_i AC_i + \theta YC + \varepsilon \qquad (7-1)$$

式（7-1）中 RD 为农牧民生计对草地资源的依赖度；$subsidy$ 为补奖金额；$subsidy^2$ 是为了考察补奖金额与农牧民生计对草地资源依赖度之间可能存在的非线性关系而设置的补奖金额的平方项；LC_i 是衡量家庭生计资本的一组变量，HH_i 是衡量户主特征的一组变量，FM_i 是衡量家庭特征的一组变量，AC_i 是衡量区位特征的一组变量，YC 是区域虚拟变量；ε 为随机扰动项。

（2）中介效应模型。参考现有研究成果，在分析解释变量 X 对被解释变量 Y 的影响时，如果解释变量 X 通过影响解释变量 M 来影响被解释变量 Y，则称解释变量 M 为中介变量（温忠麟等，2005）。假设变量已经中心化或标准化，可采用如图 7-1 所示的路径图和相应的方程来说明变量之间的关系。

其中 c 是解释变量 X 对被解释变量 Y 影响的总效应，ab 是解释变量 X 经过中介变量 M 对被解释变量 Y 影响的中介效应，c' 是解释变量 X 对被解

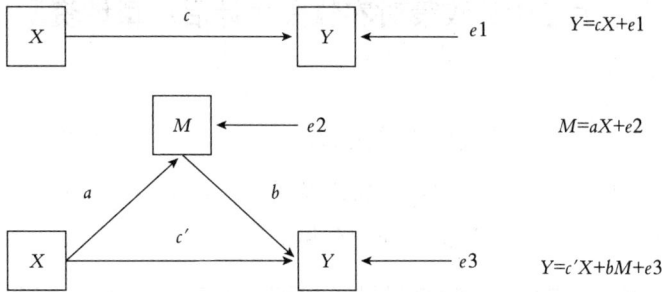

图 7-1 中介变量示意图

释变量 Y 影响的直接效应。当中介变量只有一个时，效应之间的关系为：

$$c = c' + ab \tag{7-2}$$

中介效应可以采用 $c - c' = ab$ 来计算得出（温忠麟等，2005）。本章在分析各项生计资本在草原生态补奖政策与农牧民生计对草地资源依赖度之间关系中的中介效应时采用上述所示的中介效应模型进行检验。

7.3 草原生态补奖政策对农牧民生计草地资源依赖度的影响

在进行模型回归之前，首先对变量进行了多重共线性检验，检验结果表明，最大的方差膨胀因子为 2.33，平均方差膨胀因子为 1.41，均远小于 10，故不存在严重的多重共线性问题。此处仅列出以补奖金额为因变量的检验结果（表 7-2）。

表 7-2 多重共线性检验结果

被解释变量	解释变量	VIF	解释变量	VIF
补奖金额	是否外出务工	2.33	距最近乡镇的距离	1.11
	外出务工占比	2.32	家庭抚养比	1.11
	年龄	1.44	是否贫困户	1.10
	受教育年限	1.36	草地退化严重程度	1.07
	区域虚拟变量	1.24	性别	1.03

7.3.1 草原生态补奖政策对农牧民生计活动草地资源依赖度的影响

在对变量进行多重共线性检验之后，运用 stata14.0 就草原生态补奖政策对农牧民生计活动草地资源依赖度以及各项生计资本在二者关系中可能存在的中介效应进行了回归分析，回归分析的结果如表 7 - 3 和表 7 - 4 所示。

表 7 - 3　草原生态补奖政策对农牧民生计活动草地资源依赖度影响的回归结果

变量	方程 1（OLS）	方程 2（OLS）	方程 3（Tobit）	方程 4（Tobit）
补奖金额	0.045*	0.131**	0.053	0.160**
	(0.023)	(0.054)	(0.035)	(0.073)
补奖金额平方	—	−0.041**	—	−0.051*
		(0.018)		(0.030)
性别	0.026	0.031	0.037	0.043
	(0.111)	(0.112)	(0.073)	(0.073)
年龄	0.000	0.000	−0.000	0.000
	(0.001)	(0.001)	(0.001)	(0.001)
受教育年限	−0.001	−0.001	−0.001	−0.001
	(0.003)	(0.003)	(0.004)	(0.004)
是否外出务工	−0.027	−0.024	−0.035	−0.032
	(0.030)	(0.031)	(0.038)	(0.038)
是否贫困户	0.021	0.021	0.024	0.024
	(0.020)	(0.020)	(0.025)	(0.025)
家庭抚养比	0.045	0.049	0.043	0.049
	(0.038)	(0.038)	(0.038)	(0.038)
外出务工占比	−0.181***	−0.184***	−0.192***	−0.196***
	(0.041)	(0.042)	(0.049)	(0.049)
距最近乡镇的距离	−0.001	−0.001	−0.001	−0.001
	(0.001)	(0.001)	(0.001)	(0.001)
草地退化严重程度	0.016	0.017	0.020	0.021
	(0.014)	(0.014)	(0.016)	(0.016)
区域虚拟变量	−0.050**	−0.045*	−0.061**	−0.054**
	(0.024)	(0.025)	(0.027)	(0.027)

（续）

变量	方程 1（OLS）	方程 2（OLS）	方程 3（Tobit）	方程 4（Tobit）
常数项	0.415 ***	0.388 ***	0.416 ***	0.383 ***
	(0.145)	(0.148)	(0.119)	(0.120)
Log likelihood	—	—	−48.887	−47.493
Prob>$chi2$	—	—	0.000	0.000
Pseudo R^2	—	—	0.404	0.421
Prob>F	0.000	0.000	—	—
R-squared	0.181	0.187	—	—

注：*、**和***分别代表在10%、5%和1%的统计水平上显著，模型1与模型2括号中数字为估计系数对应的稳健标准误，模型3与模型4括号中数字为估计系数对应的标准误。

（1）草原生态补奖政策。如表 7 - 3 所示，方程 1 的回归结果显示，补奖金额对农牧民生计活动对草地资源依赖度的影响通过了 10%的显著性检验，且回归系数为正，表明草原生态补奖政策对农牧民生计活动对草地资源依赖度具有显著的正向影响，即补奖金额越多，农牧民生计活动对草地资源依赖度越高。这初步验证了本章的假设 7 - 1，即草原生态补奖政策在短期内对农牧民生计活动对草地资源的依赖度具有正向的促进作用。进一步将补奖金额的平方项纳入模型中进行回归，得到如方程 2 所示的结果。方程 2 的回归结果显示，补奖金额的一次项与二次项对农牧民生计活动对草地资源依赖度的影响均通过了 5%的显著性检验，且一次项的回归系数为正，二次项的回归系数为负，表明补奖金额与农牧民生计活动对草地资源的依赖度之间存在倒 U 型关系。这进一步验证了本章的假设 7 - 1，随着补奖金额的增加，生计活动对草地资源的依赖度转而降低，即草原生态补奖政策与农牧民家庭生计活动对草地资源依赖度二者之间存在倒 U 型关系。基于方程 2 的回归结果计算倒 U 型曲线的拐点，在纳入控制变量的情况下，倒 U 型曲线的拐点为 1.59 万元，即在现有条件下，当草原生态补奖金额为 1.59 万元时，农牧民生计活动对草地资源依赖度上升的趋势将得到缓解，转而趋于下降。对样本的描述性统计发现，北方农牧交错区 376 户样本农牧民户均获得的草原生态补奖金额为 0.17 万元，远低于 1.59 万元。表明现有草原生态补奖标准下，对于大部分农牧民而言，家庭生计活动对草地资源依赖度将进一步上升，拐点尚未来临，但通过草原生态补奖标准的提高，增加农牧民的草原生态补奖收入，以此增强农牧民的谋生能力，降低其生计活动对草地资源的依赖度仍具有现实的可能性。

（2）控制变量。如表 7 - 3 所示，方程 1 与方程 2 的回归结果显示，家庭特征中的外出务工占比对家庭生计活动对草地资源依赖度的影响通过了 1% 的显著性检验，且回归系数为负，表明家庭劳动力外出务工占比对家庭生计活动对草地资源依赖度具有显著的负向影响，即家庭劳动力外出务工占比越高，家庭生计活动对草地资源的依赖度越低。可能的原因在于，家庭劳动力外出务工的就业形式主要是非农牧就业，非农牧就业往往与草地资源的关联程度低。而本书界定的家庭生计活动对草地资源的依赖度是通过与草地资源密切相关的牧业生计活动在家庭所有生计活动中的地位来衡量。家庭劳动力外出务工的比例越高，生计活动中与草地资源利用密切相关的生计活动的占比往往越低，相应地农牧民家庭生计活动对草地资源的依赖度往往越低。

为检验上述 OLS 模型回归的结果的稳健性，本节采用 Tobit 模型对回归结果进行了稳健性检验。Tobit 模型的回归结果如表 7 - 3 所示，补奖金额在短期内对农牧民生计活动对草地资源依赖度的正向促进作用与随着补奖金额增加出现的倒 U 型关系仍然显著，表明 OLS 模型的回归结果是稳健可靠的。

（3）生计资本的中介效应。为进一步考察生计资本在草原生态补奖政策对农牧民生计活动对草地资源依赖度影响中的中介效应，本章基于第 3 章构建的农牧民生计资本的指标体系与权重测算得出的农牧民五项生计资本值，检验各项生计资本的中介效应，检验结果显示，农牧民五项生计资本中，仅有自然资本在草原生态补奖对农牧民生计活动草地资源的依赖度影响中存在中介效应。

表 7 - 4　农牧民自然资本中介效应的回归结果

变量	自然资本	生计活动依赖度
补奖金额	0.011 ***	0.026
	(0.002)	(0.022)
自然资本	—	1.655 **
		(0.651)

（续）

变量	自然资本	生计活动依赖度
性别	0.003	0.021
	(0.003)	(0.111)
年龄	−0.000	0.000
	(0.000)	(0.001)
受教育年限	−0.000	−0.001
	(0.000)	(0.003)
是否外出务工	0.002	−0.031
	(0.002)	(0.030)
是否贫困户	0.001	0.019
	(0.001)	(0.020)
家庭抚养比	−0.005 **	0.053
	(0.002)	(0.039)
外出务工占比	−0.007 ***	−0.169 ***
	(0.002)	(0.042)
距最近乡镇的距离	0.000 *	−0.001
	(0.000)	(0.001)
草地退化严重程度	0.001	0.015
	(0.001)	(0.013)
区域虚拟变量	−0.003 **	−0.045 *
	(0.001)	(0.024)
常数项	0.015 ***	0.390 ***
	(0.006)	(0.145)
Prob>F	0.000	0.000
R-squared	0.217	0.189

注：＊、＊＊ 和 ＊＊＊ 分别代表在 10％、5％ 和 1％ 的统计水平上显著，括号中数字为稳健标准误。

如表 7 - 4 所示，以自然资本为因变量的回归结果显示，补奖金额对自然资本的影响通过了 1％ 的显著性检验，且回归系数为正；以生计活动对草地资源依赖度为因变量的回归结果显示，纳入自然资本变量后，自然资本对农牧民生计活动草地资源依赖度的影响通过了 5％ 的显著性检验，且回归系数为正，而补奖金额对农牧民生计活动草地资源依赖度的回归系数不显著，回归系数为正。根据温忠麟等（2005）有关中介效应的检验方法，以上模型的回归结果表明，自然资本在草原生态补奖对农牧民生计活动草地资源依赖度的影响中存在中介效应，且草原生态补奖对农牧民生计活动草地资源依赖度的影响主要是通过自然资本的中介效应实现的。

7.3.2 草原生态补奖政策对家庭劳动力就业草地资源依赖度的影响

运用stata14.0就草原生态补奖政策对农牧民家庭劳动力就业草地资源依赖度以及各项生计资本在二者关系中可能存在的中介效应进行了回归分析，回归分析的结果如表7-5、表7-6和表7-7所示。

表7-5 草原生态补奖政策对家庭劳动力就业草地资源依赖度影响的回归结果

变量	方程5（OLS）	方程6（OLS）	方程7（Tobit）	方程8（Tobit）
补奖金额	0.079 **	0.097	0.117 *	0.105
	(0.031)	(0.076)	(0.071)	(0.144)
补奖金额平方	—	−0.009	—	0.006
		(0.028)		(0.065)
性别	0.168 *	0.169 *	0.280 **	0.279 **
	(0.097)	(0.098)	(0.139)	(0.139)
年龄	0.008 ***	0.008 ***	0.013 ***	0.013 ***
	(0.002)	(0.002)	(0.003)	(0.003)
受教育年限	0.000	0.000	0.001	0.001
	(0.005)	(0.005)	(0.008)	(0.008)
是否外出务工	0.097 *	0.097 *	0.164 **	0.164 **
	(0.053)	(0.053)	(0.071)	(0.071)
是否贫困户	0.035	0.035	0.062	0.062
	(0.030)	(0.030)	(0.048)	(0.048)
家庭抚养比	−0.355 ***	−0.354 ***	−0.546 9 ***	−0.547 ***
	(0.052)	(0.052)	(0.075)	(0.076)
外出务工占比	−0.342 ***	−0.343 ***	−0.554 ***	−0.554 ***
	(0.071)	(0.071)	(0.075)	(0.095)
距最近乡镇的距离	−0.001	−0.001	−0.001	−0.001
	(0.001)	(0.001)	(0.002)	(0.002)

（续）

变量	方程 5（OLS）	方程 6（OLS）	方程 7（Tobit）	方程 8（Tobit）
草地退化严重程度	0.056 ***	0.056 ***	0.089 ***	0.089 ***
	(0.018)	(0.019)	(0.031)	(0.031)
区域虚拟变量	−0.096 ***	−0.095 ***	−0.159 ***	−0.159 ***
	(0.034)	(0.034)	(0.052)	(0.053)
常数项	0.096	0.090	−0.153	−0.160
	(0.158)	(0.160)	(0.226)	(0.229)
Log likelihood	—	—	−248.299	−248.295
Prob>$chi2$	—	—	0.000	0.000
Pseudo R^2	—	—	0.208	0.208
Prob>F	0.000	0.000	—	—
R-squared	0.296	0.296	—	—

注：*、** 和 *** 分别代表在 10%、5% 和 1% 的统计水平上显著，方程 5 与方程 6 括号中数字为估计系数对应的稳健标准误，方程 7 与方程 8 括号中数字为估计系数对应的标准误。

（1）草原生态补奖政策。如表 7 - 5 所示，方程 5 的回归结果显示，补奖金额对家庭劳动力就业草地资源依赖度的影响通过了 5% 的显著性检验，且回归系数为正，表明草原生态补奖对家庭劳动力就业草地资源依赖度具有显著的正向影响，即补奖金额越多，家庭劳动力就业对草地资源依赖度越高。这初步验证了本章的假设 7 - 2，即草原生态补奖政策在短期内对家庭劳动力就业对草地资源的依赖度具有正向的促进作用。进一步将补奖金额的平方项纳入模型中进行回归，得到如方程 6 所示的结果。方程 6 的回归结果显示，补奖金额的一次项与二次项对农牧民生计活动对草地资源依赖度的影响均未通过显著性检验，表明补奖金额与农牧民生计活动对草地资源的依赖度之间的倒 U 型关系并不存在，这与本章的假设 7 - 2 不符。可能的原因在于，当前北方农牧交错区草原生态补奖标准仍然偏低，农牧民所获取的草原生态补奖金额较少，以劳动力就业度量的农牧民生计对草地资源依赖度的拐点尚未达到；在草原生态补奖标准过低，弥补牧业生产成本上升有效性不足，补奖收入不足以助力农牧民生计转型的情境下，农牧民更多的是选择增加牲畜数量，扩大牧业生产规模，将家庭劳动力更多地投入到牧业生产中，以短期内增加牧业生产收入。

（2）控制变量。如表 7-5 所示，方程 5 与方程 6 的回归结果虽显示草原生态补奖政策与家庭劳动力对草地资源依赖度的倒 U 型关系并不存在，但控制变量中的户主特征、家庭特征与区域特征对劳动力就业草地资源依赖度均具有显著影响。具体而言，户主特征中的户主年龄对家庭劳动力就业草地资源依赖度的影响通过了 1% 的显著性检验，且回归系数为正，表明户主年龄对家庭劳动力就业草地资源依赖度具有显著的正向影响，即户主年龄越大，家庭劳动力就业对草地资源的依赖度越高。可能的原因在于，对于户主为家庭主要劳动力的家庭而言，户主年龄越大，外出务工的能力越弱，相应的家庭劳动力从事与草地资源利用密切相关的牧业生产的概率越高，家庭劳动力就业对草地资源的依赖度越高。家庭特征中的家庭抚养比与家庭劳动力外出务工的比重对家庭劳动力就业对草地资源依赖度的影响均通过了 1% 的显著性检验，且回归系数为负，表明家庭抚养比与劳动力外出务工占比对家庭劳动力就业对草地资源的依赖度具有显著的负向影响，即家庭抚养比越高，劳动力外出务工比例越高，家庭劳动力就业对草地资源的依赖度越低。可能的原因在于，家庭抚养比越高，意味着家庭抚养负担越重，农牧民家庭主要劳动力往往选择通过外出务工的方式获得更高的非农牧就业收入，以缓解家庭的抚养负担，相应的家庭劳动力就业对草地资源依赖度越低。区域特征中的草地退化程度对家庭劳动力就业草地资源的依赖度通过了 1% 的显著性检验，且回归系数为正，表明草地退化程度对家庭劳动力就业草地资源的依赖度具有显著的正向影响，二者之间存在显著的正相关关系，即草地退化程度越严重，家庭劳动力就业草地资源的依赖度越强。可能的原因在于，二者之间的正相关关系是由于家庭劳动力就业对草地资源依赖度过高的情况下，区域内人与牲畜的活动对草地生态环境的扰动程度越强，不利于草地生态环境的恢复，造成草地退化程度更加严重。

为检验上述 OLS 模型回归的结果的稳健性，本节采用 Tobit 模型对回归结果进行了稳健性检验。Tobit 模型的回归结果如表 7-5 所示，补奖金额在短期内对家庭劳动力就业草地资源依赖度的正向促进作用与各控制变量对家庭劳动力就业草地资源依赖度的影响方向无显著差异，表明 OLS 模型的回归结果是稳健可靠的。

（3）生计资本的中介效应。为进一步考察生计资本在草原生态补奖政策对家庭劳动力就业草地资源依赖度影响中的中介效应，本章基于第 3 章构建的农牧民生计资本的指标体系与权重测算得出的农牧民五项生计资本值，检验各项生计资本的中介效应，检验结果显示，农牧民五项生计资本中，自然资本与物质资本在草原生态补奖对家庭劳动力就业草地资源的依赖度影响中存在中介效应。

表 7 - 6　农牧民自然资本中介效应的回归结果

变量	自然资本	劳动力就业依赖度
补奖金额	0.011 ***	0.034
	(0.002)	(0.033)
自然资本	—	3.953 ***
		(1.196)
性别	0.003	0.156
	(0.003)	(0.097)
年龄	−0.000	0.009 ***
	(0.000)	(0.002)
受教育年限	−0.000	0.001
	(0.000)	(0.005)
是否外出务工	0.002	0.088 *
	(0.002)	(0.052)
是否贫困户	0.001	0.031
	(0.001)	(0.029)
家庭抚养比	−0.005 **	−0.336 ***
	(0.002)	(0.052)
外出务工占比	−0.007 ***	−0.313 ***
	(0.002)	(0.070)
距最近乡镇的距离	0.000 *	−0.001
	(0.000)	(0.001)
草地退化严重程度	0.001	0.053 ***
	(0.001)	(0.018)
区域虚拟变量	−0.003 **	−0.083 **
	(0.001)	(0.033)
常数项	0.015 ***	0.037
	(0.006)	(0.158)

（续）

变量	自然资本	劳动力就业依赖度
Prob>F	0.000	0.000
R-squared	0.217	0.316

注：*、**和***分别代表在10%、5%和1%的统计水平上显著，括号中数字为估计系数对应的稳健标准误。

如表7-6所示，以自然资本为因变量的回归结果显示，补奖金额对自然资本的影响通过了1%的显著性检验，且回归系数为正；以家庭劳动力就业对草地资源依赖度为因变量的回归结果显示，纳入自然资本变量后，自然资本对家庭劳动力就业草地资源依赖度的影响通过了1%的显著性检验，且回归系数为正，而补奖金额对生计活动对草地资源依赖度的回归系数不显著，回归系数为正。根据温忠麟和叶宝娟（2014）有关中介效应的检验方法，以上模型的回归结果表明，自然资本在草原生态补奖政策对家庭劳动力就业草地资源依赖度的影响中存在部分中介效应。

表7-7 农牧民物质资本中介效应的回归结果

变量	物质资本	劳动力就业依赖度
补奖金额	0.009 ***	0.065 **
	(0.003)	(0.030)
物质资本	—	1.561 *
		(0.872)
性别	0.002	0.166
	(0.005)	(0.103)
年龄	−0.000 ***	0.009 ***
	(0.000)	(0.002)
受教育年限	0.000	0.000
	(0.000)	(0.005)
是否外出务工	−0.007 **	0.107 **
	(0.003)	(0.053)
是否贫困户	−0.003 **	0.041
	(0.002)	(0.031)
家庭抚养比	−0.010 ***	−0.339 ***
	(0.002)	(0.053)

（续）

变量	物质资本	劳动力就业依赖度
外出务工占比	0.002	−0.346***
	(0.004)	(0.070)
距最近乡镇的距离	0.000	−0.001
	(0.000)	(0.001)
草地退化严重程度	−0.001	0.057***
	(0.001)	(0.019)
区域虚拟变量	−0.002	−0.094***
	(0.002)	(0.033)
常数项	0.071***	−0.015
	(0.009)	(0.169)
Prob>F	0.000	0.000
R-squared	0.216	0.302

注：*、** 和 *** 分别代表在 10%、5% 和 1% 的统计水平上显著，括号中数字为估计系数对应的稳健标准误。

如表 7-7 所示，以物质资本为因变量的回归结果显示，补奖金额对物质资本的影响通过了 1% 的显著性检验，且回归系数为正；以家庭劳动力就业草地资源依赖度为因变量的回归结果显示，纳入物质资本变量后，物质资本对家庭劳动力就业草地资源依赖度的影响通过了 1% 的显著性检验，且回归系数为正；补奖金额对家庭劳动力就业草地资源依赖度的影响通过了 5% 的显著性检验，且回归系数为正。根据温忠麟和叶宝娟（2014）有关中介效应的检验方法，以上模型的回归结果表明，物质资本在草原生态补奖政策对家庭劳动力就业草地资源依赖度的影响中存在部分中介效应。

7.3.3 草原生态补奖政策对农牧民收入草地资源依赖度的影响

运用 stata14.0 就草原生态补奖政策对农牧民家庭收入草地资源依赖度以及各项生计资本在二者关系中可能存在的中介效应进行了回归分析，回归分析的结果如表 7-8、表 7-9 和表 7-10 所示。

表 7-8 草原生态补奖政策对家庭收入草地资源依赖度影响的回归结果

变量	方程 9（OLS）	方程 10（OLS）	方程 11（Tobit）	方程 12（Tobit）
补奖金额	0.178 ***	0.338 ***	0.201 ***	0.407 ***
	(0.033)	(0.073)	(0.041)	(0.085)
补奖金额平方		−0.077 ***		−0.099 ***
		(0.026)		(0.036)
性别	0.114	0.123 *	0.154 *	0.167 *
	(0.070)	(0.066)	(0.087)	(0.087)
年龄	−0.004 ***	−0.004 ***	−0.005 ***	−0.005 ***
	(0.002)	(0.002)	(0.002)	(0.002)
受教育年限	0.006	0.006	0.007	0.007
	(0.004)	(0.004)	(0.005)	(0.005)
是否外出务工	−0.030	−0.024	−0.041	−0.034
	(0.040)	(0.040)	(0.045)	(0.044)
是否贫困户	0.030	0.031	0.045	0.046
	(0.027)	(0.027)	(0.029)	(0.029)
家庭抚养比	−0.053	−0.044	−0.069	−0.058
	(0.041)	(0.041)	(0.044)	(0.044)
外出务工占比	−0.208 ***	−0.214 ***	−0.221 ***	−0.229 ***
	(0.050)	(0.050)	(0.058)	(0.058)
距最近乡镇的距离	0.000	−0.000	−0.000	−0.001
	(0.001)	(0.001)	(0.001)	(0.001)
草地退化严重程度	−0.018	−0.017	−0.020	−0.019
	(0.019)	(0.019)	(0.018)	(0.018)
区域虚拟变量	0.130 ***	0.139 ***	0.135 ***	0.147 ***
	(0.028)	(0.028)	(0.032)	(0.032)
常数项	0.419 ***	0.371 ***	0.411 ***	0.347 **
	(0.123)	(0.121)	(0.140)	(0.141)
Log likelihood	—	—	−56.717	−52.881
Prob>$chi2$	—	—	0.000	0.000
Pseudo R^2	—	—	0.460	0.496
Prob>F	0.000	0.000	—	—
R-squared	0.216	0.228	—	—

注：*、** 和 *** 分别代表在 10%、5%和 1%的统计水平上显著，模型 9 与模型 10 括号中数字为估计系数对应的稳健标准误，模型 11 与模型 12 括号中数字为估计系数对应的标准误。

（1）草原生态补奖。如表 7-8 所示，方程 9 的回归结果显示，补奖金额对家庭收入草地资源依赖度的影响通过了 1% 的显著性检验，且回归系数为正，表明草原生态补奖政策对家庭收入草地资源依赖度具有显著的正向影响，即补奖金额越多，家庭收入对草地资源依赖度越高。这初步验证了本章的假设 7-3，即草原生态补奖政策在短期内对家庭收入草地资源的依赖度具有正向的促进作用。进一步将补奖金额的平方项纳入模型中进行回归，得到如方程 10 所示的结果。方程 10 的回归结果显示，补奖金额的一次项与二次项对家庭收入草地资源依赖度的影响均通过了 1% 的显著性检验，且一次项的回归系数为正，二次项的回归系数为负，表明补奖金额与家庭收入草地资源的依赖度之间存在倒 U 型关系。这进一步验证了本章的假设 7-3，随着补奖金额的增加，家庭收入对草地资源的依赖度转而降低，即草原生态补奖与农牧民家庭收入草地资源依赖度二者之间存在倒 U 型关系。基于方程 10 的回归结果计算倒 U 型曲线的拐点，在纳入控制变量的情况下，倒 U 型曲线的拐点为 2.21 万元，即在现有条件下，当草原生态补奖金额为 2.21 万元时，农牧民家庭收入对草地资源依赖度上升的趋势将得到缓解，转而趋于下降。通过对样本的描述性统计发现，北方农牧交错区 376 户样本农牧民户均获得的草原生态补奖金额为 0.17 万元，远低于 2.21 万元。表明现有草原生态补奖标准下，对于大部分农牧民而言，家庭收入对草地资源依赖度将进一步上升，拐点尚未来临，但通过草原生态补奖标准的提高，增加农牧民的草原生态补奖收入，以此增强农牧民的谋生能力，降低其收入对草地资源的依赖度仍具有现实的可能性。

（2）控制变量。如表 7-8 所示，方程 9 与方程 10 的回归结果显示，户主特征中的户主年龄对家庭收入草地资源依赖度的影响通过了 1% 的显著性检验，且回归系数为负，表明户主年龄对家庭收入草地资源依赖度具有显著的负向影响，即户主年龄越大，家庭收入对草地资源的依赖度越低。可能的原因在于，通过实地调研发现，北方农牧交错区户主在家庭中的角色存在两种情形，一种是户主为家庭的主要劳动力，承担着抚育子女和照顾老人的双重负担，在此情境下，户主作为家庭主要的劳动力，通常选择外出务工的方式获取更高的收入以维持家庭日常的开支；另一种是户主并非家庭的主要劳动力，往往是仅具有部分或者完全不具有劳动能力的家庭成员，在北方农牧交错区特殊的生产生活条件下，此类户主多选择与子女共同居住，其虽仍为户主，但往往由子女照料赡养，家庭中的劳动力往往同样承担着抚育子女和照顾老人的双重负担，往往通过选择外出务工的方式获取更高的收入。以上两种情景导致户主的年龄越大，家庭收入中非农牧收入的占比往往越高，通过草地资源获取的收入占比往往越低，相应的家庭收入对草地资源的依赖度往往越低。家庭特征中的外出务工占比对家庭收入草地资源依赖度的影响通过了 1% 的显著性检验，且回归系数为负，表明家庭劳动力外出务工占比对家庭收入草地资源依赖度具有显著的负向影响，即家庭劳动力外出务工占比越高，家庭收入对草地资源的依赖度越低。可能的原因在于，家庭劳动力外出务工的就业形式主要是非农牧就业，家庭劳动力外出务工的比例越高相应地获取的非农牧就业收入往往越高，此类收入与草地资源的关联程度往往较低。而本书界定的家庭收入对草地资源的依赖度是通过牧业收入与包括草原生态补奖在内的各项转移性收入占家庭总收入的比重来衡量。家庭劳动力外出务工的比例越高，家庭收入中与草地资源密切相关的收入占比往往越低，相应地农牧民家庭收入对草地资源的依赖度往往越低。

为检验上述 OLS 模型回归结果的稳健性，本节采用 Tobit 模型对回归结果进行了稳健性检验。Tobit 模型的回归结果如表 7-8 所示，补奖金额在短期内对家庭收入草地资源依赖度的正向促进作用与随着补奖金额增加出现的倒 U 型关系仍然显著，表明 OLS 模型的回归结果是稳健可靠的。

（3）生计资本的中介效应。为进一步考察生计资本在草原生态补奖政策对家庭收入草地资源依赖度影响中的中介效应，本章基于第 3 章构建的农牧民生计资本的指标体系与权重测算得出的农牧民五项生计资本值，检验各项生计资本的中介效应，检验结果显示，农牧民五项生计资本中，自然资本与物质资本在草原生态补奖政策对家庭收入草地资源的依赖度影响中存在中介效应。

表 7-9　农牧民自然资本中介效应的回归结果

变量	自然资本	收入依赖度
补奖金额	0.011 ***	0.153 ***
	(0.002)	(0.032)

（续）

变量	自然资本	收入依赖度
自然资本	—	2.176*
		(1.205)
性别	0.003	0.107
	(0.003)	(0.066)
年龄	−0.000	−0.004***
	(0.000)	(0.001)
受教育年限	−0.000	0.006
	(0.000)	(0.004)
是否外出务工	0.002	−0.035
	(0.002)	(0.040)
是否贫困户	0.001	0.028
	(0.001)	(0.027)
家庭抚养比	−0.005**	−0.042
	(0.002)	(0.041)
外出务工占比	−0.007***	−0.192***
	(0.002)	(0.050)
距最近乡镇的距离	0.000*	−0.000
	(0.000)	(0.001)
草地退化严重程度	0.001	−0.020
	(0.001)	(0.019)
区域虚拟变量	−0.003**	0.138***
	(0.001)	(0.028)
常数项	0.015***	0.387***
	(0.006)	(0.122)
Prob>F	0.000	0.000
R-squared	0.217	0.225

注：*、** 和 *** 分别代表在 10%、5% 和 1% 的统计水平上显著，括号中数字为稳健标准误。

如表 7-9 所示，以自然资本为因变量的回归结果显示，补奖金额对自然资本的影响通过了 1% 的显著性检验，且回归系数为正；以家庭收入对草地资源依赖度为因变量的回归结果显示，纳入自然资本变量后，自然资本对家庭收入草地资源依赖度的影响通过了 10% 的显著性检验，且回归系数为正，而补奖金额对家庭收入草地资源依赖度的影响通过了 1‰ 的显著性检验，且回归系数为正。根据温忠麟和叶宝娟（2014）有关中介效应的检验方法，以上模型的回归结果表明，自然资本在草原生态补奖对家庭收入草地资源依赖度的影响中存在部分中介效应，草原生态补奖对农牧民收入草地资源依赖度的影响一方面是通过自然资本的中介效应实现的，另一方面是草原生态补奖对收入依赖度的直接效应。

表 7 - 10　农牧民物质资本中介效应的回归结果

变量	物质资本	收入依赖度
补奖金额	0.009 ***	0.145 ***
	(0.003)	(0.032)
物质资本	—	3.641 ***
		(0.727)
性别	0.002	0.108
	(0.005)	(0.074)
年龄	−0.000 ***	−0.003 *
	(0.000)	(0.002)
受教育年限	0.000	0.005
	(0.000)	(0.004)
是否外出务工	−0.007 **	−0.005
	(0.003)	(0.040)
是否贫困户	−0.003 **	0.043
	(0.002)	(0.026)
家庭抚养比	−0.010 ***	−0.016
	(0.002)	(0.040)
外出务工占比	0.002	−0.216 ***
	(0.004)	(0.049)
距最近乡镇的距离	0.000	−0.000
	(0.000)	(0.001)
草地退化严重程度	−0.001	−0.016
	(0.001)	(0.019)
区域虚拟变量	−0.002	0.137 ***
	(0.002)	(0.027)

（续）

变量	物质资本	收入依赖度
常数项	0.071 ***	0.161
	(0.009)	(0.141)
Prob>F	0.000	0.000
R-squared	0.216	0.302

注：＊、＊＊和＊＊＊分别代表在10％、5％和1％的统计水平上显著，括号中数字为稳健标准误。

如表 7 - 10 所示，以物质资本为因变量的回归结果显示，补奖金额对物质资本的影响通过了 1％的显著性检验，且回归系数为正；以家庭收入对草地资源依赖度为因变量的回归结果显示，纳入物质资本变量后，物质资本对家庭收入草地资源依赖度的影响通过了 1％的显著性检验，且回归系数为正；补奖金额对家庭收入草地资源依赖度的影响通过了 1％的显著性检验，且回归系数为正。根据温忠麟和叶宝娟（2014）有关中介效应的检验方法，以上模型的回归结果表明，物质资本在草原生态补奖对家庭收入草地资源依赖度的影响中存在部分中介效应，草原生态补奖对农牧民收入草地资源依赖度的影响一方面是通过物质资本的中介效应实现的，另一方面是草原生态补奖对收入依赖度的直接效应。

7.4　本章小结

通过草原生态补奖政策的实施降低农牧民生计对草地资源的依赖度，减少农牧民生计活动对草地生态的直接扰动，对于促进草地生态的恢复，避免农牧民生计因脆弱的草地资源而受到不必要的冲击，增强农牧民生计的稳定性具有重要的意义。鉴于此，本章基于实地调研获取的北方农牧交错区 376 份农牧民微观数据，在从家庭生计活动、劳动力就业与收入三方面测度家庭生计活动对草地资源依赖度的基础上，运用实证分析方法分析了草原生态补奖政策对农牧民生计草地资源依赖度的影响，以及生计资本在草原生态补奖政策对农牧民生计草地资源依赖度影响中存在的中介效应，得出如下结论：

（1）从家庭生计活动、劳动力就业与收入三方面就农牧民生计对草地资源依赖度进行衡量，并在此基础上分析草原生态补奖与农牧民生计草地资源依赖度之间的关系具有一定的合理性，得出的结论具有稳健性。现有研究多从收入与消费方面衡量农户生计对自然资源的依赖度，本章在借鉴现有研究的基础上，分别从农牧民家庭生计活动、劳动力就业和收入三方面分析了草原生态补奖政策对农牧民生计草地资源依赖度的影响，模型回归结果均呈现出草原生态补奖政策在短期内对农牧民生计草地资源的依赖度具有正向的促进作用，家庭生计活动与收入对草地资源依赖度与补奖金额之间呈现出倒 U 型关系。结合第 3 章有关农牧民生计对草地资源依赖度的描述统计结果可以得出，本书从家庭生计活动、劳动力就业与收入三方面对农牧民生计对草地资源依赖度进行衡量均能反映出当前北方农牧交错区农牧民生计对草地资源具有较高依赖性，且在拐点之前，补奖金额越高，生计对草地资源的依赖度越高的特点，表明从以上三方面就农牧民生计对草地资源依赖度进行衡量，并在此基础上分析草原生态补奖与农牧民生计草地资源的依赖度具有一定的合理性，得出的结果具有稳健性。

（2）草原生态补奖政策与家庭生计活动草地资源依赖度二者之间存在倒 U 型关系。草原生态补奖政策在短期内对农牧民家庭生计活动草地资源依赖度具有正向的促进作用，但随着补奖金额的增加，家庭生计活动对草地资源依赖度转而趋于下降，二者之间存在倒 U 型关系，且拐点为 1.59 万元。在现有草原生态补奖标准下，对于大部分农牧民而言，家庭生计活动对草地资源依赖度与补奖金额之间的关系仍处于倒 U 型曲线的左侧；但通过草原生态补奖标准的提高，增加农牧民的草原生态补奖收入，以此增强农牧民的谋生能力，降低其生计活动对草地资源的依赖度仍具有现实的可能性。

（3）草原生态补奖政策在短期内对家庭劳动力就业草地资源依赖度具有正向促进作用。模型回归结果显示，补奖金额对家庭劳动力就业对草地资源依赖度具有正向的促进作用，未呈现出倒 U 型关系，可能的原因在于当前补奖金额仍然较低。此外家庭劳动力就业对草地资源的依赖度还受户主特征中的户主年龄、家庭特征中的家庭抚养比与家庭劳动力外出务工的比重、区域特征中的草地退化程度的影响。

（4）草原生态补奖政策与农牧民家庭收入草地资源依赖度二者之间存在倒 U 型关系。补奖金额对家庭收入对草地资源的依赖度在短期内具有正向的促进作用，但随着补奖金额的增加，家庭收入对草地资源依赖度转而趋于下降，二者之间存在倒 U 型关系，且拐点为 2.21 万元。在现有草原生态补奖标准下，对于大部分农牧民而言，家庭收入对草地资源依赖度与补奖金额之间的关系仍处于倒 U 型曲线的左侧；但通过草原生态补奖标准的提高，增加农牧民的草原生态补奖收入，以此增强农牧民的谋生能力，降低其收入对草地资源的依赖度仍具有现实的可能性。

（5）生计资本在草原生态补奖政策对农牧民生计草地资源依赖度的影响中具有中介效应。具体而言，自然资本在草原生态补奖政策对家庭生计活动草地资源依赖度的影响中具有完全中介效应；在草原生态补奖政策对家庭劳动力就业与收入草地资源依赖度的影响中具有部分中介效应；物质资本在草原生态补奖政策对家庭劳动力就业与收入草地资源依赖度的影响中具有部分中介效应。据此，应重视农牧民自然资本与物质资本在草原生态补奖政策对农牧民家庭生计草地资源依赖度影响中的中介效应。

第 8 章　草原生态补奖政策对农牧民收入及其稳定性的影响

本书在第 3 章中通过对北方农牧交错区农牧民收入及其稳定性的描述性统计发现，当前北方农牧民交错区农牧民收入稳定性仍处于较低水平，收入来源渠道较为单一，应对收入波动冲击的能力仍然较弱。与此同时，如何实现以农牧交错区为代表的生态脆弱区生态保护与缓解贫困、抑制返贫发生的有机结合，确保贫困农户脱贫后不返贫，实现收入的稳定可持续一直是困扰理论界与实践界的难题。鉴于此，本章基于实地调研获取的北方农牧交错区355 份农牧民微观数据，运用最小二乘与分位数回归模型分析草原生态补奖政策对农牧民，尤其是贫困农牧民收入及其稳定性的影响，以检验草原生态补奖政策助力北方农牧交错区脱贫攻坚的有效性。

8.1　理论分析

当前，我国扶贫开发工作已进入攻坚克难的关键阶段（吴乐等，2017）。截至 2018 年年底，我国仍有 1 660 万农村贫困人口。其中，西部农村贫困人口为 916 万，占全国农村贫困人口的 55.18%，且多分布于地理空间不经济和生态环境相对脆弱的生态脆弱区（董锁成等，2003）。其中，农牧交错区作为生态脆弱区内草地农业和耕地农业的契合发展带及东部地区重要的生态安全屏障，自 20 世纪 80 年代以来，在自然因素和人为因素的共同作用下，区域内土地沙化，草地退化问题日益严重（侯向阳，2014）。且在资源禀赋和环境保护政策的双重约束下，农牧户收入总体偏低，贫困发生率与返贫率长期居高不下（米文宝等，2013），极易陷入"生态—贫困"的恶性循环陷阱，使得该区域的脱贫攻坚任务成为扶贫开发中最难啃的硬骨头（甘庭宇，2018；丁佳俊、陈思杭，2019）。如何实现以北方农牧交错区为代表的生态脆弱区生态保护与缓解贫困、抑制返贫发生的有机结合一直是困扰理论界与实践界的难题。2015 年 11 月中央召开的扶贫工作会议和国务院发布的《中共中央　国务院关于打赢脱贫攻坚战的决定》均提出要增加重点生态功能区转移支付，通过生态补偿脱贫一批。2018 年六部委联合印发的《生态扶贫工作方案》与 2019 年中央 1 号文件中均提出，应当将生态补偿扶贫作为脱贫攻坚工作中的一项重要举措来实施，促进生态脆弱的贫困区生态保护工作与扶贫开发工作相协调。一系列政策文件的出台表明，决策层已把生态补偿作为统筹解决生态脆弱区环境保护与脱贫攻坚难题的一项行之有效的手段来看待，对生态补偿的实施与完善提出了新要求（吴乐等，2018）。鉴于此，结合典型生态脆弱区生态补偿实施的典型案例，分析、验证生态补偿助力生态脆弱区脱贫攻坚的有效性显得尤为必要。

尽管国内外就生态补偿的内涵界定与实践等方面存在较大差异，学者仍就生态补偿与缓解贫困之间的关系展开了诸多有益的研究。部分学者认为生态补偿扶贫可以成为促进贫困地区可持续发展的一种新型扶贫方式，能够实现保护生态环境与缓解贫困二者目标的有机结合（Pagiola S and Platais G，2004；Li X E and Li Q，2013；Ingram J C et al.，2012）。生态补偿缓解贫困作用的实现主要通过两种方式：一是通过现金补贴的方式增加参与者的转移性收入，二是通过促进参与者生计方式的转变，实现其非农收入的增加（Corbera E，2009；Yin R et al.，2014）。而就生态补偿的作用主体而言，生态补偿更有利于增加低收入群体的非农收入，以缓解其贫困程度（杜洪燕、武晋，2016；Wang P et al.，2017；朱烈夫等，2018）。部分学者则持相反的观点，认为生态补偿的实施不仅加剧了收入的不公平性，不利于缓解贫困（Ingram J C，2012），反而会因为兼顾扶贫这一目标导致保护生态的目标难以实现（Muradian R et al.，2010）。原因在于补偿区内农户的生计往往相对单一，且更依赖于自然资源，生态补偿可能会通过剥夺农户对自然资源的利用权而对其收入产生负向影响（Landellmills N and Porras I T，2002；李欣等，2015）。除此之外，也有学者持折中的态度，认为生态补偿是否有利于缓解贫困取决于补偿机制在设计之初是否能够对贫困产生的机理、生态系统的各项功能以及贫困与生态二者之间的关系形成科学合理的认识，并在此基础上采取有针对性的措施，以实现保护生态与缓解贫困的双重目标（Fisher B，2012）。同时，补偿标准的高低与补偿方式的选择也会显著影响生态补偿的扶贫效果。也有学者认为生态补偿在短期内不可避免地会使农户的收入受到冲击，但从长期来看，生态补偿具有显著的减贫作用（Locatelli B et al.，2008）。以上分析表明，现有研究虽已就生态补偿与缓解贫困之间的关系做了大量的研究，但当前尚未形成统一的认识。且就生态补偿政策缓解贫困方面的研究多指广义上的增加农户收入，鲜有研究瞄准贫困收入群体参与生态补偿的实际收益状况，以检验生态补偿是否有助于缓解贫困。鉴于此，有必要基于实地调研获取的农牧民微观数据，从增加贫困农牧民收入方面分析草原生态补奖助力脱贫攻坚的有效性。对于北方农牧交错区而言，草原生态补奖政策对农牧民收入最直接的影响在于通过给予农牧民直接的现金补偿以增加其转移性收入，进而对家庭总收入产生影响，这一收入效应是显而易见的。通过实地调研发现，北方农牧交错区农牧民家庭收入除补奖收入外，还包含农业、牧业收入与非农牧收入。鉴于此，本书着重分析草原生态补奖政策对农牧民农业、牧业与非农牧收入的影响。具体而言，草原生态补奖政策作为强制性的行政命令性政策，若政策在农牧民中间得到严格的贯彻落实，势必会因减畜的需要而导致农牧民家庭牧业收入减少，相应地如前文所述因减畜导致的家庭剩余劳动力的非农牧就业会引致家庭非农牧收入增加。若补奖政策得不到彻底的贯彻落实，农牧民在获取补奖收入后转而扩大牧业生产规模，势必会引致牧业收入增加。综上所述，对于北方农牧交错区农牧民而言，草原生态补奖作为直接的现金补偿方式，会对农牧民家庭收入造成影响，但影响方向不确定。鉴于此，本章提出如下假设：

假设 8 - 1：草原生态补奖政策对农牧民收入具有影响，但影响方向不确定。

在以往诸多扶贫实践中，如何确保贫困农户脱贫后不返贫，实现收入的稳定可持续是一个特别突出且必须高度重视的问题（刘俊文，2017）。同样，在通过生态补偿助力扶贫过程中，如何确保脱贫农户不返贫，实现脱贫后"稳得住"，避免脱贫农户因收入的不稳定性重新陷入"生态—贫困"的陷阱显得尤为重要。鉴于此，有必要基于实地调研获取的农牧民微观数据，从提高农牧民收入稳定性方面分析、验证草原生态补奖政策助力脱贫攻坚的有效性，以期为发挥草原生态补奖助力脱贫攻坚的作用提供一定的实证参考。对于北方农牧交错区而言，草原生态补奖的实施不可避免地会对农牧民的牧业生产造成影响，进而导致家庭劳动力就业的非农牧转移，相应地会增加农牧民家庭收入来源渠道，分散收入风险，总体而言对于提升农牧民家庭收入的稳定性具有积极作用。鉴于此，本章提出如下假设：

假设 8 - 2：草原生态补奖政策对于提升农牧民收入稳定性具有积极作用。

8.2　变量选取与模型设立

8.2.1　数据、变量选取与描述性统计

本章所用数据来自笔者 2017 年 7 月赴宁夏回族自治区盐池县和内蒙古自治区鄂托克旗开展的实地调研。为保证样本数据的科学性与合理性，根据样本农牧民是否为政府认定的建档立卡贫困户（人均纯收入低于 2 736 元），将样本农牧民分为贫困农牧民与非贫困农牧民。为最大限度上避免贫困农牧民和非贫困农牧民在家庭劳动力禀赋、牲畜数量等方面的差异而造成的草原生态补奖对其收入影响的不同，将非贫困农牧民按照年总收入由低到高进行排序，剔除了非贫困农牧民中的高收入农牧民，仅保留中低收入农牧民，这部分非贫困农牧民虽不属于建档立卡贫困农牧民，但其人均可支配收入与建档立卡贫困农牧民相差并不大。最终获得有效样本 355 份，问卷有效率为91.5％。有效问卷中建档立卡贫困农牧民为 185 份，其中宁夏回族自治区盐池县为 130 份，内蒙古自治区鄂托克旗为 55 份。

（1）因变量。家庭人均年总收入。选取家庭人均年总收入表征农牧民家庭收入状况，家庭人均年总收入由包括农业收入、牧业收入与非农牧业收入（经营性收入与工资性收入）在内的 2016 年家庭总收入除以家庭总人口数得出。

收入稳定性。参考现有研究成果（蒋维等，2014；吴孔森等，2016），本章采用收入稳定性指数表征农牧民收入稳定性。农牧民收入稳定性指数反映了其收入来源渠道的多样性与均衡程度，通过收入来源渠道的多少与收入在各项收入中分布的均衡程度来表征农牧民收入稳定性的高低（徐爽、胡业

翠，2018）。根据香农·威纳（Shannon-wiener）多样性测算方法对农牧民收入稳定性进行测算，当稳定性数值为 0 时，表明农牧民仅有一种收入来源，收入稳定性程度往往越低；稳定性数值越高，表明收入来源越多，各收入占比越均匀，农牧民抗风险能力与逆返贫的能力越强，收入的稳定性也随之越高。计算公式为：

$$Stability = -\sum_{i=1}^{s} p_i \ln p_i \qquad (8-1)$$

式（8-1）中：$Stability$ 为农牧民收入稳定性指数，p_i 为农牧民家庭的某项收入来源占总收入的比重，s 表示收入来源的种类。

（2）关键变量。是否贫困农牧民。根据是否属于政府认定的建档立卡贫困户对样本农牧民进行分类，若农牧民属于政府认定的建档立卡贫困户则记为"1"，否则记为"0"。

补奖金额。选取补奖金额表征草原生态补奖政策。现有草原生态补奖机制下，补奖金额与农牧民参与禁牧或草畜平衡的草地面积严格挂钩，补奖金额越多，表明草原生态补奖政策对农牧民家庭收入与生计的影响强度越高。其中宁夏回族自治区盐池县补奖金额主要为 2016 年农牧民获取的禁牧补助收入，内蒙古自治区鄂托克旗补奖金额包括 2016 年农牧民获取的草畜平衡奖励和季节性休牧补助收入两部分。

（3）控制变量。诸多研究表明，资本禀赋作为农牧民赖以谋生的基础，会对家庭收入及其稳定性产生影响（丁士军等，2016；徐爽、胡业翠，2018）。为控制家庭禀赋特征变量对收入及其稳定性的影响，参考现有研究成果（道日娜，2014；乌云花等，2017），结合样本区域实际情况，引入 13 个变量表征家庭禀赋特征。同时，在中国传统的农村社会，户主作为家庭经济活动与重大事项的主要决策者，其自身特征因素势必会对家庭收入及其稳定性产生影响。为控制户主特征对收入及其稳定性的影响，引入户主性别、年龄、受教育年限及是否外出务工等 4 个变量表征户主特征。生态脆弱贫困区贫困问题往往与地理区位和生态问题交织在一起，为控制地理区位及生态状况对收入及其稳定性的影响，引入距离最近乡镇的距离、草地退化状况和区域虚拟变量表征地理区位、生态状况及省域之间的差异。变量的界定及描述性统计如表 8-1 所示。

表 8 - 1　变量界定与描述性统计

变量	变量界定及赋值	均值	标准差	最小值	最大值
人均年总收入	2016 年家庭人均总收入（万元）	1.360	1.618	0.16	4.83
收入稳定性	由收入稳定性计算公式测算得到	1.263	0.430	0	2.314
是否贫困农牧户	是＝1，否＝0	0.521	0.500	0	1
补奖金额	草原生态补奖收入（万元）	0.164	0.358	0	3.4
成年劳动力占比	18～65 岁成年劳动力人数占家庭总人口比重（%）	69.123	32.530	0	100
劳动力受教育程度	18～65 岁成年劳动力平均受教育程度（年）	5.662	3.441	0	18
土地面积	家庭实际经营土地面积（亩）	41.289	39.295	0	350
水浇地占比	实际经营土地面积中水浇地占比（%）	49.888	45.821	0	100
生产性财产	家庭拥有生产性资产的数量与问卷所列选项（包括播种机、旋耕机、粉草机等共 9 项）之比	0.177	0.108	0	0.583
生活性财产	家庭拥有生活性资产的数量与问卷所列选项（包括电视机、冰箱、洗衣机等共 11 项）之比	0.521	0.141	0.091	0.818
牲畜数量	2016 年年末牲畜存栏量（头）	64.490	77.472	0	485
住房禀赋	房屋类型：1＝土木结构，2＝砖瓦结构，3＝混凝土结构；房间数量：2 间＝0.2，3 间＝0.4，4 间＝0.6，5 间＝0.8，6 间及以上＝1；住房禀赋＝房屋类型×0.5＋房间数量×0.5	0.609	0.152	0.25	1
银行借贷	近 3 年从银行获得的贷款金额（万元）	4.203	7.018	0	45
非正规渠道借贷	近 3 年通过亲戚及民间渠道获得的贷款金额（万元）	1.094	4.456	0	50
商业保险	购买保险与问卷所列保险（包括财产保险、人寿保险与健康保险等共 3 项）之比	0.162	0.221	0	1
亲友数量	遇到困难时能提供帮助的亲戚数量（户）	9.166	10.147	0	70
集体活动参与度	1＝不参与，2＝几乎不参与，3＝一般，4＝比较频繁，5＝非常频繁	2.451	1.479	1	5

（续）

变量	变量界定及赋值	均值	标准差	最小值	最大值
性别	女＝0，男＝1	0.975	0.157	0	1
年龄	户主实际年龄（岁）	54.915	10.287	24	80
受教育年限	户主实际受教育年限（年）	5.558	3.466	0	18
是否外出务工	否＝0，是＝1	0.315	0.465	0	1
距乡镇距离	距离最近乡镇的距离（千米）	14.421	12.894	2	130
草地退化状况	1＝未退化，2＝不严重，3＝较严重，4＝很严重	1.895	0.765	1	4
区域虚拟变量	0＝内蒙古，1＝宁夏	0.639	0.481	0	1

8.2.2　模型设立

本章的被解释变量家庭人均年总收入与收入稳定性均为随机连续变量，且二者的条件分布均服从正态分布，故采用针对此类数据常用的最小二乘回归模型（OLS）。模型的具体设置如下式所示：

$$Income = \alpha_0 + \alpha_1 Poor + \alpha_2 Subsidy + \alpha_3 Poor \times Subsidy$$
$$+ \alpha_4 Controls' + \varepsilon \qquad\qquad (8-2)$$

$$Stability = \beta_0 + \beta_1 Poor + \beta_2 Subsidy + \beta_3 Poor \times Subsidy$$
$$+ \beta_4 Controls' + \delta \qquad\qquad (8-3)$$

式（8-2）中 $Income$ 为人均年总收入，式（8-3）中 $Stability$ 为收入稳定性；式（8-2）与式（8-3）中 $Poor$ 为是否为贫困农牧户；$Subsidy$ 为补奖收入；$Poor \times Subsidy$ 是为了考察补奖收入是否能够缓解贫困、增强收入稳定性而设置的交叉项；$Controls'$ 为控制变量所构成向量的转置；ε 和 δ 为随机扰动项。

在采用普通最小二乘法对式（8-2）和式（8-3）进行估计的同时，运用分位数回归估计方法做进一步的分析。原因在于运用分位数回归分析补奖收入对人均年总收入及收入稳定性的影响，能够更加精确地呈现出补奖收入对贫困户中不同收入水平段农牧户影响程度的差异，并基于此就草原生态补奖政策能否助力生态脆弱区脱贫攻坚做出更加科学合理的判断。

8.3　草原生态补奖政策对农牧民收入的影响

（1）草原生态补奖政策的益贫效应。在进行回归之前，我们首先对数据进行了多重共线性检验。多重共线性检验结果如表 8-2 所示，为节省篇幅仅展示以"补奖收入"为被解释变量的检验结果。检验结果表明，最大的方差膨胀因子为 2.41，平均方差膨胀因子为 1.39，都远小于 10，故不存在明显的多重共线性问题。为避免异方差的存在，采用稳健标准误最小二乘回归进行估计。模型估计结果如表 8-3 所示。

表 8-2　多重共线性检验结果

被解释变量	解释变量	VIF	解释变量	VIF
补奖金额	劳动力受教育程度	2.41	土地面积	1.19
	区域虚拟变量	1.99	集体活动参与度	1.19
	受教育年限	1.86	距乡镇距离	1.19
	年龄	1.86	商业保险	1.18
	水浇地占比	1.74	是否贫困农牧户	1.18
	牲畜数量	1.43	住房禀赋	1.17
	生产性财产	1.36	亲友数量	1.12
	银行借贷	1.32	草地退化状况	1.11
	生活性财产	1.27	非正规渠道借贷	1.07
	是否外出务工	1.25	性别	1.06
	成年劳动力占比	1.24	—	—

表 8-3　草原生态补奖政策益贫效应的 OLS 回归结果

变量名称	方程 1（总样本）	方程 2（总样本）	方程 3（贫困农牧户）	方程 4（非贫困农牧户）
是否贫困农牧户	−0.356**	−0.317**		
	(0.147)	(0.145)		
补奖金额	0.858***	0.815***	1.164***	−1.096
	(0.213)	(0.194)	(0.259)	(1.336)
是否贫困农牧户×补奖金额	—	1.295***		
		(0.287)		

（续）

变量名称	方程 1 （总样本）	方程 2 （总样本）	方程 3 （贫困农牧户）	方程 4 （非贫困农牧户）
成年劳动力占比	0.010 2***	0.009***	0.010***	0.013**
	(0.003)	(0.003)	(0.003)	(0.005)
劳动力受教育程度	0.041	0.045	0.040	−0.051
	(0.030)	(0.030)	(0.030)	(0.051)
土地面积	0.006**	0.006**	0.003	0.011***
	(0.003)	(0.003)	(0.003)	(0.003)
水浇地占比	0.007***	0.007***	0.005**	0.009**
	(0.002)	(0.002)	(0.002)	(0.004)
生产性财产	0.304	0.392	0.915	0.516
	(0.671)	(0.649)	(1.015)	(1.105)
生活性财产	0.793	0.782	0.028	1.673*
	(0.544)	(0.529)	(0.702)	(0.870)
牲畜数量	0.004**	0.004***	0.004	0.003
	(0.001)	(0.001)	(0.003)	(0.002)
住房禀赋	0.933*	1.036**	1.319**	0.558
	(0.510)	(0.492)	(0.651)	(0.925)
银行借贷	0.019*	0.020*	0.009	0.040**
	(0.011)	(0.010)	(0.020)	(0.018)
非正规渠道借贷	0.007	0.007	0.009	−0.021
	(0.014)	(0.014)	(0.012)	(0.032)
商业保险	0.672	0.766*	0.648*	0.792
	(0.416)	(0.409)	(0.390)	(0.822)
亲友数量	0.012*	0.012*	0.011	0.008
	(0.007)	(0.007)	(0.009)	(0.011)
集体活动参与度	−0.046	−0.032	−0.095	0.053
	(0.055)	(0.054)	(0.063)	(0.106)
性别	0.498*	0.498*	0.607**	−0.301
	(0.286)	(0.296)	(0.259)	(0.576)
年龄	0.029***	0.028***	0.022**	0.025*
	(0.008)	(0.008)	(0.010)	(0.015)

（续）

变量名称	方程 1 （总样本）	方程 2 （总样本）	方程 3 （贫困农牧户）	方程 4 （非贫困农牧户）
受教育年限	0.001	0.005	−0.020	0.044
	(0.031)	(0.030)	(0.034)	(0.038)
是否外出务工	0.170	0.133	−0.061	0.397
	(0.186)	(0.179)	(0.201)	(0.308)
距乡镇距离	−0.001	−0.001	0.009	−0.008
	(0.006)	(0.006)	(0.006)	(0.009)
草地退化状况	0.023	0.026	0.073	−0.015
	(0.091)	(0.088)	(0.113)	(0.180)
区域虚拟变量	−0.279	−0.291	0.295	−0.602
	(0.234)	(0.228)	(0.272)	(0.387)
F 值	13.51	14.24	8.80	8.97
Prob $>F$	0.000	0.000	0.000	0.000
R^2	0.402	0.434	0.477	0.377

注：＊、＊＊和＊＊＊分别表示在 10%、5%和 1%的统计水平上显著；括号中数字为稳健标准误。

表 8-3 中方程 1 与方程 2 的估计结果均显示，在控制了家庭禀赋特征、户主特征、地理区位、生态状况及区域特征等因素的情况下，补奖金额均在 1%的统计水平上显著正向影响家庭人均年总收入，表明草原生态补奖政策的实施能够显著促进农牧民家庭收入的增长。方程 2 的估计结果显示，补奖金额与是否贫困农牧民的交叉项在 1%的统计水平上显著正向影响家庭人均年总收入，且方程 2 的拟 R^2 值为 0.434，显著大于方程 1 的拟 R^2 值 0.402，根据温忠麟等（2005）有关调节效应的界定，可以得出补奖金额在是否贫困农牧民与家庭人均年总收入之间具有积极的调节作用，表明相较于非贫困农牧民，贫困农牧民从草原生态补奖政策中的获益更大，即草原生态补奖政策具有显著的益贫效应。进一步根据样本是否为建档立卡贫困户，将农牧民分为贫困农牧民和非贫困农牧民并进行分组回归。方程 3 贫困农牧民与方程 4 非贫困农牧民的估计结果显示，补奖金额在 1%的统计水平上显著正向影响贫困农牧民家庭人均年总收入，而对非贫困农牧民家庭人均年总收入影响并不显著。这进一步表明草原生态补奖政策具有显著的益贫效应，能够缓解贫困农牧民的贫困程度。

表 8-4　草原生态补奖政策益贫效应的分位数回归结果

变量名称	0.1分位	0.2分位	0.3分位	0.4分位	0.5分位	0.6分位	0.7分位	0.8分位	0.9分位
补奖金额	0.827***	0.869**	0.809**	1.205***	1.309***	1.328***	1.149***	0.986***	0.851
	(0.266)	(0.295)	(0.344)	(0.376)	(0.361)	(0.342)	(0.335)	(0.360)	(0.736)
成年劳动力占比	0.003	0.004*	0.003	0.004	0.006*	0.012***	0.009***	0.014***	0.020***
	(0.002)	(0.002)	(0.003)	(0.003)	(0.004)	(0.004)	(0.004)	(0.005)	(0.006)
劳动力受教育程度	0.013	0.003	0.021	0.058	0.046	0.027	0.015	−0.004	−0.032
	(0.049)	(0.045)	(0.042)	(0.039)	(0.038)	(0.043)	(0.051)	(0.059)	(0.077)
土地面积	0.002	0.002	0.004	0.004	0.007	0.007	0.011**	0.009*	0.008
	(0.003)	(0.004)	(0.004)	(0.004)	(0.004)	(0.004)	(0.005)	(0.005)	(0.007)
水浇地占比	0.002	0.004*	0.005**	0.006*	0.007**	0.007*	0.008**	0.003	0.005
	(0.002)	(0.002)	(0.003)	(0.003)	(0.004)	(0.004)	(0.004)	(0.004)	(0.005)
生产性财产	−0.747	0.242	0.451	0.597	0.605	0.958	1.951	1.022	1.647
	(1.008)	(0.942)	(0.922)	(0.949)	(1.090)	(1.136)	(1.246)	(1.519)	(2.083)
生活性财产	1.544**	1.390*	1.033	1.318*	1.347	0.221	−0.363	−0.123	−0.182
	(0.762)	(0.731)	(0.676)	(0.746)	(0.841)	(0.897)	(0.943)	(1.062)	(1.232)
牲畜数量	0.003	0.004*	0.005**	0.004	0.004	0.005	0.008**	0.007*	0.009**
	(0.002)	(0.002)	(0.003)	(0.003)	(0.003)	(0.003)	(0.003)	(0.003)	(0.004)
住房禀赋	0.443	−0.298	0.155	0.882	0.961	1.161	1.655***	2.523***	2.569**
	(0.706)	(0.647)	(0.631)	(0.598)	(0.668)	(0.723)	(0.814)	(0.896)	(1.234)

（续）

变量名称	0.1分位	0.2分位	0.3分位	0.4分位	0.5分位	0.6分位	0.7分位	0.8分位	0.9分位
银行借贷	0.018	0.011	0.016	0.011	0.004	−0.002	0.001	−0.003	−0.011
	(0.019)	(0.018)	(0.019)	(0.022)	(0.024)	(0.024)	(0.026)	(0.032)	(0.049)
非正规渠道借贷	0.008	0.001	0.002	0.000	−0.000	−0.001	−0.001	0.013	0.065
	(0.020)	(0.019)	(0.018)	(0.019)	(0.024)	(0.028)	(0.034)	(0.043)	(0.044)
商业保险	0.561	0.644	0.778*	0.861*	1.158**	0.523	0.586	0.420	0.763
	(0.444)	(0.412)	(0.437)	(0.483)	(0.541)	(0.537)	(0.525)	(0.534)	(0.672)
亲友数量	−0.001	0.015	0.015	0.010	0.013	0.010	0.005	0.004	0.040
	(0.012)	(0.013)	(0.012)	(0.012)	(0.012)	(0.013)	(0.013)	(0.016)	(0.024)
集体活动参与度	0.005	−0.063	−0.072	−0.139*	−0.172**	−0.096	−0.079	−0.018	−0.121
	(0.056)	(0.057)	(0.066)	(0.073)	(0.083)	(0.082)	(0.083)	(0.096)	(0.131)
性别	0.210	−0.004	0.044	0.181	0.385	0.215	0.165	0.575	−0.091
	(0.352)	(0.337)	(0.347)	(0.372)	(0.406)	(0.442)	(0.438)	(0.541)	(0.766)
年龄	0.021*	0.023**	0.024**	0.028**	0.034**	0.048***	0.043***	0.036*	0.045
	(0.011)	(0.009)	(0.010)	(0.012)	(0.015)	(0.015)	(0.016)	(0.019)	(0.030)
受教育年限	−0.018	0.003	−0.017	−0.022	−0.028	0.028	0.011	0.023	0.078
	(0.041)	(0.039)	(0.038)	(0.040)	(0.043)	(0.049)	(0.057)	(0.070)	(0.091)
是否外出务工	−0.019	0.169	0.126	0.110	0.215	0.214	0.266	−0.053	−0.098
	(0.194)	(0.214)	(0.230)	(0.243)	(0.270)	(0.295)	(0.308)	(0.342)	(0.496)

（续）

变量名称	0.1 分位	0.2 分位	0.3 分位	0.4 分位	0.5 分位	0.6 分位	0.7 分位	0.8 分位	0.9 分位
距乡镇距离	−0.003	0.008	0.014	0.015*	0.012	0.016*	0.011	0.010	0.005
	(0.009)	(0.009)	(0.009)	(0.008)	(0.009)	(0.009)	(0.010)	(0.010)	(0.014)
草地退化状况	−0.018	−0.062	0.015	0.030	0.038	0.047	0.029	0.116	0.075
	(0.096)	(0.098)	(0.105)	(0.120)	(0.145)	(0.163)	(0.168)	(0.179)	(0.253)
区域虚拟变量	0.121	0.326	0.325	0.540*	0.535	0.611	0.602	0.061	0.133
	(0.279)	(0.265)	(0.272)	(0.304)	(0.333)	(0.381)	(0.430)	(0.486)	(0.639)
常数项	−2.327**	−2.131**	−2.505**	−3.403***	−4.016***	−4.753***	−4.200**	−4.102**	−4.292
	(1.154)	(0.975)	(0.994)	(1.195)	(1.438)	(1.520)	(1.547)	(1.793)	(2.689)
R-squared	0.231	0.266	0.281	0.299	0.321	0.334	0.366	0.400	0.433

注：*、**和***分别表示在10%、5%和1%的统计水平上显著；括号中数字为稳健标准误。

（2）草原生态补奖政策益贫效应的分解。进一步对草原生态补奖政策的益贫效应进行分解，探究草原生态补奖政策益贫效应的发生路径。首先，就补奖金额对贫困农牧民家庭人均年总收入的影响进行分位数回归，考察其对不同收入水平段贫困农牧民家庭人均年总收入影响的差异，回归结果如表8-4所示。其次，将贫困农牧民2016年家庭总收入分解为农业、牧业与非农牧业收入（不包括草原生态补奖收入），分别进行稳健标准误最小二乘回归，回归结果如表8-5所示。

表8-4的估计结果表明，补奖金额的系数在0.1~0.8分位数上均显著为正，进一步表明草原生态补奖政策的益贫效应明显。但从系数的大小来看，补奖金额的系数大致呈现出倒U型趋势，即草原生态补奖政策对贫困户中的中等收入水平段农牧民的益贫效应更加明显，对极端贫困农牧民与收入水平相对较高的贫困农牧民益贫效应相对较弱。这表明，草原生态补奖政策虽然具有显著的益贫效应，但对不同收入水平段贫困户的益贫效应存在差异，在通过草原生态补奖助力脱贫攻坚的过程中，扶贫对象的选取应该更加"精准"，着眼于草原生态补奖促进贫困户中的中等收入群体增收的作用，以最大限度上发挥其助力脱贫攻坚的效能。

表8-5　草原生态补奖政策益贫效应的分解

变量名称	农业收入	牧业收入	非农牧业收入
补奖金额	0.568	0.268***	−0.080
	(0.358)	(0.100)	(0.097)
成年劳动力占比	0.002	0.003	0.017*
	(0.002)	(0.010)	(0.010)
劳动力受教育程度	0.007	0.098	0.666***
	(0.039)	(0.121)	(0.129)
土地面积	0.012*	0.001	0.002
	(0.006)	(0.006)	(0.007)
水浇地占比	0.015***	0.001	−0.011
	(0.003)	(0.009)	(0.009)
生产性财产	2.027**	2.184	3.676
	(0.992)	(2.964)	(3.440)
生活性财产	−0.166	−2.157	6.381**
	(0.523)	(2.082)	(2.725)
牲畜数量	−0.003	0.021***	0.001
	(0.003)	(0.005)	(0.005)

（续）

变量名称	农业收入	牧业收入	非农牧业收入
住房禀赋	1.024	1.784	3.696*
	(0.669)	(1.983)	(2.213)
银行借贷	0.020	0.084	−0.041
	(0.018)	(0.052)	(0.058)
非正规渠道借贷	−0.003	−0.094***	0.092*
	(0.008)	(0.031)	(0.051)
商业保险	0.252	2.111	0.192
	(0.354)	(1.377)	(1.398)
亲友数量	0.014	−0.019	0.032
	(0.010)	(0.030)	(0.042)
集体活动参与度	−0.138**	−0.035	−0.099
	(0.063)	(0.214)	(0.233)
性别	0.417	2.114	−0.433
	(0.274)	(1.372)	(1.753)
年龄	−0.011	−0.022	0.076*
	(0.011)	(0.035)	(0.040)
受教育年限	−0.005	−0.098	−0.378***
	(0.041)	(0.139)	(0.129)
是否外出务工	−0.561**	−1.787**	4.096***
	(0.281)	(0.786)	(0.783)
距乡镇距离	0.014**	−0.008	0.018
	(0.006)	(0.025)	(0.029)
草地退化状况	−0.052	0.121	0.294
	(0.154)	(0.424)	(0.432)
区域虚拟变量	0.717**	1.950*	0.491
	(0.289)	(1.035)	(1.013)
常数项	−0.883	1.099	−8.824**
	(1.097)	(3.290)	(4.055)
F 值	4.96	7.90	10.76
R-squared	0.475	0.358	0.396

注：*、**和***分别表示在10%、5%和1%的统计水平上显著；括号中数字为稳健标准误。

表 8-5 的估计结果显示，补奖金额在 1‰ 的统计水平上对贫困农牧民

牧业收入具有显著的正向影响，这表明，草原生态补奖政策的益贫效应更多地是通过增加贫困农牧民的牧业收入来实现。同时，根据实地调研获取的数据，牧业收入占样本贫困农牧民家庭年总收入的比例高达 44.19%，可见牧业收入已成为贫困农牧民家庭收入的重要组成部分，在促进贫困农牧民增收过程中扮演着重要的角色。可能的原因在于：首先，无论是宁夏回族自治区盐池县的禁牧补助政策，还是内蒙古自治区鄂托克旗的草畜平衡奖励与季节性休牧补贴政策，两区在政策实施的过程中均不是简单的"一禁了之"，彻底地剥夺农牧民对草地资源的利用，而是在给予农牧民补奖的同时，通过舍饲圈养或以草定畜的方式，合理地引导当地牧业产业尤其是养羊业的发展，将养羊业作为重要的产业扶贫项目，以促进贫困农牧民增收。其次，草原生态补奖政策已进入第二轮的政策实施期（2016—2020 年），相较于第一轮政策实施期（2011—2015 年），补奖标准得到较大程度提高，农牧民补奖收入显著增加，牧业生产成本上升的压力得到较大程度的缓解，有利于调动农牧民的牧业生产积极性。模型的这一回归结果也验证了现有研究：在生态脆弱区推行生态补偿政策过程中，通过合理地利用和发挥当地的资源禀赋优势，寻求生态补偿与产业扶贫相结合，以助力脱贫攻坚的有效性（甘庭宇，2018；王晓毅，2018）。

表 8-5 的估计结果中补奖金额对农业收入与非农牧业收入的影响均不显著，且单从影响方向来看，补奖收入对非农牧收入的增加具有不利影响。可能的原因在于，根据实地调研的数据，样本贫困农牧民户均牲畜数量为 51 头，表明农牧民的牧业生产规模较大。牧业生产作为劳动密集型产业，生产规模越大往往意味着需要投入的劳动力数量，尤其是青壮年劳动力数量越多（王丹等，2018）。而农牧民致贫的一个重要因素是缺乏有效的劳动力供给，在劳动力数量有限的情况下，牧业生产的发展势必会对外出务工劳动力的投入产生一定的挤出效应。在补奖收入与牧业收入呈正向相关的情形下，补奖收入的增加势必会通过促进牧业收入的增加对非农牧业收入的增加产生不利影响。

8.4　草原生态补奖政策对农牧民收入稳定性的影响

为考察草原生态补奖政策能否提高贫困农牧民收入稳定性，抑制返贫的发生，本章在参考香农·威纳指数测算贫困农牧民收入稳定性的基础上，分析补奖金额与贫困农牧民收入稳定性之间的关系。回归结果如表8-6、表8-7所示。

表8-6 农牧民收入稳定性影响因素的 OLS 回归结果

变量名称	方程5 （总样本）	方程6 （总样本）	方程7 （贫困农牧民）	方程8 （非贫困农牧民）
是否贫困农牧民	-0.109 **	-0.080 *	—	—
	(0.047)	(0.046)		
补奖金额	0.018 ***	0.017 ***	0.028 ***	0.006
	(0.006)	(0.006)	(0.009)	(0.010)
是否贫困农牧民×补奖金额	—	0.068 ***	—	—
		(0.012)		
成年劳动力占比	0.002 **	0.001 **	0.002 **	0.000
	(0.001)	(0.001)	(0.001)	(0.001)
劳动力受教育程度	0.013	0.011	0.007	0.018
	(0.009)	(0.009)	(0.012)	(0.014)
土地面积	0.001 **	0.001 **	0.001	0.001
	(0.001)	(0.001)	(0.001)	(0.001)
水浇地占比	0.000	0.001	0.000	0.000
	(0.001)	(0.001)	(0.001)	(0.001)
生产性财产	0.290	0.331	0.349	0.234
	(0.223)	(0.219)	(0.312)	(0.335)
生活性财产	0.235	0.186	0.284	0.099
	(0.161)	(0.155)	(0.228)	(0.234)
牲畜数量	0.001 **	0.000	0.000	0.001 *
	(0.000)	(0.000)	(0.000)	(0.001)
住房禀赋	0.007	-0.032	-0.009	0.106
	(0.159)	(0.150)	(0.227)	(0.235)
银行借贷	-0.002	-0.003	-0.005	0.002
	(0.004)	(0.004)	(0.005)	(0.006)
非正规渠道借贷	-0.006	-0.008	0.007	-0.017 ***
	(0.008)	(0.007)	(0.013)	(0.004)

（续）

变量名称	方程5 （总样本）	方程6 （总样本）	方程7 （贫困农牧民）	方程8 （非贫困农牧民）
商业保险	0.249**	0.210**	0.238*	0.240
	(0.098)	(0.096)	(0.136)	(0.153)
亲友数量	0.004**	0.004**	0.005*	0.004
	(0.002)	(0.002)	(0.003)	(0.003)
集体活动参与度	−0.003	−0.003	−0.004	−0.007
	(0.015)	(0.015)	(0.019)	(0.026)
性别	0.367**	0.342**	0.429**	0.145
	(0.149)	(0.155)	(0.217)	(0.169)
年龄	0.001	0.001	0.001	−0.001
	(0.003)	(0.003)	(0.004)	(0.004)
受教育年限	−0.018**	−0.018**	−0.017	−0.024
	(0.008)	(0.008)	(0.010)	(0.015)
是否外出务工	0.099*	0.102**	0.135**	−0.064
	(0.053)	(0.051)	(0.068)	(0.089)
距乡镇距离	−0.001	−0.001	−0.000	0.001
	(0.001)	(0.002)	(0.002)	(0.002)
草地退化状况	0.023	0.022	0.023	−0.021
	(0.031)	(0.030)	(0.046)	(0.041)
区域虚拟变量	0.009	0.023	−0.027	0.137
	(0.070)	(0.067)	(0.084)	(0.119)
F 值	4.24	5.71	3.21	3.81
Prob>F	0.000	0.000	0.000	0.000
R^2	0.231	0.293	0.270	0.281 6

注：*、** 和 *** 分别代表在10％、5％和1％的统计水平上显著；括号中数字为稳健标准误。

　　表8-6中方程5与方程6的估计结果均显示，在控制了家庭禀赋特征、户主特征、地理区位、生态状况及区域特征等因素的情况下，补奖金额均在1％的统计水平上显著正向影响收入稳定性，表明草原生态补奖政策的实施能够显著提高家庭收入的稳定性。方程6的估计结果显示，补奖金额与是否贫困农牧民的交叉项在1％的统计水平上显著正向影响收入稳定性，且方

表8-7　贫困农牧民收入稳定性影响因素的分位数回归结果

变量名称	0.1分位	0.2分位	0.3分位	0.4分位	0.5分位	0.6分位	0.7分位	0.8分位	0.9分位
补奖金额	0.023	0.027*	0.030**	0.036***	0.031***	0.043***	0.042***	0.030**	0.033***
	(0.020)	(0.015)	(0.013)	(0.013)	(0.011)	(0.012)	(0.012)	(0.012)	(0.013)
成年劳动力占比	0.003	0.002	0.003*	0.003*	0.004**	0.003**	0.002*	0.002	0.002*
	(0.002)	(0.002)	(0.002)	(0.001)	(0.001)	(0.001)	(0.001)	(0.001)	(0.001)
劳动力受教育程度	0.009	0.006	0.000	-0.005	-0.004	0.008	0.025	0.027	0.004
	(0.021)	(0.017)	(0.016)	(0.018)	(0.019)	(0.020)	(0.020)	(0.019)	(0.018)
土地面积	0.001	0.001	0.001	0.001	0.002	0.002	0.002	0.003*	0.005**
	(0.002)	(0.002)	(0.001)	(0.001)	(0.002)	(0.002)	(0.002)	(0.002)	(0.002)
水浇地占比	0.001	0.001	0.001	-0.000	0.000	0.000	-0.000	-0.001	0.001
	(0.002)	(0.001)	(0.001)	(0.001)	(0.001)	(0.001)	(0.001)	(0.001)	(0.001)
生产性财产	0.727	0.595	0.088	0.422	0.251	0.011	-0.184	-0.259	-0.666
	(0.581)	(0.502)	(0.453)	(0.448)	(0.469)	(0.489)	(0.515)	(0.500)	(0.515)
生活性财产	0.108	0.191	0.294	0.435	0.460	0.428	0.231	0.154	0.633**
	(0.450)	(0.344)	(0.325)	(0.363)	(0.384)	(0.363)	(0.319)	(0.308)	(0.294)
牲畜数量	0.001	0.000	0.001	0.001	-0.000	-0.000	-0.000	-0.000	-0.001
	(0.001)	(0.001)	(0.001)	(0.001)	(0.001)	(0.001)	(0.001)	(0.001)	(0.001)
住房禀赋	-0.109	0.351	0.257	0.245	0.050	-0.043	-0.156	-0.227	-0.070
	(0.473)	(0.365)	(0.277)	(0.256)	(0.262)	(0.279)	(0.278)	(0.264)	(0.254)

（续）

变量名称	0.1分位	0.2分位	0.3分位	0.4分位	0.5分位	0.6分位	0.7分位	0.8分位	0.9分位
银行借贷	-0.001	-0.005	-0.008	-0.006	-0.009	-0.004	-0.004	-0.007	-0.008
	(0.008)	(0.006)	(0.006)	(0.007)	(0.008)	(0.008)	(0.008)	(0.008)	(0.008)
非正规渠道借贷	0.002	-0.002	-0.007	-0.007	-0.007	0.012	0.014	0.030	0.022
	(0.017)	(0.015)	(0.016)	(0.019)	(0.021)	(0.023)	(0.023)	(0.022)	(0.021)
商业保险	-0.033	0.077	0.080	0.233	0.419*	0.504**	0.519**	0.477**	0.337
	(0.272)	(0.215)	(0.215)	(0.221)	(0.223)	(0.221)	(0.214)	(0.201)	(0.212)
亲友数量	0.004	0.003	0.001	-0.000	0.004	0.005	0.003	0.001	0.002
	(0.007)	(0.005)	(0.005)	(0.005)	(0.005)	(0.004)	(0.004)	(0.004)	(0.004)
集体活动参与度	0.063	0.025	0.006	-0.015	-0.007	-0.022	-0.020	-0.018	0.000
	(0.042)	(0.033)	(0.028)	(0.026)	(0.026)	(0.028)	(0.028)	(0.028)	(0.030)
性别	0.597**	0.792**	0.573*	0.677**	0.544	0.649	0.085	0.182	0.008
	(0.301)	(0.305)	(0.292)	(0.333)	(0.366)	(0.411)	(0.411)	(0.374)	(0.322)
年龄	-0.001	0.004	0.003	0.000	-0.002	-0.002	-0.003	-0.006	-0.009
	(0.007)	(0.006)	(0.006)	(0.006)	(0.006)	(0.008)	(0.007)	(0.007)	(0.007)
受教育年限	-0.034*	-0.024	-0.010	-0.010	-0.015	-0.018	-0.024*	-0.019	-0.008
	(0.019)	(0.016)	(0.015)	(0.014)	(0.013)	(0.013)	(0.014)	(0.013)	(0.014)
是否外出务工	0.183	0.132	0.175*	0.133	0.057	0.081	0.071	0.051	0.174*
	(0.152)	(0.115)	(0.105)	(0.094)	(0.089)	(0.098)	(0.100)	(0.100)	(0.094)

（续）

变量名称	0.1 分位	0.2 分位	0.3 分位	0.4 分位	0.5 分位	0.6 分位	0.7 分位	0.8 分位	0.9 分位
距乡镇距离	−0.003	0.002	−0.000	0.002	0.001	0.001	0.001	0.002	−0.003
	(0.005)	(0.004)	(0.004)	(0.003)	(0.003)	(0.003)	(0.003)	(0.003)	(0.004)
草地退化状况	0.014	0.021	0.024	0.002	0.045	0.097	0.112*	0.046	0.060
	(0.084)	(0.065)	(0.062)	(0.061)	(0.064)	(0.062)	(0.062)	(0.058)	(0.061)
区域虚拟变量	−0.039	−0.008	−0.063	−0.026	−0.018	−0.086	−0.115	−0.122	0.012
	(0.158)	(0.124)	(0.105)	(0.103)	(0.103)	(0.104)	(0.108)	(0.113)	(0.128)
常数项	−0.387	−0.936*	−0.525	−0.349	0.009	0.067	0.885	1.368*	1.320**
	(0.724)	(0.565)	(0.547)	(0.585)	(0.669)	(0.761)	(0.763)	(0.714)	(0.619)
R-squared	0.261	0.209	0.189	0.190	0.175	0.161	0.155	0.176	0.223

注：*、** 和 *** 分别代表在 10%、5% 和 1% 的统计水平上显著；括号中数字为稳健标准误。

程 2 的拟 R^2 值为 0.293，显著大于方程 1 的拟 R^2 值 0.231，根据温忠麟等 (2005) 有关调节效应的界定，表明补奖金额在是否贫困农牧民与收入稳定性之间具有积极的调节作用，草原生态补奖政策能够显著缓解因贫困而造成的收入稳定低下，对提高贫困农牧民收入的稳定性具有积极的促进作用。进一步根据样本农牧民是否为建档立卡贫困户，将农牧民分为贫困农牧民和非贫困农牧民并进行分组回归。方程 7 与方程 8 的估计结果显示，补奖金额在 1% 的统计水平上显著正向影响贫困农牧民收入稳定性，而对非贫困农牧民收入稳定性影响并不显著，这进一步表明草原生态补奖具有显著的益贫效应，能够通过提高贫困农牧民的收入稳定性，抑制返贫的发生。

表 8-7 的分位数回归结果显示，补奖收入的系数在 0.2～0.9 分位数上均显著为正，这进一步验证了 OLS 模型回归结果的稳健性，草原生态补奖政策能够提高贫困农牧民收入稳定性，抑制返贫发生的结论是可靠的。但从系数的大小来看，补奖金额对极端贫困农牧民收入稳定性影响的回归系数较小，表明草原生态补奖政策对提高极端贫困农牧民收入稳定性的作用较弱。

有关生态补偿能否缓解贫困一直是理论界与实践界争论的焦点问题。本章基于实地调研获取的农牧民微观数据，从收入及其稳定性方面验证了草原生态补奖政策助力脱贫攻坚的有效性，一定程度上丰富了生态补偿缓解贫困的研究。但仍需看到，草原生态补奖政策能够缓解贫困，抑制返贫发生，从而助力脱贫攻坚的一个重要因素是宁夏回族自治区与内蒙古自治区在草原生态补奖政策实施过程中，并没有彻底剥夺农牧民对草地资源的利用，而是将草原生态补奖政策与舍饲圈养或以草定畜等形式的牧业产业发展相结合，通过发挥草原生态补奖收入弥补农牧民牧业成本上升的作用，进而促进牧业产业的发展，增加农牧民牧业收入，以此助力贫困农牧民脱贫摘帽，实现草原生态补奖政策与牧业产业发展的良性互动，实际上是一种"草原生态补偿＋牧业产业发展"助力脱贫攻坚的生态扶贫模式。实践也证明该扶贫模式具有一定的有效性，宁夏回族自治区盐池县已于 2018 年退出国家级贫困县的行列，基本实现脱贫摘帽。但"草原生态补偿＋牧业产业发展"这一生态扶贫模式在助力脱贫攻坚中所发挥的实际效能仍需更多的研究进行实证剥离，以检验其有效性。

本章的实证结果表明，草原生态补奖政策对缓解不同收入水平段贫困农牧民贫困程度的作用大小虽存在差异，但总体而言草原生态补奖政策具有显著的益贫特征。结合诸多学者认为当前草原生态补奖标准仍偏低，导致农牧户违规放牧，超载放牧现象频发的观点（胡振通等，2015），在今后草原生态补奖政策机制完善的过程中，应将生态补偿扶贫这一目标纳入政策机制的设计中去，通过进一步提高草原生态补奖标准，以更加有效地缓解农牧民牧业成本上升的困境，实现草原生态补偿与牧业产业发展的良性互动，以更好地发挥草原生态补奖保护草原生态环境，缓解贫困，抑制返贫发生，进而助力脱贫攻坚的作用。农牧民脱贫是一个复杂的系统工程，受多方面因素的影响，而草原生态补奖政策仅是众多影响因素中的一方面，如何将草原生态补奖政策的扶贫效应进行精准的测算与剥离仍需做进一步的研究。

8.5　本章小结

本章基于实地调研获取的农牧交错区 355 份农牧民微观数据，试图从农牧民收入及其稳定性两方面分析、验证草原生态补奖政策对于缓解贫困，抑制返贫，助力脱贫攻坚的有效性。得出如下结论：

（1）补奖金额对促进贫困农牧民增收，尤其是对促进贫困农牧民中的中等收入水平群体增收效果显著，反映出草原生态补奖政策具有显著的益贫效应，能够缓解贫困农牧民的贫困程度。

（2）补奖金额能够显著促进贫困农牧民牧业收入的增加，但对农业与非农牧业收入影响并不显著，即草原生态补奖政策的益贫效应主要通过增加贫困农牧民的牧业收入来实现，反映出在推行草原生态补奖政策的同时，通过舍饲圈养或以草定畜的方式，合理地利用和发挥当地的资源禀赋优势，引导牧业产业的发展，寻求生态补偿与产业扶贫相结合能够更好地发挥草原生态补奖助力脱贫攻坚的作用。

（3）补奖收入能够显著促进贫困农牧民收入稳定性的提高，反映出草原生态补奖政策能够通过提高贫困农牧民的收入稳定性，在抑制贫困农牧民返贫，巩固脱贫攻坚效果方面发挥积极的作用。

第 9 章 结论、建议与展望

草原生态补奖政策成败的关键在于如何实现农牧民生计的可持续,通过完善草原生态补奖政策,以实现草原生态保护与农牧民生计改善的有机结合是解决北方农牧交错区草原生态问题的根本。鉴于此,本书基于实地调研获取的北方农牧交错区 388 份农民微观数据,结合北方农牧交错区草原生态补奖政策以及农牧民生计现状,运用外部性理论、公共产品理论、农民分化理论、可持续生计理论及生态经济人等理论构建北方农牧交错区草原生态补奖政策对农牧民生计影响的理论分析框架,运用实证分析方法,分别就草原生态补奖政策对农牧民分化、牧业生计、生计资本、生计对草地资源依赖度、收入及其稳定性等的影响进行分析。本章基于前述研究所得出的结论,在对上述结论进行评述总结的基础上,从完善草原生态补奖政策与改善农牧民生计视角出发,就如何实现北方农牧交错区草原生态保护与农牧民生计改善的有机结合提出针对性的政策建议。

9.1 研究结论

(1)北方农牧交错区草原生态补奖政策虽在宏观层面已取得良好效果,但政策实施背景下农牧民生计仍存诸多问题,制约了政策目标的实现。通过梳理我国草原生态补奖政策的演变历程与政策实践得出,我国草原生态补奖政策经历了前期的政策探索期、第一轮草原生态补奖政策期与第二轮草原生态补奖政策期三个阶段,已基本形成了较为系统的草原生态补奖政策机制。北方农牧交错区草原生态补奖政策的实施对于促进草原生态的恢复,增加农牧民收入,转变牧业生产方式,调整牧业生产结构发挥了重要的作用,在宏观层面取得了良好的生态、经济与社会效应。农牧民微观层面的调研数据表明，草原生态补奖政策的实施虽取得良好的生态效应与社会效应，但农牧民普遍认为政策的实施引致牧业生产成本明显增加，对于家庭收入增加的作用有限，农牧民对草原生态补奖政策的总体满意度并不高。草原生态补奖政策实施背景下农牧民内部呈现出明显的分化趋势，农牧民生计资本存量低，生计缓冲能力弱，牧业生计活动与草原生态补奖政策的目标相悖，生计对草地资源依赖度高，收入来源单一，收入稳定性处于低水平，如何实现草原生态保护与农牧民生计改善的有机结合仍是北方农牧交错区草原生态补奖政策实施过程中亟须解决的现实问题。

（2）草原生态补奖政策促进了农牧民的水平分化，但对垂直分化影响并不显著。基于实地调研获取的数据，以非农牧就业比例衡量的农牧民职业维度的水平分化测算结果表明，未从事非农牧就业的样本农牧民由补奖实施前的 62.11％下降到补奖实施后的 50％，补奖实施后越来越多的农牧民家庭选择将家庭劳动力由农牧业就业转移至非农牧就业，农牧民职业维度的水平分化日益显现。实证回归结果表明草原生态补奖政策对农牧民职业维度的水平分化具有显著的正向促进作用影响，农牧民所获补奖金额越高，家庭劳动力从事非农牧就业的比重越高，相应的职业维度的水平分化程度越高。农牧民职业维度的水平分化相应地会因劳动力的非农牧就业引致非农牧收入在家庭总收入中的比重提升，进而引发农牧民收入维度的垂直分化。为从收入和生计活动两方面反映农牧民收入维度的垂直分化，根据农牧民牧业收入、农业收入与非农牧收入（不包括草原生态补奖收入）占家庭总收入的比重以及生计活动的差异可将农牧民分为牧业为主型、农业为主型、均衡型、高兼型与深兼型五种类型。样本数据的描述性统计结果表明农牧民收入维度的垂直分化与所获补奖金额呈现出两极分化的态势，即兼业化程度越高，所获补奖金额越少，收入与生计对牧业依赖度越高，所获补奖金额越高。实证分析结果表明草原生态补奖政策对农牧民收入维度的垂直分化虽不具有显著影响，但就影响方向而言具有负向影响，草原生态补奖政策的实施强化了农牧民收入维度垂直分化的"内卷化"。

（3）草原生态补奖政策可通过影响自然资本与物质资本进而增强农牧民生计资本。当前北方农牧交错区农牧民生计资本总值较低，生计缓冲能力极弱，且生计资本存在属性间的分异，表现出自然资本与社会资本相对较为匮乏，人力资本、金融资本与物质资本相对较为丰富。实证结果表明补奖金额对农牧民生计资本总值具有显著的正向影响，补奖金额越多，农牧民的生计资本总值越高，以现金补偿为主的草原生态补奖政策对增强农牧民的生计资本具有正向的促进作用，通过提高补奖标准，增加农牧民的草原生态补奖收入对于增加农牧民的生计资本总量，提高其谋生能力具有现实的可行性。通过草原生态补奖政策对农牧民生计资本影响的分解回归得出草原生态补奖政策对农牧民生计资本总值的正向影响主要是通过对自然资本与物质资本的正向促进作用实现的。此外，补奖金额对农牧民的人力资本、金融资本与社会资本的影响虽不显著，但就影响方向而言，补奖金额与上述三种生计资本存在正向关系。

（4）草原生态补奖政策与农牧民牧业生计间存在 U 型或倒 U 型关系。草原生态补奖政策与农牧民是否减畜及减畜率之间存在显著的 U 型关系，在补奖金额未达到拐点所需的补奖收入之前，补奖收入越多农牧民越倾向于不减畜，即使采取减畜措施的农牧民，其实际减畜率往往越低，当补奖金额达到拐点所需的补奖收入后，补奖将有利于促进农牧民采取减畜措施。由于当前补奖标准偏低，农牧民补奖收入不高，导致对于大部分农牧民而言，补奖金额与农牧民是否减畜以及减畜率之间的关系多处于 U 型曲线的左侧，即补奖收入越多农牧民越倾向于不减畜，且减畜农牧民的减畜率越低。非农牧就业对农牧民是否减畜以及减畜农牧民的减畜率均具有显著的正向促进作用，且在草原生态补奖政策影响农牧民是否采取减畜措施中具有正向调节作用，但在政策影响农牧民采取减畜措施后实际发生的减畜率中的调节作用并不明显，表明通过提高农牧民的非农牧就业收入占比能够缓解草原生态补奖政策对农牧民是否减畜的不利影响，但对缓解政策对减畜率的不利影响作用不明显。

草原生态补奖政策与农牧民牲畜养殖规模以及继续从事牧业生产的意愿之间存在显著的倒 U 型关系，在补奖金额未达到拐点所需的补奖收入之前，补奖金额对农牧民牲畜养殖规模的扩大以及继续从事牧业生产的意愿均具有显著的促进作用，当补奖收入达到拐点所需的补奖收入后，补奖将有利于促进农牧民选择较小规模的牲畜养殖数量，农牧民继续从事牧业生产的意愿将显著降低。由于当前补奖标准偏低，农牧民补奖收入不高，导致对于大部分农牧民而言，补奖金额与农牧民牲畜养殖规模以及继续从事牧业生产意愿之间的关系多处于倒 U 型曲线的左侧，即补奖收入越多农牧民牲畜养殖规模越大，继续从事牧业生产的意愿越强烈。农牧民生计分化对牲畜养殖规模的扩大具有抑制作用，且在草原生态补奖政策与牲畜养殖规模二者关系中具有调节作用。即在倒 U 型曲线的左侧，生计分化能够弱化补奖金额对牲畜养殖规模扩大的促进作用；在倒 U 型曲线的右侧，生计分化能够促使补奖金额对牲畜养殖规模的负向影响趋于放缓，有助于避免因补奖金额的增加引致牲畜养殖数量的锐减。

（5）通过增加补奖收入以降低农牧民生计对草地资源依赖度具有可行性。以家庭生计活动、劳动力就业与收入三方面分别衡量的农牧民生计对草地资源依赖度的测算结果均表明，当前北方农牧交错区农牧民生计对草地资源具有较高水平的依赖度。实证回归结果表明补奖金额与农牧民家庭生计活动对草地资源的依赖度以及收入对草地资源的依赖度之间均存在显著的倒 U 型关系，在补奖金额未达到拐点所需的补奖收入之前，补奖收入金额越多农牧民生计活动与收入对草地资源依赖度越高。在补奖金额达到拐点后，农牧民生计活动与收入对草地资源的依赖度将趋于下降。通过对拐点的计算结果得出，由于补奖标准偏低，农牧民所获补奖收入普遍低于拐点所需的补奖收入值，导致当前对于大部分农牧民而言，生计对草地资源的依赖度将随着补奖收入的增加而呈现上升趋势。草原生态补奖政策与劳动力就业对草地资源依赖度之间虽不存在倒 U 型关系，但补奖收入对劳动力就业对草地资源依赖度具有正向的促进作用，原因仍然在于当前补奖收入普遍偏低，助力农牧民生计转换的有效性不足，农牧民家庭生计活动对草地资源的依赖度居高不下。

生计资本在草原生态补奖政策对农牧民生计草地资源依赖度的影响中具有中介效应。具体而言，自然资本在草原生态补奖政策对家庭生计活动草地资源依赖度的影响中具有完全中介效应，在草原生态补奖政策对家庭劳动力就业与收入草地资源依赖度的影响中具有部分中介效应；物质资本在草原生态补奖政策对家庭劳动力就业与收入草地资源依赖度的影响中具有部分中介效应。

（6）草原生态补奖政策能够重点增加贫困农牧民的收入，增强其收入稳定性。补奖收入对促进贫困农牧民增收，尤其是对促进贫困农牧民中的中等收入水平群体增收效果显著，反映出草原生态补奖政策具有显著的益贫效应，能够缓解贫困农牧民的贫困程度。补奖金额能够显著促进贫困农牧民牧业收入的增加，但对农业与非农牧业收入影响并不显著，即草原生态补奖政策的益贫效应主要通过增加贫困农牧民的牧业收入来实现，反映出在推行草原生态补奖政策的同时，通过舍饲圈养或以草定畜的方式，合理的利用和发挥当地的资源禀赋优势，引导牧业产业的发展，寻求生态补偿与产业扶贫相结合能够更好地发挥草原生态补奖助力脱贫攻坚的作用。补奖收入能够显著促进贫困农牧民收入稳定性的提高，反映出草原生态补奖政策能够通过提高贫困农牧民的收入稳定性，在抑制贫困农牧民返贫，巩固脱贫攻坚效果方面发挥积极的作用。

9.2　对策建议

（1）草原生态补奖政策实施过程中应加强对异质性农牧民微观利益的关注。草原生态补奖政策通过给予农牧民禁牧补助或草畜平衡奖励等以现金补偿为主的补偿方式，以引导农牧民采取禁牧或草畜平衡措施，当前在宏观层面已实现了良好的生态、经济和社会效应。但通过农牧民微观层面的数据分析表明，农牧民作为草原生态补奖政策的直接实施者和最主要的利益相关者，政策的实施不可避免地对其牧业生产成本、生计分化等层面造成影响。鉴于此，在今后的草原生态补奖政策的实施过程中，应重视草原生态补奖政策的实施对农牧民牧业生产成本上升的影响，着重关注草原生态补奖政策对农牧民因采取禁牧与草畜平衡措施引起的机会成本损失，以更好地贯彻草原生态补奖政策"谁受损谁获益"的原则。

草原生态补奖政策的实施一定程度上加剧了农牧民内部的分化，而不同类型的农牧民对草原生态补奖的政策需求存在差异。鉴于此，在今后草原生态补奖政策的调整与实施过程中应根据异质性农牧民对政策需求的差异化，采取差异化的草原生态补奖政策措施，以有针对性地解决异质性农牧民的政策需求差异，更好地促进草原生态补奖政策的实施。同时，在今后草原生态补奖机制的制定与调整过程中应将农牧户视为重要的利益主体及参与主体，在补奖标准的制定、补奖形式的确定、政策执行的时间与范围的划定以及政策的实施监督等环节提高农牧民的参与度，以此提高农牧民对草原生态补奖政策的认知度和满意度。

（2）以提高补奖标准为核心，进一步完善草原生态补奖机制。当前草原生态补奖政策对农牧民生计的不利影响，以及农牧民生计过程中采取的与草原生态补奖政策要求相悖的生计活动进而产生的与草原生态补奖政策目标相悖离的生计结果的根本原因在于当前草原生态补奖政策禁牧区 7.5 元/亩及草畜平衡区 2.5 元/亩的补奖标准下农牧民的草原生态补奖收入过低，无法有效调动农牧户采取禁牧与草畜平衡措施的积极性。鉴于此，应以提高补奖标准为核心，优化补奖资金发放方式，从加强政策执行过程监管等方面入手，继续推进并完善草原生态补奖政策。具体而言：

新一轮补奖政策制定过程中，结合北方农牧交错区草原生态补奖政策实施具体省区的实际情况，可探索实行针对农牧民的基本补偿与激励性补偿相结合的补奖方式。在现有补奖标准的基础上，将牲畜价格波动与养殖成本变动等市场因素纳入补奖标准制定的参考因素中，通过补奖标准的季节性浮动调整等差异化的补奖措施，进一步提高禁牧区 7.5 元/亩及草畜平衡区 2.5 元/亩的基本补奖标准。解决补奖标准仅与草地面积挂钩的问题，将农牧民的牲畜养殖规模与超载过牧、偷牧等违规行为纳入补奖政策机制的设计过程中，根据"谁受损谁受益"的原则，对采取禁牧与草畜平衡措施的农牧民依据其禁牧与草畜平衡程度给予合理的激励性补偿，以调动农牧民的禁牧与草畜平衡积极性。

根据异质性农牧民对草原生态补奖政策需求的差异，采取多样化与差异化的补奖方式。当前草原生态补奖主要以现金补偿为主，实际发挥的作用有限。在今后的草原生态补奖政策机制的调整与完善过程中，应根据异质性农牧民政策需求的差异，在提供禁牧补助与草畜平衡奖励的同时，探索提供包括舍饲圈养与标准化养殖培训在内的技术补偿、实物形式的饲草料补贴等形式的物质补偿等多样化的补偿方式以满足异质性农牧民对政策的差异化需求。

应加强各级政府及村级自治组织对农牧民贯彻执行草原生态补奖的监管

力度，制定针对农牧民的草原生态补奖政策执行定期考核制度，杜绝政策执行过程中只拿补奖而不执行政策的"搭便车"现象，提高政策执行的公平性，以切实发挥草原生态补奖政策调动农牧民采取禁牧与草畜平衡措施积极性的作用。

（3）着力提升农牧民非农牧就业能力以引导劳动力要素的非农牧转移。农牧民生计分化与非农牧就业对于缓解草原生态补奖政策对于促进农牧民减畜与调控牲畜养殖规模的失效问题具有显著的积极作用，而农牧民生计分化与非农牧就业的核心均在于实现农牧民家庭劳动力要素的非农牧就业转移。鉴于此，北方农牧交错区草原生态补奖政策实施的过程中，应重视农牧民生计分化与非农牧就业在促进农牧民采取禁牧与草畜平衡措施中的积极作用，着力提升农牧民非农牧就业能力以引导劳动力要素的非农牧就业转移。具体而言：

着力增强农牧民的非农牧就业能力，提供更多的非农牧就业机会。北方农牧交错区在实施草原生态补奖政策的同时，应加强对农牧民通过外出务工等形式实现非农牧就业的宣传和引导，从思想意识上降低农牧民对草地资源及牧业生产的依赖。通过发展农村职业教育，培育新型职业农牧民等形式，注重农牧民非农牧就业能力以及生计转换能力的培育。结合当前实施的乡村振兴战略，通过发展畜牧产品的深加工业，延长畜牧业产业链与价值链，增加农牧民就地非农牧就业机会。

引导牧业生产从业意愿低，非农牧就业能力强的农牧民，通过外出务工等方式实现生计的转换，促进北方农牧交错区农牧民劳动力的合理有序外流，提升农牧民家庭劳动力非农牧就业的比例，从而有效发挥农牧民生计分化与非农牧就业对缓解草原生态补奖政策对于促进农牧民减畜与调控牲畜养殖规模的失效问题中的积极作用，缓解草原生态保护的压力。

（4）着力提升农牧民的生计资本，降低农牧民生计对草地资源的依赖度。生计资本是农牧民应对各种生计挑战，选择适合自身的生计策略以实现生计目标的核心与基础，但当前北方农牧交错区农牧民生计资本总值普遍不高，生计缓冲能力极弱，且生计活动、劳动力就业与收入对草地资源依赖度均较高。鉴于此，北方农牧交错区在实施草原生态补奖政策的同时，应着眼于增强农牧民的生计资本，降低农牧民生计对草地资源的依赖度。具体而言：

以农牧民自然资本的改善为重点，着眼于提升农牧民的生计资本。结合当前北方农牧交错区农牧民仍然以旱作种植业和草地牧业为主要生计，但当地草场退化、耕地沙化、盐渍化等资源环境压力限制农牧业的稳步发展，导致农牧民自然资本匮乏的现实，今后北方农牧交错区发展过程中应着眼于农田水利基础设施建设，提升耕地产出，改善农牧民的自然资本状况；发展适合舍饲经营的畜牧业，通过种养结合的发展模式，充分发挥当地的自然资源优势，稳定农牧业生产，以此提高农牧民收入，改善农牧民生计状况。

发挥补奖收入增强农牧民生计转换能力的作用，引导农牧民通过转业转产的方式降低其生计对草地资源的依赖度。通过草原生态补奖标准的提高，增加农牧民的补奖收入，在增强草原生态补奖政策弥补农牧民机会成本损失作用的同时，着力发挥草原生态补奖收入助力农牧民生计转换能力提升的作用。鼓励农牧民家庭发展多样化生产经营模式，提高生计活动的多样性，通过外出务工等方式拓展农牧民收入来源渠道，以降低农牧民生计对草地资源的依赖度。

（5）结合"精准扶贫"战略，继续推进草原生态补奖政策的实施。实现以北方农牧交错区为代表的生态脆弱区生态保护与缓解贫困、抑制返贫发生的有机结合一直是困扰理论界与实践界的难题。本书研究结果表明草原生态补奖政策能够重点增加贫困农牧民的收入，增强其收入稳定性。结合当前实施的精准扶贫战略，北方农牧交错区在今后的草原生态补奖政策实施过程中，应继续推进草原生态补奖扶贫的实践，具体而言：

通过"草原生态补偿＋牧业产业发展"的生态扶贫模式，助力北方农牧交错区脱贫攻坚。草原生态补奖政策实施过程中，应避免采取"一禁了之"或"一刀切"的简单粗暴式的政策实施方式，不能从根本上剥夺农牧民对草地资源的利用。应将草原生态补奖政策与舍饲圈养或以草定畜等形式的牧业产业发展相结合，通过发挥草原生态补奖收入弥补农牧户牧业成本上升的作用，进而促进牧业产业的发展，增加农牧户牧业收入，以此助力贫困农牧户脱贫摘帽，实现草原生态补奖政策与牧业产业发展的良性互动。

在今后草原生态补奖政策机制完善的过程中，应将生态补偿扶贫这一目标纳入政策机制的设计中去。通过进一步提高草原生态补奖标准，以更加有效地缓解农牧户牧业成本上升的困境，实现草原生态补偿与牧业产业发展的良性互动，以更好地发挥草原生态补奖保护草原生态环境，缓解贫困，抑制返贫发生，进而助力生态脆弱区脱贫攻坚的作用。

9.3 研究不足及展望

本书基于实地调研获取北方农牧交错区农牧民微观数据，运用外部性理论、公共产品理论、农民分化理论、可持续生计理论与生态经济人理论构建了草原生态补奖政策对农牧民生计影响的理论分析框架，分别从农牧民分化、农牧民生计资本、牧业生计、生计对草地资源的依赖度、收入及收入稳定性等方面分析了草原生态补奖政策对农牧民生计的影响，得出的结论具有一定的理论与现实意义。但不可否认的是本书的研究仍存在诸多不足之处，具体而言：

（1）如何将一项政策对政策参与者所产生的影响精确地测算与剥离出来，一直是政策实施效果评价的难点。本书所涉及的草原生态补奖政策对农牧民生计影响同样面临这一难题，尤其是在当前北方农牧交错区普遍实行草原生态补奖政策的背景下，在缺乏对照组的情境下难以将草原生态补奖对农牧民生计影响的净效应进行科学合理的测算。限于此，本书着重从农牧民生计分化、牧业生计、生计资本、生计对草地资源依赖度以及收入与收入稳定性等方面分析草原生态补奖政策对农牧民生计具有怎样的影响以及影响路径，仅是分析草原生态补奖政策对农牧民生计影响的一个视角，并不能完全涵盖农牧民生计的所有内容。且农牧民生计在受草原生态补奖政策影响的同时，还受诸多因素的影响，如何将草原生态补奖政策对农牧民生计影响的净效应进行精准的测算与剥离仍需做进一步的工作。

（2）草原生态补奖政策对农牧民生计的影响不是一蹴而就的，而是长期积累的，运用多年连续的追踪数据对草原生态补奖政策对农牧民生计的影响进行分析是更加科学合理的选择。因此，在今后就草原生态补奖政策对农牧民生计影响的研究中应该注重草原生态补奖政策与农牧民生计两方面多年连续追踪数据的收集，以从历史的角度就草原生态补奖政策对农牧民生计的影响进行更加完善的追踪刻画。

　　（3）本书重点关注草原生态补奖政策对北方农牧交错区农牧民生计所产生的影响，基于实地调研获取的数据得出了相关的研究结论。需要说明的是，除北方农牧交错区外，我国在其他存在草地生态问题的区域同样实施草原生态补奖政策，本书所得出的草原生态补奖政策对农牧民生计所产生影响的相关结论是否适用于牧区草原仍需更多的研究予以验证。

白爽，何晨曦，赵霞，2015. 草原生态补奖政策实施效果——基于生产性补贴政策的实证分析 [J]. 草业科学，32 (2)：287-293.

白宏兵，马福婷，唐萍萍，2006. 草原生态环境价值补偿制度的研究 [J]. 河北北方学院学报（自然科学版）(4)：55-58，63.

柏正杰，2012. 农民收入对农业保险需求的影响分析——基于甘肃省黄土高原区 1 028 户农户的调查数据 [J]. 甘肃社会科学 (4)：225-228.

包晓斌，2017. 我国流域生态补偿机制研究 [J]. 求索 (4)：132-136.

包艳，2007. 试论社会分化理论及其对我国现代化建设的启示 [J]. 理论界 (10)：221-222.

采编部，刘源，2017，2016 年全国草原监测报告 [J]. 中国畜牧业 (8)：18-35.

曹叶军，李笑春，刘天明，2010. 草原生态补偿存在的问题及其原因分析——以锡林郭勒盟为例 [J]. 中国草地学报，32 (4)：10-16.

柴浩放，李青夏，傅荣，等，2009. 禁牧政策僵局的演化及政策暗示：基于宁夏盐池农村观察 [J]. 农业经济问题 (1)：93-98，112.

常丽霞，沈海涛，2014. 草地生态补偿政策与机制研究——基于黄河首曲玛曲县的调查与分析 [J]. 农村经济 (3)：102-106.

陈洁，苏永玲，2008. 禁牧对农牧交错带农户生产和生计的影响——对宁夏盐池县 2 乡 4 村 80 个农户的调查 [J]. 农业经济问题 (6)：73-79.

陈新辉，丁娟娟，陈红，2006. 消费者信用评级指标体系的研究 [J]. 商业研究 (12)：81-84.

陈勇，王涛，周立华，等，2014. 禁牧政策下农户违规放牧行为研究——以宁夏盐池县为例 [J]. 干旱区资源与环境，28 (10)：31-36.

陈佐忠，汪诗平，2006. 关于建立草原生态补偿机制的探讨 [J]. 草地学报 (1)：1-3，8.

晨光，张凤荣，张佰林，2015. 农牧交错区农村居民点土地利用形态演变——以内蒙古自治区阿鲁科尔沁旗为例 [J]. 地理科学进展，34 (10)：1316-1323.

崔亚楠，李少伟，余成群，等，2017. 西藏天然草原生态保护补助奖励政策对农牧民家庭收入的影响 [J]. 草业学报，26（3）：22-32.

道日娜，2014. 农牧交错区域农户生计资本与生计策略关系研究——以内蒙古东部四个旗为例 [J]. 中国人口·资源与环境，24（S2）：274-278.

丁佳俊，陈思杭，2019. 反贫困与生态保护相互关系的文献综述 [J]. 生态经济，35（1）：220-224.

丁士军，杨晶，吴海涛，2016. 失地农户收入流动及其影响因素分析 [J]. 中国人口科学（2）：116-125，128.

丁文强，2019. 草原补奖政策对牧户满意度、超载行为和减畜决策的影响 [D]. 兰州：兰州大学.

董丽华，冯利盈，罗秀婷，等，2019. 草原生态保护补助奖励政策实施效果评价——基于宁夏牧区农户的实证调查 [J]. 生态经济，35（3）：212-215.

董锁成，吴玉萍，王海英，2003. 黄土高原生态脆弱贫困区生态经济发展模式研究——以甘肃省定西地区为例 [J]. 地理研究（5）：590-600.

杜洪燕，武晋，2016. 生态补偿项目对缓解贫困的影响分析——基于农户异质性的视角 [J]. 北京社会科学（1）：121-128.

杜三强，程云湘，周国利，等，2019. 生态奖补政策下的牧民收入影响因素分析——以肃南、甘南为例 [J]. 中国草地学报，41（4）：118-127.

杜婷，2019. 近30年来西北农牧交错带土地利用/覆被变化对气候变化的响应 [D]. 兰州：兰州大学.

樊鹏飞，梁流涛，许明军，等，2018. 基于虚拟耕地流动视角的省际耕地生态补偿研究 [J]. 中国人口·资源与环境，28（1）：91-101.

樊胜岳，周立华，马永欢，2005. 宁夏盐池县生态保护政策对农户的影响 [J]. 中国人口·资源与环境（3）：124-128.

范明明，李文军，2017. 生态补偿理论研究进展及争论——基于生态与社会关系的思考 [J]. 中国人口·资源与环境，27（3）：130-137.

菲菲，康晓虹，2019. 禁牧与非禁牧牧户生计资本的对比分析——基于内蒙古牧区的调查数据 [J]. 内蒙古财经大学学报，17（2）：27-30.

冯晓龙，刘明月，仇焕广，2019. 草原生态补奖政策能抑制牧户超载过牧行为吗？——基于社会资本调节效应的分析 [J]. 中国人口·资源与环境，29（7）：157-165.

甘庭宇，2018. 精准扶贫战略下的生态扶贫研究——以川西高原地区为例 [J]. 农村经济（5）：40-45.

高雷，彭新宇，2012. 草原生态补偿与可持续发展研究——以呼伦贝尔草原的实践为例 [J]. 生态经济 (6)：168-172，181.

葛燕林，2016. 草原保护中的路径依赖与牧民生计困境——以西南地区 R 县为例 [J]. 大连民族大学学报，18 (4)：323-327.

谷宇辰，李文军，2013. 禁牧政策对草场质量的影响研究——基于牧户尺度的分析 [J]. 北京大学学报 (自然科学版)，49 (2)：288-296.

韩枫，朱立志，2017. 基于草原生态建设的牧户满意度分析——以甘南草原为例 [J]. 农业技术经济 (3)：120-128.

何路路，陈勇，茆长宝，等，2012. 我国西部山区受灾搬迁农户生计状况研究——基于四川绵竹市清平乡受灾农户的调查研究 [J]. 西北人口，33 (6)：45-49，54.

何仁伟，刘邵权，陈国阶，等，2013. 中国农户可持续生计研究进展及趋向 [J]. 地理科学进展，32 (4)：657-670.

贺爱琳，杨新军，陈佳，等，2014. 乡村旅游发展对农户生计的影响——以秦岭北麓乡村旅游地为例 [J]. 经济地理，34 (12)：174-181.

侯彩霞，周立华，文岩，等，2018a. 生态政策下草原社会—生态系统恢复力评价——以宁夏盐池县为例 [J]. 中国人口·资源与环境，28 (8)：117-126.

侯彩霞，周立华，文岩，等，2018b. 社会—生态系统视角下农户对禁牧政策的适应性——以宁夏盐池县为例 [J]. 中国沙漠，38 (4)：872-880.

侯向阳，2014. 立足中国北方草原、面向欧亚草原的保护和发展的思考和实践 [J]. 中国草地学报，36 (1)：1-2.

侯向阳，2017. 西部半干旱地区应大力发展旱作栽培草地 [J]. 草业科学，34 (1)：161-164.

胡国建，陈传明，郭连超，等，2018. 生态补偿对自然保护区农户生计资本影响分析——以福建闽江源国家级自然保护区为例 [J]. 生态经济，34 (8)：145-149，155.

胡仪元，2010. 生态补偿的理论基础再探——生态效应的外部性视角 [J]. 理论导刊 (1)：87-89.

胡勇，2009. 亟须建立和完善草原生态补偿机制 [J]. 宏观经济管理 (6)：40-42.

胡远宁，2019. 草原生态补奖政策对牧户畜牧养殖和草地的影响 [D]. 兰州：兰州大学.

胡振通，靳乐山，2015. 草原生态补偿中的禁牧问题研究——基于四个旗县的比较分析 [J]. 农村经济 (11)：74-80.

胡振通，孔德帅，靳乐山，2015. 草原生态补偿：草畜平衡奖励标准的差别化和依据

[J]. 中国人口·资源与环境, 25 (11): 152 - 159.

胡振通, 孔德帅, 靳乐山, 2016. 草原生态补偿: 弱监管下的博弈分析 [J]. 农业经济问题, 37 (1): 95 - 102, 112.

胡振通, 孔德帅, 魏同洋, 等, 2015. 草原生态补偿: 减畜和补偿的对等关系 [J]. 自然资源学报, 30 (11): 1846 - 1859.

胡振通, 柳荻, 孔德帅, 等, 2017. 基于机会成本法的草原生态补偿中禁牧补助标准的估算 [J]. 干旱区资源与环境, 31 (2): 63 - 68.

胡振通, 柳荻, 靳乐山, 2016. 草原生态补偿: 生态绩效、收入影响和政策满意度 [J]. 中国人口·资源与环境, 26 (1): 165 - 176.

黄文清, 张俊飚, 2007. 基于横向监督的生态退耕管护问题研究——来自青海化隆县沙连堡乡的实证分析 [J]. 西北农林科技大学学报 (社会科学版) (4): 37 - 41.

姜冬梅, 萨茹拉, 王璐, 2014. 牧民参与草原生态保护补助奖励机制的意愿研究 [J]. 内蒙古农业大学学报 (社会科学版), 16 (3): 13 - 17.

姜佳昌, 2017. 甘肃省草原生态保护补助奖励政策生态效果评价——以甘肃省宁县为例 [J]. 甘肃畜牧兽医, 47 (3): 105 - 107, 116.

蒋维, 杨新军, 王俊, 2014. 基于农户尺度的黄土高原农村社会—生态系统体制转换 [J]. 干旱区资源与环境, 28 (11): 37 - 41.

焦源, 赵玉姝, 高强, 等, 2015. 农户分化状态下农民技术获取路径研究 [J]. 科技管理研究, 35 (4): 97 - 101.

靳乐山, 2016. 中国生态补偿: 全领域探索与进展 [M]. 北京: 经济科学出版社.

靳乐山, 胡振通, 2014. 草原生态补偿政策与牧民的可能选择 [J]. 改革 (11): 100 - 107.

靳乐山, 胡振通, 2013. 谁在超载? 不同规模牧户的差异分析 [J]. 中国农村观察 (2): 37 - 43, 94.

靳乐山, 2019. 中国生态保护补偿机制政策框架的新扩展——《建立市场化、多元化生态保护补偿机制行动计划》的解读 [J]. 环境保护, 47 (2): 28 - 30.

久毛措, 2014. 构建西藏新型职业农牧户教育培训体系探讨 [J]. 西藏大学学报 (社会科学版), 29 (3): 177 - 183.

康晓虹, 史俊宏, 张文娟, 等, 2018. 草原禁牧补助政策背景下牧户生计资本现状及其影响因素研究——基于内蒙古典型牧区的调查数据 [J]. 干旱区资源与环境, 32 (11): 59 - 65.

康晓虹, 2019. 边疆牧户对草原生态保护补助奖励政策的态度分析 [J]. 生态与农村环境学报，35（10）：1282-1288.

孔德帅，胡振通，靳乐山，2016a. 草原生态补偿机制中的资金分配模式研究——基于内蒙古 34 个嘎查的实证分析 [J]. 干旱区资源与环境，30（5）：1-6.

孔德帅，胡振通，靳乐山，2016b. 牧民草原畜牧业经营代际传递意愿及其影响因素分析——基于内蒙古自治区 34 个嘎查的调查 [J]. 中国农村观察（1）：75-85，93.

黎翠梅，柯炼，2018. 农户分化与农地经营权资本化选择 [J]. 华南农业大学学报（社会科学版），17（3）：10-19.

李碧洁，张松林，侯成成，2013. 国内外生态补偿研究进展评述 [J]. 世界农业（2）：11-15，21.

李超，张凤荣，张天柱，等，2019. 农牧交错区耕地变化及其非边际化特征分析——基于规模与收益水平视角 [J]. 中国农业大学学报，24（3）：146-155.

李聪，柳玮，黄谦，2014. 陕南移民搬迁背景下农户生计资本的现状与影响因素分析 [J]. 当代经济科学（6）：106-112.

李国平，刘生胜，2018. 中国生态补偿 40 年：政策演进与理论逻辑 [J]. 西安交通大学学报（社会科学版），38（6）：101-112.

李国平，石涵予，2015. 退耕还林生态补偿标准、农户行为选择及损益 [J]. 中国人口·资源与环境，25（5）：152-161.

李国志，2019. 森林生态补偿研究进展 [J]. 林业经济，41（1）：32-40.

李金亚，薛建良，尚旭东，等，2014. 草畜平衡补偿政策的受偿主体差异性探析——不同规模牧户草畜平衡差异的理论分析和实证检验 [J]. 中国人口·资源与环境，24（11）：89-95.

李静，2015. 我国草原生态补偿制度的问题与对策——以甘肃省为例 [J]. 草业科学，32（6）：1027-1032.

李诗瑶，蔡银莺，2018. 农户家庭农地依赖度测算及多维生存状态评价——以湖北省武汉市和孝感市为例 [J]. 中国土地科学，32（11）：37-43.

李宪宝，高强，2013. 行为逻辑、分化结果与发展前景——对 1978 年以来我国农户分化行为的考察 [J]. 农业经济问题，34（2）：56-65，111.

李笑春，曹叶军，刘天明，2011. 草原生态补偿机制核心问题探析——以内蒙古锡林郭勒盟草原生态补偿为例 [J]. 中国草地学报，33（6）：1-7.

李雪萍，王蒙，2014. 多维贫困"行动—结构"分析框架下的生计脆弱——基于武陵山区的实证调查与理论分析 [J]. 华中师范大学学报（人文社会科学版）（5）：1-9.

李玉霖，赵学勇，刘新平，等，2019. 沙漠化土地及其治理研究推动北方农牧交错区生态恢复和农牧业可持续发展 [J]. 中国科学院院刊, 34 (7)：832-840.

李中元, 杨茂林, 2010. 论"生态人"假设及其经济、社会和生态的意义 [J]. 经济问题 (7)：4-10.

励汀郁, 谭淑豪, 2018. 制度变迁背景下牧户的生计脆弱性——基于"脆弱性—恢复力"分析框架 [J]. 中国农村观察 (3)：19-34.

刘璨, 张敏新, 2019. 森林生态补偿问题研究进展 [J]. 南京林业大学学报 (自然科学版), 43 (5)：149-155.

刘桂环, 马娅, 文一惠, 等, 2018. 国内外生态补偿机制对比研究 (英文) [J]. Journal of Resources and Ecology, 9 (4)：382-394.

刘桂环, 文一惠, 孟蕊, 等, 2011. 官厅水库流域生态补偿机制研究：生态系统服务视角 [J]. 中国人口·资源与环境, 21 (S2)：61-64.

刘海燕, 郝海广, 刘煜杰, 等, 2019. 北方农牧交错生态脆弱区农户生态足迹及其与收入的关系 [J]. 生态经济, 35 (7)：148-154.

刘洪仁, 2006. 农民分化问题研究综述 [J]. 山东农业大学学报 (社会科学版) (1)：64-68.

刘家顺, 王广凤, 2007. 基于"生态经济人"的企业利益性排污治理行为博弈分析 [J]. 生态经济 (3)：63-66.

刘晶, 2017. 环境正义视域下的我国森林生态补偿问题探析 [J]. 北京林业大学学报 (社会科学版), 16 (2)：8-13.

刘俊文, 2017. 农民专业合作社对贫困农户收入及其稳定性的影响——以山东、贵州两省为例 [J]. 中国农村经济 (2)：44-55.

刘利花, 杨彬如, 2019. 中国省域耕地生态补偿研究 [J]. 中国人口·资源与环境, 29 (2)：52-62.

刘璐琳, 余红剑, 2013. 可持续生计视角下的城市少数民族流动贫困人口社会救助研究 [J]. 中央民族大学学报 (哲学社会科学版), 40 (3)：39-45.

刘明宇, 唐毅, 2018. 违规放牧行为的多智能体系统模拟 [J]. 中国人口·资源与环境, 28 (S1)：198-201.

刘兴元, 2012. 草地生态补偿研究进展 [J]. 草业科学, 29 (2)：306-313.

刘艳华, 徐勇, 2015. 中国农村多维贫困地理识别及类型划分 [J]. 地理学报, 70 (6)：993-1007.

刘燕, 2010. 西部地区生态建设补偿机制及配套政策研究 [J]. 北京：科学出版社.

刘颖, 2002. 绿色壁垒的成因及对策 [J]. 经济研究参考 (28)：31-34.

刘有安，张俊明，2018. 少数民族农牧业转移人口市民化的困境与出路［J］. 原生态民族文化学刊，10（3）：115 - 120.

刘宇晨，张心灵，2019. 草原生态保护补奖政策对牧户收入影响的实证分析［J］. 干旱区资源与环境，33（2）：60 - 67.

刘振虎，郑玉铜，2014. 新疆牧民参与草原生态补偿意愿分析——以新疆和静县、沙湾县为例［J］. 草地学报，22（6）：1212 - 1215.

柳荻，胡振通，靳乐山，2018. 生态保护补偿的分析框架研究综述［J］. 生态学报，38（2）：380 - 392.

鹿海员，李和平，高占义，等，2016. 基于草原生态保护的牧区水土资源配置模式［J］. 农业工程学报，32（23）：123 - 130.

路冠军，刘永功，2015. 草原生态奖补政策实施效应——基于政治社会学视角的实证分析［J］. 干旱区资源与环境，29（7）：29 - 32.

路慧玲，周立华，陈勇，等，2015. 基于农户视角的盐池县退牧还草政策可持续性分析［J］. 中国沙漠，35（4）：1065 - 1071.

路慧玲，周立华，陈勇，等，2016. 禁牧政策下宁夏盐池县农户适应策略及其影响因素［J］. 生态学报，36（17）：5601 - 5610.

罗丽艳，2003. "生态人"假设——生态经济学的逻辑起点［J］. 生态经济（10）：24 - 26.

罗明忠，刘恺，2016. 职业分化、政策评价及其优化——基于农户视角［J］. 华中农业大学学报（社会科学版）（5）：10 - 19，143.

吕新业，胡向东，2017. 农业补贴、非农就业与粮食生产——基于黑龙江、吉林、河南和山东四省的调研数据［J］. 农业经济问题，38（9）：85 - 91.

马梅，乔光华，乌云花，2016. 市场、草地政策及气候对牧区羊年末存栏量的影响——以锡林郭勒盟为例［J］. 干旱区资源与环境，30（2）：63 - 68.

马莉，王蕾，罗晓玲，等，2009. 草原生态补偿机制研究进展［J］. 黑龙江生态工程职业学院学报，22（5）：4 - 5.

马明德，米文宝，2015. 北方农牧交错带农业经济增长驱动因素的动态分析——以宁夏回族自治区盐池县为例［J］. 中国农业资源与区划，36（6）：120 - 127.

马永喜，王娟丽，王晋，2017. 基于生态环境产权界定的流域生态补偿标准研究［J］. 自然资源学报，32（8）：1325 - 1336.

毛显强，钟瑜，张胜，2002. 生态补偿的理论探讨［J］. 中国人口·资源与环境（4）：40 - 43.

蒙吉军，艾木入拉，刘洋，等，2013. 农牧户可持续生计资产与生计策略的关系研究——以鄂尔多斯市乌审旗为例 [J]. 北京大学学报（自然科学版），49（2）：321-328.

米文宝，梁晓磊，米楠，2013. 限制开发生态区主体功能细分研究——以宁夏同心县为例 [J]. 经济地理（1）：142-148.

聂承静，程梦林，2019. 基于边际效应理论的地区横向森林生态补偿研究——以北京和河北张承地区为例 [J]. 林业经济，41（1）：24-31，40.

牛海鹏，肖东洋，2019. 成都市耕地保护基金农户满意度影响机理研究 [J]. 资源开发与市场，35（1）：76-81，132.

祁晓慧，刘贺贺，张宝，等，2018. 补奖政策实施、肉羊价格波动对牧户收入的影响研究——基于内蒙古锡林郭勒盟 111 户牧户实地调查数据 [J]. 草地学报，26（4）：885-892.

钱巨然，2016. 农户分化视角下连片特困地区农户农业投资影响因素比较研究 [D]. 昆明：云南财经大学.

钱龙，洪名勇，2016. 非农就业、土地流转与农业生产效率变化——基于 CFPS 的实证分析 [J]. 中国农村经济（12）：2-16.

钱龙，张忠明，李宁，2018. 外出务工对留守人员农业劳动供给的影响——基于 CFPS2012 的实证分析 [J]. 中国农业大学学报，23（2）：169-181.

钱龙，钱文荣，陈方丽，2015. 农户分化、产权预期与宅基地流转——温州试验区的调查与实证 [J]. 中国土地科学，29（9）：19-26.

任强，何春阳，黄庆旭，等，2018. 中国北方农牧交错带贫困动态——基于贫困距离指数的分析 [J]. 资源科学，40（2）：404-416.

宋连久，孙自保，孙前路，等，2015. 藏北草原牧民可持续生计分析—以班戈县为例 [J]. 草地学报，23（6）：1287-1294.

苏芳，徐中民，尚海洋，2009. 可持续生计分析研究综述 [J]. 地球科学进展，24（1）：61-69.

时红艳，2011. 外出务工与非外出务工农户生计资本状况实证研究 [J]. 统计与决策（4）：79-81.

孙顶强，冯紫曦，2015. 健康对我国农村家庭非农就业的影响：效率效应与配置效应：以江苏省灌南县和新沂市为例 [J]. 农业经济问题，36（8）：28-34，110.

孙前路，乔娟，李秉龙，2018a. 干部工作效率与程序公平对牧民草原奖补政策满意度的影响——以西藏肉羊养殖户为例 [J]. 农业现代化研究，39（2）：284-292.

孙前路，乔娟，李秉龙，2018b. 生态可持续发展背景下牧民养殖行为选择研究——基于生计资本与兼业化的视角 [J]. 经济问题 (11)：84 - 91.

孙特生，胡晓慧，2018. 基于农牧民生计资本的干旱区草地适应性管理——以准噶尔北部的富蕴县为例 [J]. 自然资源学报，33 (5)：761 - 774.

汤青，2015. 可持续生计的研究现状及未来重点趋向 [J]. 地球科学进展，30 (7)：823 - 833.

唐海萍，陈姣，房飞，2014. 世界各国草地资源管理体制及其对我国的启示 [J]. 国土资源情报 (10)：9 - 17.

唐毅，刘明宇，2018. 违规放牧行为的博弈分析及对策研究 [J]. 草地学报，26 (5)：1146 - 1149.

田传浩，李明坤，2014. 土地市场发育对劳动力非农就业的影响——基于浙、鄂、陕的经验 [J]. 农业技术经济 (8)：11 - 24.

田晓艳，2011. 退牧还草政策对我国牧民生活的影响 [J]. 中国草地学报，33 (4)：1 - 4.

田艳丽，2010. 建立草原生态补偿机制的探讨——以内蒙古锡林郭勒盟为例 [J]. 农业现代化研究，31 (2)：171 - 174.

王丹，王征兵，赵晓锋，2018. 草原生态保护补奖政策对牧户生产决策行为的影响研究——以青海省为例 [J]. 干旱区资源与环境，32 (3)：70 - 76.

王丹，黄季焜，2018. 草原生态保护补助奖励政策对牧户非农就业生计的影响 [J]. 资源科学，40 (7)：1344 - 1353.

王海春，高博，祁晓慧，等，2017. 草原生态保护补助奖励机制对牧户减畜行为影响的实证分析——基于内蒙古 260 户牧户的调查 [J]. 农业经济问题，38 (12)：73 - 80，112.

王会，赵亚文，温亚利，2017. 基于要素报酬的农户自然资源依赖度评价研究——以云南省六个自然保护区为例 [J]. 中国人口·资源与环境，27 (12)：146 - 156.

王璟睿，陈龙，张燚，等，2019. 国内外生态补偿研究进展及实践 [J]. 环境与可持续发展，44 (2)：121 - 125.

王凯，李志苗，易静，2016. 生态移民户与非移民户的生计对比——以遗产旅游地武陵源为例 [J]. 资源科学，38 (8)：1621 - 1633.

王丽佳，刘兴元，2019. 甘肃牧区牧民对草原生态补奖政策满意度研究 [J]. 草业学报，28 (4)：1 - 11.

王曙光，王丹莉，2015. 减贫与生态保护：双重目标兼容及其长效机制——基于藏北草原生态补偿的实地考察 [J]. 农村经济 (5)：3-8.

王小鹏，赵成章，王晔立，等，2012. 基于不同生态功能区农牧户认知的草地生态补偿依据研究 [J]. 中国草地学报，34 (3)：1-5.

王晓毅，张倩，苟丽丽，等，2016. 贫困影响评价与资源利用——以草原奖补政策和土地流转为例 [J]. 中国农业大学学报 (社会科学版)，33 (5)：119-128.

王晓毅，2018. 绿色减贫：理论、政策与实践 [J]. 兰州大学学报 (社会科学版)，46 (4)：28-35.

王晓毅，2016. 市场化、干旱与草原保护政策对牧民生计的影响——2000—2010 年内蒙古牧区的经验分析 [J]. 中国农村观察 (1)：86-93.

王娅，周立华，陈勇，等，2017. 农户生计资本与沙漠化逆转趋势的关系——以宁夏盐池县为例 [J]. 生态学报，37 (6)：2080-2092.

王彦星，潘石玉，卢涛，等，2014. 生计资本对青藏高原东缘牧民生计活动的影响及区域差异 [J]. 资源科学，36 (10)：2157-2165.

王艳艳，赵成章，孙美平，等，2009. 甘肃省退牧还草工程的农户响应及其影响因素 [J]. 中国草地学报，31 (4)：96-101.

韦惠兰，祁应军，2017. 基于减畜机会损失差异化的草原生态补奖标准分析 [J]. 中国农业大学学报，22 (5)：199-207.

韦惠兰，宗鑫，2014. 草原生态补偿政策下政府与牧民之间的激励不相容问题——以甘肃玛曲县为例 [J]. 农村经济 (11)：102-106.

韦璞，2012. 老年人收入差异及其对收入满意度的影响——基于贵阳市两次调查数据的比较分析 [J]. 发展研究 (9)：109-113.

温勇，徐铭东，宗占红，等，2014. 沿边地区人口安全问题与对策——以阿拉善盟为例 [J]. 人口与发展，20 (6)：16-24.

温忠麟，侯杰泰，张雷，2005. 调节效应与中介效应的比较和应用 [J]. 心理学报 (2)：268-274.

温忠麟，叶宝娟，2014. 中介效应分析：方法和模型发展 [J]. 心理科学进展，22 (5)：731-745.

文长存，崔琦，吴敬学，2017. 农户分化、农地流转与规模化经营 [J]. 农村经济 (2)：32-37.

乌云花，苏日娜，许黎莉，等，2017. 牧民生计资本与生计策略关系研究——以内蒙古锡林浩特市和西乌珠穆沁旗为例 [J]. 农业技术经济 (7)：71-77.

吴孔森，杨新军，尹莎，2016. 环境变化影响下农户生计选择与可持续性研究——以民

勤绿洲社区为例 [J]. 经济地理, 36 (9): 141-149.

吴乐, 靳乐山, 2018. 生态补偿扶贫背景下农户生计资本影响因素研究 [J]. 华中农业大学学报 (社会科学版) (6): 55-61, 153-154.

吴乐, 孔德帅, 靳乐山, 2018. 生态补偿对不同收入农户扶贫效果研究 [J]. 农业技术经济 (5): 134-144.

吴乐, 孔德帅, 靳乐山, 2017. 生态补偿有利于减贫吗? ——基于倾向得分匹配法对贵州省三县的实证分析 [J]. 农村经济 (9): 48-55.

伍艳, 2015. 农户生计资本与生计策略的选择 [J]. 华南农业大学学报 (社会科学版) (2): 57-66.

谢高地, 曹淑艳, 鲁春霞, 等, 2015. 中国生态补偿的现状与趋势 (英文) [J]. Journal of Resources and Ecology, 6 (6): 355-362.

谢花林, 翟群力, 卢华, 2018. 我国耕地轮作休耕制度运行中的监督机制探讨 [J]. 农林经济管理学报, 17 (4): 455-462.

谢先雄, 李晓平, 赵敏娟, 等, 2018. 资本禀赋如何影响牧民减畜——基于内蒙古 372 户牧民的实证考察 [J]. 资源科学, 40 (9): 1730-1741.

谢先雄, 赵敏娟, 蔡瑜, 2019. 生计资本对牧民减畜意愿的影响分析——基于内蒙古 372 户牧民的微观实证 [J]. 干旱区资源与环境, 33 (6): 55-62.

徐爽, 胡业翠, 2018. 农户生计资本与生计稳定性耦合协调分析——以广西金桥村移民安置区为例 [J]. 经济地理, 38 (3): 142-164.

徐涛, 2018. 节水灌溉技术补贴政策研究——全成本收益与农户偏好 [D]. 杨凌: 西北农林科技大学.

杨波, 南志标, 唐增, 2015. 我国草地生态补偿对农牧户的影响 [J]. 草业科学, 32 (11): 1920-1927.

杨春, 孟志兴, 杨旭东, 2016. 草原生态保护补奖政策下牧区半牧区的牧业生产及牧民收入分析 [J]. 中国农学通报, 32 (8): 8-12.

杨清, 南志标, 陈强强, 等, 2020. 草原生态补助奖励政策牧民满意度及影响因素研究——基于甘肃青藏高原区与西部荒漠区的实证 [J]. 生态学报 (4): 1-9.

杨瑞玲, 齐顾波, 左停, 2014. 后禁牧时期农牧交错带草场利用和管理的探索——基于对宁夏盐池县开牧试验的实地调研 [J]. 中国人口·资源与环境, 24 (1): 118-125.

杨应杰, 2014. 农户分化对农村宅基地使用权流转意愿的影响分析——基于结构方程模型 (SEM) 的估计 [J]. 经济经纬, 31 (1): 38-43.

杨云彦, 赵锋, 2009. 可持续生计分析框架下农户生计资本的调查与分析——以南水北调（中线）工程库区为例 [J]. 农业经济问题 (3)：58-65, 111.

杨振海，李明，张英俊，等，2015. 美国草原保护与草原畜牧业发展的经验研究 [J]. 世界农业 (1)：36-40.

杨振海，张智山，杨智，2009. 半农半牧区亟须建立草原生态补偿机制 [J]. 农村工作 通讯 (23)：39-41.

姚柳杨，赵敏娟，徐涛，2016. 经济理性还是生态理性？农户耕地保护的行为逻辑研究 [J]. 南京农业大学学报（社会科学版），16 (5)：86-95, 156.

伊丽娜，2015. "舍饲禁牧"社区实践中的草原保护与牧民生计——以内蒙古 N 嘎查为 例 [J]. 民族论坛 (10)：63-67.

殷小菡，孙希华，徐新良，等，2018. 我国北方农牧交错带西段退耕对土壤保持功能影 响研究 [J]. 地球信息科学学报，20 (12)：1721-1732.

雍会，孙璐璐，陈作成，2015. 干旱区流域生态经济人缺失与行为塑造研究 [J]. 生态 经济，31 (5)：142-145.

禹雪中，冯时，2011. 中国流域生态补偿标准核算方法分析 [J]. 中国人口·资源与环 境，21 (9)：14-19.

袁梁，2018. 生态补偿政策、生计资本对可持续生计的影响研究——以陕西秦巴生态功 能区为例 [D]. 杨凌：西北农林科技大学.

袁伟彦，周小柯，2014. 生态补偿问题国外研究进展综述 [J]. 中国人口·资源与环境，24 (11)：76-82.

张寒，程娟娟，刘璨，2018. 基于内生性视角的非农就业对林地流转的效应评价——来 自 9 省 1497 户林农的连续监测数据 [J]. 农业技术经济 (1)：122-131.

张炜，薛建宏，张兴，2018. 生态理性的理论演进及其现实应用——基于环境认知的视 角 [J]. 宁夏社会科学 (2)：83-88.

张琛，彭超，孔祥智，2019. 农户分化的演化逻辑、历史演变与未来展望 [J]. 改革 (2)：5-16.

张诚谦，1987. 论可更新资源的有偿利用 [J]. 农业现代化研究 (5)：22-24.

张大维，2011. 生计资本视角下连片特困区的现状与治理——以集中连片特困地区武陵 山区为对象 [J]. 华中师范大学学报（人文社会科学版）(4)：16-23.

张浩，2015. 草原生态保护补助奖励机制的贫困影响评价——以内蒙古阿拉善盟左旗为 例 [J]. 学海 (6)：50-56.

张洪伟，金卓，2011. 我国农村阶层分化的历史变迁及其特点 [J]. 前沿 (5)：148-150.

张会萍，王冬雪，杨云帆，2018. 退牧还草生态补奖与农户种养殖替代行为 [J]. 农业经济问题 (7)：118 - 128.

张会萍，肖人瑞，罗媛月，2018. 草原生态补奖对农户收入的影响——对新一轮草原生态补奖的政策效果评估 [J]. 财政研究 (12)：72 - 83.

张磊磊，支玲，2014. 生态补偿对农户生计资本影响的定量分析——以云南省丽江市玉龙县为例 [J]. 森林工程，30 (5)：175 - 180.

张雷，高名姿，陈东平，2017. 政策认知、确权方式与土地确权的农户满意度 [J]. 西部论坛，27 (6)：33 - 41.

张丽，赵雪雁，侯成成，等，2012. 生态补偿对农户生计资本的影响——以甘南黄河水源补给区为例 [J]. 冰川冻土，34 (1)：186 - 195.

张美艳，张立中，2016. 农牧交错带草原确权承包问题探析——以河北省丰宁县为例 [J]. 农村经济 (1)：57 - 62.

张敏，2018. 草原牧区生态移民生计资本对其生计策略的影响——以锡林郭勒盟正蓝旗为例 [J]. 内蒙古工业大学学报（自然科学版），37 (2)：149 - 155.

张藕香，2016. 农户分化视角下防止流转土地"非粮化"对策研究 [J]. 中州学刊 (4)：49 - 54.

张倩，2016. 草原生态补助奖励机制的经济激励效果分析 [J]. 甘肃社会科学 (5)：234 - 238.

张文娟，金良，2014. 内蒙古草原牧区生态保护补助奖励政策的惠民效应分析 [J]. 财经理论研究 (2)：57 - 66.

张星，武文慧，甄艳清，2019. 农牧交汇地带文化建设困境探析 [J]. 中国民族博览 (6)：45 - 47，50.

张学刚，2009. 外部性理论与环境管制工具的演变与发展 [J]. 改革与战略，25 (4)：25 - 27，61.

张学刚，王玉婧，2010. 环境管制政策工具的演变与发展——基于外部性理论的视角 [J]. 湖北经济学院学报，8 (4)：94 - 98.

张宇，周静静，苏海鸣，等，2019. 宁夏草原生态保护补助奖励政策实施效应 [J]. 宁夏林业 (2)：46 - 48.

赵锋，2015. 可持续生计分析框架的理论比较与研究述评 [J]. 兰州财经大学学报，31 (5)：86 - 93.

赵哈林，赵学勇，张铜会，等，2002. 北方农牧交错带的地理界定及其生态问题 [J]. 地球科学进展 (5)：739 - 747.

赵雪雁，张丽，江进德，等，2013. 生态补偿对农户生计的影响——以甘南黄河水源补给区为例 [J]. 地理研究，32（3）：531-542.

赵雪雁，2017. 地理学视角的可持续生计研究：现状、问题与领域 [J]. 地理研究，36（10）：1859-1872.

赵奕，杨理，李鸣大，2019. 美国公共牧草地的市场化管理过程及启示 [J]. 世界农业（3）：18-24，39.

赵玉洁，张宇清，吴斌，等，2012. 农牧户对禁牧政策的意愿及其影响因素分析 [J]. 水土保持通报，32（4）：307-311.

郑玉铜，谢文宝，2016. 生态补偿机制下新疆牧民草地保护意愿研究 [J]. 新疆农垦经济（2）：6-10，16.

中国生态补偿机制与政策研究课题组，2007. 中国生态补偿机制与政策研究 [J]. 北京：科学出版社.

钟涨宝，贺亮，2016. 农户生计与农村劳动力职业务农意愿——基于301份微观数据的实证分析 [J]. 华中农业大学学报（社会科学版）（5）：1-9，143.

周立，董小瑜，2013. "三牧"问题和草原生态治理 [J]. 行政管理改革（3）：35-41.

周立华，侯彩霞，2019. 北方农牧交错区草原利用与禁牧政策的关键问题研究 [J]. 干旱区地理，42（2）：354-362.

周升强，赵凯，2019a. 成本收益、政府监管与禁牧政策的农牧民满意 [J]. 农村经济（11）：137-144.

周升强，赵凯，2019b. 草原生态补奖认知、收入影响与农牧户政策满意度——基于禁牧区与草畜平衡区的实证对比 [J]. 干旱区资源与环境，33（5）：36-41.

周升强，赵凯，2018. 中国农户可持续生计资本的区域比较——基于农户收入分级视角 [J]. 世界农业（9）：168-175.

周耀治，2014. "生态经济人"刍议 [J]. 生态经济，30（6）：46-48.

朱臻，徐志刚，沈月琴，等，2019. 非农就业对南方集体林区不同规模林农营林轮伐期的影响 [J]. 自然资源学报，34（2）：236-249.

朱烈夫，殷浩栋，张志涛，等，2018. 生态补偿有利于精准扶贫吗？——以三峡生态屏障建设区为例 [J]. 西北农林科技大学学报（社会科学版），18（2）：42-48.

朱小艳，2019. 县域公共文化服务均等化中的政府责任研究 [D]. 湘潭：湘潭大学.

邹伟，徐博，王子坤，2017. 农户分化对宅基地使用权抵押融资意愿的影响——基于江苏省1532个样本数据 [J]. 农村经济（8）：33-39.

Alix-Garcia J，Janvry A D，Sadoulet E，2008. The role of deforestation risk and calibrated compensation in designing payments for environmental services [J]. Environment &. Development Economics, 13 (3): 375 -394.

Ambastha K, Hussain S A, Badola R, 2007. Social and economic considerations in conserving wetlands of indo-gangetic plains: a case study of Kabartal wetland, India [J]. Environmentalist, 27 (2): 261 -273.

Brosig S, Glauben T, Herzfeld T, Wang X B, 2009. Persistence of full-and part-time farming in Southern China [J]. China Economic Review, 20 (2): 360 - 371.

Carney D, 1998. Implementing a sustainable livelihood approach [M]. London: Department for International Development.

Chambers R, Conway G R, 1992. Sustainable rural livelihoods: practical concepts for the 21st century [M]. Brighton: Institute of Development Studies, 296.

Chayanov A V, 1966. The theory of peasant economy [R]. Homewood american economic association.

Corbera E, Carmen González Soberanis, Brown K, 2009. Institutional dimensions of payments for ecosystem services: an analysis of Mexico's carbon forestry programme [J]. Ecological Economics, 68 (3): 743 - 761.

Ellis F, 2000. Rural development and diversity in developing countries [D]. Oxford University Press.

Fisher B, 2012. Poverty, payments, and ecosystem services in the eastern arc mountains of tanzania [M] // Integrating Ecology and Poverty Reduction Springer New York.

Gao L, Kinnucan H W, Zhang Y Q, Qiao G H, 2016. The effects of a subsidy for grassland protection on livestock numbers, grazing intensity, and herders' income in inner Mongolia [J]. Land Use Policy, 54: 302 -312.

Hou C X, Zhou L H, Wen Y, Chen Y, 2018. Farmers' adaptability to the policy of ecological protection in China: a case study in Yanchi County, China [J]. The Social Science Journal, 55: 404 - 412.

Hu Y, Huang J, Hou L, 2019. Impacts of the grassland ecological compensation policy on household livestock production in China: an empirical study in Inner Mongolia [J]. Ecological Economics, 161: 248 - 256.

Ingram J C, Declerck F, Cristina R D R, 2012. Integrating ecology and poverty reduction [J]. Payment for ecosystem services for energy, biodiversity conservation, and poverty reduction in Costa Rica. 10: 191 - 210.

Prado Córdova J P, Wunder S, Smith-Hall C, Börner J, 2013. Rural income and forest reliance in highland guatemala [J]. Environmental Management, 51 (5): 1034 -1043.

Key N, Roberts M J, 2009. Nonpecuniary benefits to farming: implications for supply response to decoupled payments [J]. American Journal of Agricultural Economics, 91 (1): 1-18.

Kosoy N, Martinez-Tuna M, Muradian R, Martinez-Aliera J, 2007. Payments for environmental services in watersheds: insights from a comparative study of three cases in Central America [J]. Ecological Economics, 61 (2): 446 - 455.

Landellmills N, Porras I T, 2002. Silver bullet or fools' gold?[J]. International Institute of Environment & Development.

Lewis W A, 2010. Economic development with unlimited supplies of labour [J]. Manchester School, 22 (2): 139 - 191.

Li X E, Li Q, 2013. The barriers and countermeasures of implementing ecological poverty alleviation in concentrated poverty areas [J]. Advanced Materials Research, 734 - 737, 1976 - 1980.

Locatelli B, Rojas V, Salinas Z, 2008. Impacts of payments for environmental services on local development in northern Costa Rica: a fuzzy multi-criteria analysis [J]. Forest Policy & Economics, 10 (5): 275 - 285.

Mittenzwei K, Mann S, 2017. The rationale of part-time farming: empirical evidence from Norway [J]. International Journal of Social Economics, 44 (1): 53 - 59.

Muradian R, Corbera E, Pascual U, Kosoy N, May P H, 2010. Reconciling theory and practice: an alternative conceptual framework for understanding payments for environmental services [J]. Ecological Economics, 69 (6): 1202 - 1208.

Newton P, Nichols E S, Endo W, Peres C A, 2012. Consequences of actor level livelihood heterogeneity for additionality in a tropical forest payment for environmental services programme with an undifferentiated reward structure [J]. Global Environmental Change, 22 (1): 0 - 136.

Pagiola S, Platais G, 2004. Payments for environmental services: from theory to practice initial lessons of experience [R]. World Bank.

Poverty Environment Network, 2007. The PEN technical guidelines. 4thed [M]. Bogor: Poverty Environment Network.

Ren Y, Lü Y, Fu B, 2016. Quantifying the impacts of grassland restoration on biodiversity and ecosystem services in China [J]. Ecological Engineering, 95: 542 - 550.

Roberts K D, 1997. China's "tidal wave" of migrant labor: what can we learn from mexican undocumented migration to the United States? [J]. International Migration Review, 31 (2): 249 - 293.

Rodgers J L, 1994. Differential human capital and structural evolution in agriculture [J]. Agricultural Economics, 11 (1): 1 - 17.

Rozelle S, Taylor J E, Debrauw A, 1999. Migration, remittances, and agricultural productivity in China [J]. American Economic Review, 89 (2): 287 - 291.

Samuelson P A, 1938. A note on the pure theory of consumer's behaviour [J]. Economica, 5 (17): 61 - 71.

Scoones, 1998. Sustainable livelihood: a framework for analysis. IDS Working Paper 72 [M]. Brighton: IDS.

Stallmann J I, Nelson J H, 1995. Employment history and off-farm employment of farm operators [J]. Journal of Agricultural & Applied Economics, 27 (2): 475 - 487.

Tacconi L, 2012. Redefining payments for environmental services [J]. Ecological Economics, 73: 29 - 36.

Thu Thuy P, Campbell B M, Garnett S, 2009. Lessons for pro-poor payments for environmental services: an analysis of projects in Vietnam [J]. Asia Pacific Journal of Public Administration, 31 (2): 117 - 133.

Uberhuaga P, Smith-Hall C, Helles F, 2012. Forest income and dependency in lowland Bolivia. Environment [J]. Development and Sustainability, 14 (1): 3 - 23.

Viaggi D, Raggi M, Paloma S G Y, 2011. Farm-household investment behaviour and the CAP decoupling: methodological issues in assessing policy impacts [J]. Journal of Policy Modeling, 33 (1): 127 - 145.

Wang P, Poe G L, Wolf S A, 2017. Payments for ecosystem services and wealth distribution [J]. Ecological Economics, 132 (2): 63 - 68.

Wunder S, 2005. Payments for environmental services: some nuts and bolts [D]. CIFOR Occasional Paper: 42.

Xu G C, Kang M Y, Jiang Y, 2012. Adaptation to the policy-oriented livelihood change in Xilingol Grassland, Northern China [J]. Procedia Environmental Sciences, 13: 1668 - 1683.

Yin R，Liu C，Zhao M，Yao S B Liu H，2014. The implementation and impacts of China largest payment for ecosystem services program as revealed by longitudinal household data [J]. Land Use Policy，40：45 -55.

Zhang Q F，2015. Class differentiation in rural China：dynamics of accumulation，commodification and state intervention [J]. Journal of Agrarian Change，15（3）：338 - 365.

后 记 POSTSCRIPT --

　　本书是在笔者博士论文的基础上修改而成的。与西农初识是在 2010 年的秋，那时，我还是懵懂少年，十年弹指一挥间，懵懂少年已成为而立青年。曾经很是期盼熬到写致谢的这一天，但当这一天真的到来时，心中却充满了万千不舍。致谢的开始，便意味着我校园生活的结束，意味着我即将离开生活十年的母校，告别我朝夕相处十年的老师与同学，与杨凌说再见！一路走来，从本科，到硕士，再到博士，经历满满，收获满满。而这一切，幸有老师的培养、家人的支持、朋友的帮助。谨在博士论文即将完成之际，感谢十年来在我求学路上给予我无私的培养、支持和帮助的老师、家人和朋友，谢谢你们！

　　感谢我博士阶段的导师赵凯教授。承蒙不弃，收我入师门。从学位论文的选题、框架的构建、开题的撰写、调研的开展、小论文的发表到如今学位论文的写作，赵凯教授倾注了大量的心血，牺牲了大量的脑细胞，给予了我莫大的帮助与支持。这个过程中，他严谨的科研态度，踏实的工作作风，谦逊的待人方式，亦师亦友的指导方式潜移默化地影响了我，改变了我，塑造了我，并必将使我受益终身。写到此处，我更想感谢您的陪伴，陪伴我走过博士阶段充满酸甜苦辣的四年，让我始终感觉，我不是一个人在战斗。您一遍一遍、细心地、耐心地，不厌其烦地修改我拿不出手的论文，助我成长，助我壮，让我学会如何去发现问题、分析问题、解决问题，让我喜欢上学术，喜欢上科研，并让我坚定在科研路上走下去的信心。您每天风雨无阻准时出现在办公室里的工作节奏，对于我无形中是一种督促、是一种鞭策、是一种激励，让我对学习或者工作不敢有丝毫的怠慢，让我学会如何踏实地去做事情，只问耕耘，静待收获。您在我受挫时亦师亦友的开导，让我枯燥乏味的博士生活少了些许烦恼，多了些许动力。您在我囊中羞涩时及时雨般的资助，让我潦倒的求学生活不再那么紧巴。同时，还要感谢师母李春莲老师，您的默默付出与谆谆教诲，让我感受到家的温暖。在此，向辛勤培养我多年的导师和师母说一声您辛苦了，师恩如山，定不敢忘。

感谢我硕士阶段的导师王青教授以及本科阶段的导师朱玉春教授，感谢两位老师在硕士与本科阶段给予的关心、帮助与教诲。王青教授"先做人，后做学术"的教诲让我至今仍铭记在心，并必将使我终身受益。朱玉春教授深厚的计量功底，严谨的科研理念让我领略到科研的魅力，给予了我对于科研入门式的指导，让我获益匪浅。

感谢我在西北农林科技大学求学阶段遇到的每一位老师，是你们的辛勤工作与付出为我创造了良好的学习与成长环境。感谢经济管理学院的赵敏娟教授、霍学喜教授、郑少锋教授、陆迁教授、李世平教授、王征兵教授、姚顺波教授、姜志德教授、夏显力教授、刘天军教授、孔荣教授等，他们在课程学习、论文选题、论文写作等方面的耐心指导让我获益匪浅。感谢参与我博士论文开题的罗剑朝教授、王礼力教授、中国农业大学的郭沛教授、浙江大学的周洁红教授与西南大学的张应良教授，他们的宝贵意见开拓了我的研究思路，为后续研究指明了方向。同时，感谢经济管理学院的朱敏老师、杨维老师、张义凡老师在课程学习、论文开题、答辩等过程中所给予的耐心指导与帮助，感谢张静老师、孙权老师等在就业、日常管理方面的关心和帮助。一路走来，感谢有你们。

　　感谢求学路上的各位同门、同学与朋友，是你们的帮助让我的求学路多了更多欢乐与惊喜。感谢一起调过研、吃过苦的各位战友，他们是曹慧、孙鹏飞、曲朦、王静、孙晶晶、牛影影、崔悦、贺婧、高原、李春华、贾宏兆、马林燕、张仁慧、耿林浩、柳建宇、魏佳兴、武宇星、王美知、刘佳鸣、麻小婷、何岩岩、丁澜、戴金红等。感谢一起聊过学术，谈过人生，真诚相待的陈儒、王恒、谢先雄、胡广银、刘尊驰、乔琰等各位博士在生活中、学习上的帮助。感谢曾经一起在学习室相互督促、鼓励的各位勤奋的小伙伴。感谢宁夏回族自治区盐池县与内蒙古自治区鄂托克旗的388户农牧民，感谢你们的相信、理解与包容。感谢盐池县农经站与自然资源局以及北京的刘炫兹师姐在数据收集方面给予的支持与帮助。

　　特别感谢一直默默支持我、帮助我，为我无私奉献的家人。感谢我的父亲、母亲、岳父、岳母、哥哥、嫂子与弟弟，哪有什么岁月静好，只不过是有你们在为我负重前行，你们的无私奉献为我创造了无忧无虑的学习与成长环境，让我能够潜心科研。十年间，父母的青丝变白发，不变的是你们对儿子成才的期盼，如今儿子即将结束学生生涯，走向社会，定不会辜负你们的期盼，定会继续加倍努力。感谢我的爱人王娇女士，遇到你，是我读博期间最好的收获，是你的陪伴、理解、包容与支持才使我得以安心攻读博士学位。如今，我的学业即将修成正果，我们的爱情也已步入婚姻，未来可期，我们继续携手前行，创造我们的幸福生活。

　　感谢自己，感谢自己没有被读博阶段的艰难险阻所打倒，感谢自己熬过了一个个的不眠之夜，感谢自己坚持了自己最初所坚持的理想，愿未来仍如自己所愿。

最后，感谢为本书写作出版提供帮助的所有人，谢谢你们！

周升强

2020 年 3 月于山东莒县

图书在版编目（CIP）数据

草原生态补奖政策对农牧民生计影响研究：以北方农牧交错区为例 / 周升强，赵凯著. —北京：中国农业出版社，2022.6

（中国"三农"问题前沿丛书）

ISBN 978-7-109-29497-4

Ⅰ.①草⋯ Ⅱ.①周⋯ ②赵⋯ Ⅲ.①草原保护－奖励制度－影响－农民－生活状况－研究－北方地区②草原保护－奖励制度－影响－牧民－生活状况－研究－北方地区 Ⅳ.①D422.7

中国版本图书馆 CIP 数据核字（2022）第 095023 号

中国农业出版社出版

地址：北京市朝阳区麦子店街 18 号楼
邮编：100125
责任编辑：王秀田
版式设计：杜 然　责任校对：周丽芳
印刷：北京中兴印刷有限公司
版次：2022 年 6 月第 1 版
印次：2022 年 6 月北京第 1 次印刷
发行：新华书店北京发行所
开本：700mm×1000mm　1/16
印张：15.25
字数：250 千字
定价：78.00 元
